彩图6　分形艺术（Lihua提供）

彩图7　具有高度真实感的卡车（Autodesk提供）

彩图8　整体光照模型（Tuner Whitted提供）

彩图9　纹理映射（来自Internet）

彩图10　环境映射与光线跟踪的比较

普通高等教育规划教材

计算机图形学基础

第2版

主　编　杜晓增　丁宇辰
参　编　朱承东　李　敏
主　审　陈建勋

机械工业出版社

本书作为计算机图形学的入门教材，主要介绍了计算机图形学的基本概念、原理、方法和内容，详细讲述了图形系统的组成、基本图形的光栅生成算法、常用交互技术和方法、图形裁剪和图形变换、典型曲线和曲面、可见面判断算法和真实感图形生成算法。

本书和其他同类型教材的最大不同是突出实用性，几乎所有算法都给出具体实现的C或VC ++源程序，读者可以直接使用这些源程序来理解和掌握所学内容，提高学习的兴趣。

本书可作为高等院校计算机、信息处理等相关专业本科生的教学用书，也可供对计算机图形学感兴趣的读者参考。

图书在版编目（CIP）数据

计算机图形学基础/杜晓增，丁宇辰主编．—2版．—北京：机械工业出版社，2013.8（2019.7重印）
普通高等教育规划教材
ISBN 978-7-111-43891-5

Ⅰ.①计… Ⅱ.①杜…②丁… Ⅲ.①计算机图形学-高等学校-教材 Ⅳ.①TP391.41

中国版本图书馆CIP数据核字(2013)第204651号

机械工业出版社(北京市百万庄大街22号 邮政编码100037)
策划编辑：王小东 责任编辑：王小东 王 荣 王 康
责任校对：张 媛 责任印制：李 昂
北京机工印刷厂印刷
2019年7月第2版第5次印刷
184mm×260mm · 13.75印张 · 2插页 · 340千字
标准书号：ISBN 978-7-111-43891-5
定价：35.00元

电话服务	网络服务
客服电话：010-88361066	机 工 官 网：www.cmpbook.com
010-88379833	机 工 官 博：weibo.com/cmp1952
010-68326294	金 书 网：www.golden-book.com
封底无防伪标均为盗版	机工教育服务网：www.cmpedu.com

普通高等教育应用型人才培养规划教材
编审委员会委员名单

计算机科学与技术专业分委员会委员名单

主　任：黄陈蓉　南京工程学院
副主任：吴伟昶　上海应用技术学院
委　员：（按姓氏笔画排序）
　　　　汤　惟　江汉大学
　　　　沈　洁　扬州大学
　　　　陈文强　福建工程学院
　　　　肖建华　湖南工程学院
　　　　邵祖华　浙江科技学院
　　　　靳　敏　黑龙江工程学院

序

工程科学技术在推动人类文明的进步中一直起着发动机的作用。随着知识经济时代的到来，科学技术突飞猛进，国际竞争日趋激烈。特别是随着经济全球化发展和我国加入 WTO，世界制造业将逐步向我国转移。有人认为，我国将成为世界的“制造中心”。有鉴于此，工程教育的发展也因此面临着新的机遇和挑战。

迄今为止，我国高等工程教育已为经济战线培养了数百万专门人才，为经济的发展作出了巨大的贡献。但据 IMD 1998 年的调查，我国“人才市场上是否有充足的合格工程师”指标排名世界第 36 位，与我国科技人员总数排名世界第一形成很大的反差。这说明符合企业需要的工程技术人员特别是工程应用型技术人才市场供给不足。在此形势下，国家教育部近年来批准组建了一批以培养工程应用型本科人才为主的高等院校，并于 2001 年、2002 年两次举办了“应用型本科人才培养模式研讨会”，对工程应用型本科教育的办学思想和发展定位作了初步探讨。本系列教材就是在这种形势下组织编写的，以适应经济、社会发展对工程教育的新要求，满足高素质、强能力的工程应用型本科人才培养的需要。

航天工程的先驱、美国加州理工学院的冯·卡门教授有句名言：“科学家研究已有的世界，工程师创造未有的世界。”科学在于探索客观世界中存在的客观规律，所以科学强调分析，强调结论的唯一性。工程是人们综合应用科学（包括自然科学、技术科学和社会科学）理论和技术手段去改造客观世界的实践活动，所以它强调综合，强调方案优缺点的比较并做出论证和判断。这就是科学与工程的主要不同之处。这也就要求我们对工程应用型人才的培养和对科学研究型人才的培养应实施不同的培养方案，采用不同的培养模式，采用具有不同特点的教材。然而，我国目前的工程教育没有注意到这一点，而是：①过分侧重工程科学（分析）方面，轻视了工程实际训练方面，重理论，轻实践，没有足够的工程实践训练，工程教育的“学术化”倾向形成了“课题训练”的偏软现象，导致学生动手能力差。②人才培养模式、规格比较单一，课程结构不合理，知识面过窄，导致知识结构单一，所学知识中有一些内容已陈旧，交叉学科、信息学科的内容知之甚少，人文社会科学知识薄弱，学生创新能力不强。③教材单一，注重工程的科学分析，轻视工程实践能力的培养；注重理论知识的传授，轻视学生个性特别是创新精神的培养；注重教材的系统性和完整性，造成课程方面的相互重复、脱节等现象；缺乏工程应用背景，存在内容陈旧的现象。④老师缺乏工程实践经验，自身缺乏“工程训练”。⑤工程教育在实践中与经济、产业的联系不密切。要使我国工程教育适应经济、社会的发展，培养更多优秀的工程技术人才，我们必须努力改革。

组织编写本套系列教材，目的在于改革传统的高等工程教育教材，建设一套富有特色、有利于应用型人才培养的本科教材，满足工程应用型人才培养的要求。

本套系列教材的建设原则是：

1. 保证基础，确保后劲

科技的发展，要求工程技术人员必须具备终生学习的能力。为此，从内容安排上，保证学生有较厚实的基础，满足本科教学的基本要求，使学生日后具有较强的发展后劲。

2. 突出特色，强化应用

围绕培养目标，以工程应用为背景，通过理论与工程实际相结合，构建工程应用型本科教育系列教材特色。本套系列教材的内容、结构遵循如下9字方针：知识新、结构新、重应用。教材内容的要求概括为："精"、"新"、"广"、"用"。"精"指在融会贯通教学内容的基础上，挑选出最基本的内容、方法及典型应用；"新"指将本学科前沿的新进展和有关的技术进步新成果、新应用等纳入教学内容，以适应科学技术发展的需要。妥善处理好传统内容的继承与现代内容的引进。用现代的思想、观点和方法重新认识基础内容和引入现代科技的新内容，并将这些按新的教学系统重新组织；"广"指在保持本学科基本体系下，处理好与相邻以及交叉学科的关系；"用"指注重理论与实际融会贯通，特别是注入工程意识，包括经济、质量、环境等诸多因素对工程的影响。

3. 抓住重点，合理配套

工程应用型本科教育系列教材的重点是专业课（专业基础课、专业课）教材的建设，并做好与理论课教材建设同步的实践教材的建设，力争做好与之配套的电子教材的建设。

4. 精选编者，确保质量

遴选一批既具有丰富的工程实践经验，又具有丰富的教学实践经验的教师担任编写任务，以确保教材质量。

我们相信，本套系列教材的出版，对我国工程应用型人才培养质量的提高，必将产生积极作用，会为我国经济建设和社会发展作出一定的贡献。

机械工业出版社颇具魄力和眼光，高瞻远瞩，及时提出并组织编写这套系列教材，他们为编好这套系列教材做了认真细致的工作，并为该套系列教材的出版提供了许多有利的条件，在此深表衷心感谢！

编委会主任　　　　　
湖南工程学院院长　刘国荣教授

第2版前言

计算机图形学是当今计算机技术中发展最快、最具活力的学科之一。它广泛应用于当今社会的各个方面，并且发挥着越来越大的作用。诸如工程建设中的计算机辅助设计和制造、科学研究中的数据可视化、教育和商业活动中的图形表示、医学研究中虚拟人体、影视电影中的计算机动画和娱乐行业的电子游戏等。因此，掌握计算机图形学的基本知识对于从事计算机应用研究和开发的技术人员来说是十分必要的。

计算机图形学是研究用计算机来输入、表示、处理和输出图形的原理、算法及系统的一门新兴学科，其内容非常丰富，特别是近年来计算机图形学的研究不断取得新成果，加之于计算机图像处理相互融合，使计算机图形学的涉及面不断扩大，所以，现在流行的计算机图形学教材大都是篇幅大、内容多、重理论描述、轻实践应用。为适应应用型计算机本科教学的需要，突出实践性和实用性及对学生动手能力的培养，作者根据多年来从事计算机图形学教学的实践经验，参考大量国内外计算机图形学教材，组织编写了本教材。

本书和其他同类型教材的最大不同是强调实用性。在系统讲授传统计算机图形学的基本内容、方法和原理的同时，对书中所涉及的算法，都尽可能地给出具体实现的C或VC++源程序，使读者通过这些实例来直观地理解和掌握所学内容，提高学习的兴趣，提高程序设计能力和水平。为更好地学习计算机图形学，读者最好具备相关数学知识、掌握C或VC++程序设计语言、了解OpenGL。

本书第1章由李敏编写，第2、4、8、9章和附录B由杜晓增编写，第3、5、6、7章由丁宇辰编写，附录A由朱承东编写。杜晓增负责全书统稿。本书在编写过程中得到了江汉大学和南京工程学院的领导和同事的大力支持和帮助。武汉科技大学计算机科学与技术学院长陈建勋教授在百忙中对本书进行了认真的审阅，并提出了很好的修改意见，使本书增色不少。在此对所有关心和支持本书出版的领导、导师、同事表示衷心的感谢。

由于作者水平有限，书中难免有错误和不妥之处，敬请广大读者批评指正。作者联系方式：dxz@jhun.edu.cn。

作者

目　录

第1章　概　　述

计算机是20世纪最伟大的科技发明之一，它对整个人类活动和社会发展产生了极其重大的影响。计算机的应用领域从初期的科学研究到现在遍及人类活动的各个方面，使用计算机的人也从当初的专业人员到现在的普通民众。在这一变革中，除了计算机硬件的制造成本不断下降，计算机软件不断提高的易用性，大量形象直观的图形化人机交互界面无疑起了非常重要的作用。

图形、图像是人类最容易接受，也是最直观的信息形式。图形、图像中所隐含的信息内容，远比文字描述所包含的信息要丰富得多。如今，利用计算机技术对文字信息的处理和应用已经非常成熟，但对图形、图像信息的处理和应用还面临不少挑战。图形、图像所具备的独特信息表现魅力强烈吸引着无数研究学者，通过长期不懈的不断努力，利用计算机技术处理图形、图像已经取得了巨大的进步。

看看我们天天使用的计算机，满眼望去几乎都是各式各样的图形标记，再看看当今的电影、电视和广告，我们就可以切身体会到计算机图形、图像所带来的视觉震撼。人们迫切地想搞清楚这些图形、图像是如何用计算机表现的，使这门年轻的学科成为最热门的学科之一。同时，实际应用中对图形、图像不断提高的要求和新的研究课题的不断提出，也促使这门年轻的学科成为近年来发展最快的学科之一。

1.1　计算机图形学的诞生

计算机图形学的产生和发展是计算机技术进步的必然结果。1946年，当世界上首台计算机诞生后，计算机技术的发展日新月异，它的应用领域也不断地扩大。图形、图像作为人类最容易接受和最直观的信息形式，自然成为计算机技术研究的对象。

1951年，在美国麻省理工学院（MIT），诞生了首台具有实时图形显示的计算机旋风1号，如图1-1所示。它的出现为计算机图形学的诞生奠定了物质基础。

1963年，MIT林肯实验室的IvanE. Sutherland发表了一篇题为“Sketchpad：A Man-machine Graphical Communications System”的博士论文，在论文中首次使用了“Computer Graphics”这一术语，标志着现代交互式计算机图形学的诞生。

严格地说，图形和图像是两个不同的概念。用计算机技术来处理图形和图像的方法和内容也有很大的差异。图形通常指的是用数学的方法所描述的几何形体，而图像则是指人眼或仪器所记录的观看景像。计算机图形学主要研究的是用计算机技术来生成、显示和处理图形，而计算机图像处理则主要涉及图像的增强、分割、去噪、重组、特征提取和存储等。但同时图形、图像也有着密不可分的内在联系，所以在许多场合，我们并不严格区分图形和图像。

图 1-1 旋风计算机（Whirlwind Computer，图片来自 Internet）

1.2 计算机图形学的应用

随着计算机图形技术的不断发展，特别是图形硬件设备的价格不断下降，它的应用领域不断扩大，几乎涵盖了社会的各个方面。大到航天飞机的设计制造，小到家庭用户的计算机游戏。其代表性的应用领域有以下几个方面。

1.2.1 计算机辅助设计

计算机辅助设计，也就是通常所说的 CAD，是计算机图形学最典型的应用领域。利用 CAD 系统来进行机械零件的设计，汽车、轮船、飞机的外形设计，大规模集成电路的设计和建筑设计同传统的手工设计相比，可以极大地提高产品的开发设计效率。将 CAD 系统和计算机辅助制造（CAM）相结合可以极大地降低生产成本，提高产品的开发速度。同时，也提高了产品的质量，是现代工业中不可缺少的技术手段之一。AutoCAD 软件样图如图 1-2 和彩图 1 所示。

图 1-2 手表（Autodesk 公司提供）

1.2.2 用户接口

所谓用户接口，实际上就是人与计算机进行信息“交流”的平台，即人们通过这一平台将命令输入计算机，而计算机也通过这一平台反馈处理结果。早期的用户接口几乎都是基于文本的，用户必须通过输入操作命令文本来使用计算机，计算机将处理结果以文字的形式呈现给用户。它对使用者提出了一定程度的技术能力要求。现在，绝大多数系统都采用图形化的用户接口，使用者只需通过交互设备，如鼠标点击菜单、图标、对象按钮就可以让计算机完成相关操作，操作结果会以“所见即所得”的方式呈现给用户，极大地方便了用户使用计算机，也促进了计算机向一般用户的普及，如图1-3 所示。

图 1-3 一个平面图形、图像设计系统（Adobe 公司提供）

1.2.3 图示

在商业活动、科学研究和教育培训中，人们常用直方图、饼图、折线图和曲面图来表示多种数据间的关系，如图 1-4 所示。这种形式远比用数字和表格来表示直观得多。因为人们可以很容易地从这类图形中直接看出数据之间的关系，并从中得出结论。

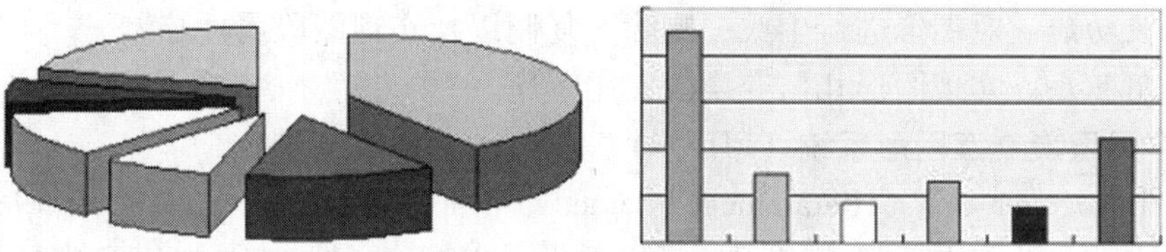

图 1-4 饼图和直方图

1.2.4 计算机动画

在现在的电影、电视和广告中，随处可见用计算机制作的动画。这些画面带给人们的是强烈的视觉冲击和逼真效果的震撼，这种冲击和震撼是传统的拍摄方式很难做到或是根本做不到的。如彩图 2 中的恐龙，这种在地球上早已灭绝的动物要再现在电影屏幕上，如果只采用人造模型拍摄，而不借助于计算机图形学技术，就不可能表现得如此逼真和淋漓尽致。

1.2.5 科学可视化

在大型科学计算中，要处理的数据量非常大，而且结果通常也是大量的数据，想要从大量的结果数据中很快找出其内在关系和发展趋势是比较困难的。若能将这些结果数据以图形的形式绘制出来，并将处理过程用动画方式实时地表现出来，则会很容易看出其变化规律，如彩图3所示的风暴运动。

除了上述典型应用领域，计算机图形学还广泛用于商业广告、虚拟现实、计算机游戏和计算机艺术等领域，如彩图4、5和6所示。

1.3 图形软件标准

图形软件标准是为了使图形系统可以很方便地跨平台使用，即不做或只做少量的修改，图形系统便可以从一种硬件平台移植到另一硬件平台，实现不同的应用。如果没有标准化，就必须针对每种平台开发和设计专用的图形系统，而这些专用的图形系统所具备的功能却是相同或近似的，只是在各个硬件平台的实现方法不同罢了，造成了大量重复性劳动。

国际标准化组织（ISO）和许多国家的标准化组织通过积极合作，共同努力，为图形软件的标准化做了大量的工作，最终形成了许多图形标准化文件和系统，如计算机图形核心系统（GKS）、程序员层次交互式图形系统（PHIGS）、计算机图元文件（CGM）、计算机图形接口（CGI）、基本图形转换标准（IGES）和产品数据转换规范（STEP）等。这里只简单介绍其中几个。

1.3.1 图形核心系统（GKS）

GKS（Graphics Kernal System）是ISO的第一个图形软件标准，它是一个二维图形标准，提供了在应用程序和图形输入/输出设备之间的功能接口，定义了一个独立于高级程序设计语言的图形系统，在具体使用中，必须按照所使用高级语言的约定，把GKS嵌入到相应的语句之中。

GKS在应用程序和图形输入/输出设备之间提供了功能接口，它包括一系列交互和非交互式图形设备的全部图形处理功能，主要有：

（1）控制功能　工作站的打开、关闭、激活和删除等。

（2）变换功能　实现规格化变换和工作站变换。

（3）图段功能　对图形进行生成、删除、复制以及实现图段属性控制。

（4）实用程序　实现图形几何变换的实用程序。

1.3.2 程序员层次交互图形系统（PHIGS）

PHIGS（Programmer’s Hierarchical Interactive Graphics System）是ISO在1986年公布的图形系统标准。其功能大大强于GKS，可以看做是对GKS的扩充。PHIGS支持层次化结构的图形数据定义、修改和显示，它向图形开发人员提供了更多的设计手段和更强大的功能。由于使用了结构化的图形数据，所以可以很方便地对图形进行编辑、修改和变换。增加的功能表现在下面几个方面：

（1）对象建模　提供了多种图形对象函数，可以方便地创建图像对象。

（2）颜色设定　为图形对象指定颜色。

（3）表面绘制　提供多种曲线和曲面的生成函数。

（4）图形管理　利用层次结构，对图形数据进行存储、复制、删除、编辑等操作。

1.3.3 开放图形库（OpenGL）

严格来说，开放图形库——OpenGL（Open Graphics Library）并不是国际标准，它是由SGI公司根据自己的三维图形库GL开发设计的一个通用共享的开放式三维图形标准，最初工作在SGI的图形工作站上。由于该系统独立于操作系统和计算机硬件，加之系统功能强大，使用方便，许多大公司如IBM、Microsoft、HP、SUN等都将OpenGL作为其图形处理的标准，久而久之使其自然成为了业界的事实标准。

OpenGL实际上一个开放的针对图形硬件的三维图形软件包，它独立于操作系统，以它为基础开发的应用程序可以很方便地在各种操作平台上运行。它的主要功能有：

（1）图形建模 OpenGL提供的建模函数除了基本的点、线、多边形外，还提供了复杂的三维物体如球、锥、多面体、茶壶等以及复杂的曲线和曲面如Bézier、Nurbs等。

（2）图形变换 OpenGL提供的变换有基本的几何变换、平行投影变换和透视投影变换。

（3）光照、材质、纹理和像素操作 OpenGL提供了通过光照、材质和纹理的设置，可以生成具有真实感的图形。

（4）融合、反走样和雾化等效果 通过OpenGL提供的融合、反走样和雾化等操作，可以生成具有特殊效果的图形。

习 题

1. 计算机图形学的主要研究内容是什么？
2. 计算机图形学的应用领域有哪些？
3. OpenGL的主要功能有哪些？

第2章　图形系统

计算机图形系统由图形硬件系统和图形软件系统组成。它和一般的计算机系统并无本质上的区别，所不同的是它的硬件系统和软件系统强调的是对图形的处理能力。比较典型的硬件系统是图形工作站，它采用专业化的设计，配备强大的CPU、高速存储设备、专业化的图形显示控制卡及大尺寸的显示器等。但随着计算机技术的不断发展，现在一台配置较高的PC，其图形处理的能力和早些时期的图形工作站相比已不相上下，甚至更高。这使得图形处理的成本大大降低，极大地推动了计算机图形学的应用。

2.1　计算机图形软件系统

图形软件通常分为两类：通用编程软件包和专用应用软件包。通用编程软件包一般提供了一个可用于高级程序语言调用其功能的接口，其主要功能有生成基本图形（直线、多边形、圆等）、设置图形属性（线型、颜色、亮度等）、图形变换（几何变换和投影变换）等。程序员利用这些功能可以开发设计应用图形系统。这类软件包有GKS、PHIGS、OpenGL等。

应用软件包是为非程序设计人员开发的，用户利用该软件包多提供的各种功能，可以建立图形模型、设置图形颜色、进行图形变换和图形编辑等操作，而且所有操作的结果都可以很快显示，非常直观。用户并不需要了解这些操作是如何实现的。这类系统有AutoCAD、3D Max、Photoshop等。

2.2　计算机图形硬件系统

2.2.1　图形输入设备

1. 键盘和鼠标

键盘和鼠标是最常用的图形输入设备。键盘主要用于图形数据、符号和文字的输入；鼠

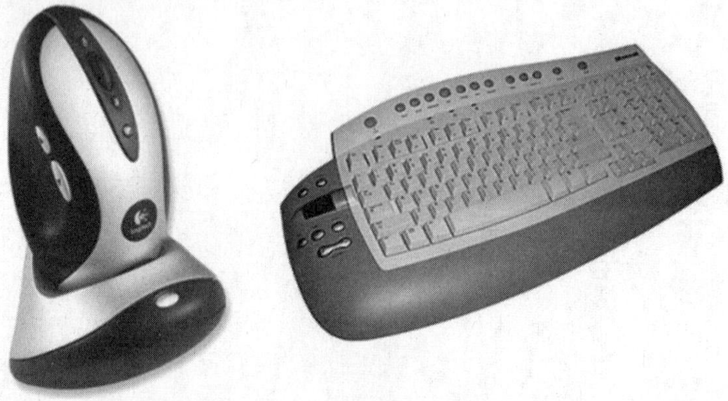

图2-1　鼠标和键盘（Logitech and Microsoft 提供）

标主要用于定位、选择等图形操作，如图 2-1 所示。

2. 光笔

光笔是最早用于图形输入的硬件设备，它通过检测来自 CRT 屏幕上某一点的光来选定屏幕的位置，如图 2-2 所示。

由于光笔是在屏幕上进行操作，很不方便，而且常常因为屏幕周围的光照影响造成光笔误读，所以现在这种设备基本上被淘汰了。

图 2-2 光笔（图片来自 Internet）

3. 数字化仪

数字化仪是一种在图形上描绘、着色或交互选择坐标位置的常用设备。它可以用来输入二维或三维坐标。常见的是平板式数字化仪，通过手持光标或触笔来激活所在位置二维坐标的输入，如图 2-3 所示。

4. 扫描仪

扫描仪是用来将图形、图像和文字通过光电扫描技术输入计算机的常用设备。扫描输入计算机的数据以像素形式储存。扫描仪的性能通常以分辨率和扫描深度来衡量。

5. 数码相机

数码相机是近年来非常流行的图形输入设备，它有着扫描仪所不具备的方便性，而且其图像质量也不断提高，在非专业领域已完全可以取代扫描仪。

图 2-3 数字化仪（Calcomp 公司提供）

2.2.2 图形输出设备

图形输出设备种类很多，主要用于图形文档的保存和展示，可以将图形输出到胶片上，制作成幻灯片或电影，比较常见的还是将图形输出到纸张上。常用的设备有绘图仪、激光打印机和喷墨打印机等，如图 2-4 所示。

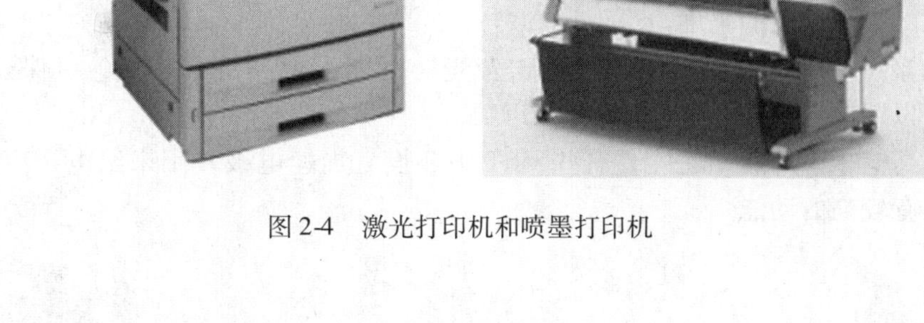

图 2-4 激光打印机和喷墨打印机

2.3 图形显示设备

图形显示设备是计算机图形系统中非常重要的设备，用以显示图形和文字。虽然其种类很多，性能也不尽相同，但目前主要有 CRT 和 LCD 两种，如图 2-5 所示。

图 2-5 显示器（Sony 公司提供）

2.3.1 阴极射线管（CRT）

CRT 显示器中的主要部件是阴极射线管（Cathode Ray Tube，CRT），它是一个锥状真空玻璃管，其结构如图 2-6 所示。

CRT 的工作原理是由电子枪发出电子束（阴极射线），通过聚焦系统和偏转系统，射向涂有荧光材料的屏幕的指定位置。在电子束轰击的位置，荧光层发出一个小的光点。图像就是由屏幕上许许多多不同亮度和颜色的光点构成的。但由于光点的亮度随时间推移而逐渐衰减，为了保证屏幕上可以显示稳定的图像，电子束就必须以一定的速度反复不断地轰击（重绘）图像，使光点保持相对稳定的亮度。因此，这类显示器也称刷新式 CRT。

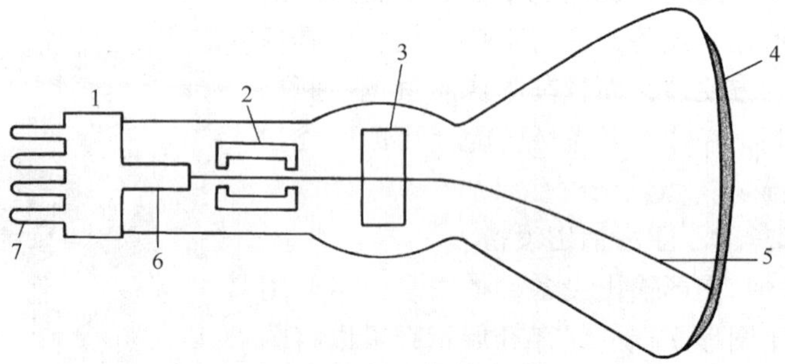

图 2-6 CRT 的基本结构

1—座基 2—聚焦系统 3—磁性偏转线圈 4—荧光涂覆屏 5—电子束 6—电子枪 7—插脚

CRT 电子枪由灯丝、阴极和控制栅极组成，如图 2-7 所示。灯丝线圈用来给阴极加热，使受热的电子“逃逸”出阴极表面，形成游离电子。控制栅极是一金属圆筒，通过控制其上的电压来约束电子束的强度。

CRT 的聚焦系统用来控制电子束轰击荧光屏时能汇聚到一个小点，以保证图像清晰。聚焦系统可以用电场实现，也可以用磁场实现。

为了提高电子束的运动速度，有些 CRT 中还设有加速电极，用来给电子束提速，以便使电子束具有较高的动能。

偏转系统用来控制电子束的运动方向。绝大多数偏转系统是用放置在 CRT 真空封装外部的磁性偏转线圈来实现的，上下、左右各有一对，用以控制电子束的垂直偏转和水平偏转。也有通过放置在 CRT 真空封装内部的两对静电电极（见图 2-7），来控制电子束的偏转方向。

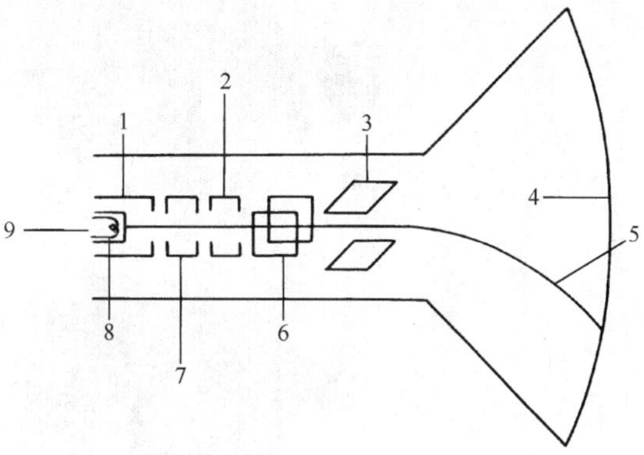

图 2-7 带有加速电极和静电偏转系统的 CRT
1—控制栅 2—加速电极 3—垂直偏转板 4—荧光涂层 5—电子束 6—水平偏转板 7—聚焦系统 8—阴极 9—灯丝

CRT 荧光屏的涂层有不同的类型，主要差别在余辉时间的不同。所谓余辉时间是指从屏幕发光到衰减为其原亮度 1/10 的时间。长余辉时间的荧光层适用于显示较复杂的静态图形，而短余辉时间的荧光层则适用于显示视频动画。

2.3.2 随机扫描显示器

根据电子束运动方式的不同，刷新式 CRT 分为随机扫描显示器和光栅扫描显示器。所谓随机扫描显示器，就是其电子束的运动方向是不确定的，它是由所绘图形的形状决定的。图形则是以一系列画线指令的形式存储在帧缓冲区（一片连续的内存区域）中。

工作时，系统依次执行帧缓冲区中的画线指令，来控制电子束从屏幕的一点移动到另一点，形成一条“亮线”，故这种显示器也称为矢量显示器。为了保持图形的稳定，系统必须以一定的速度，反复不断地执行帧缓冲区中的指令，如图 2-8 所示。

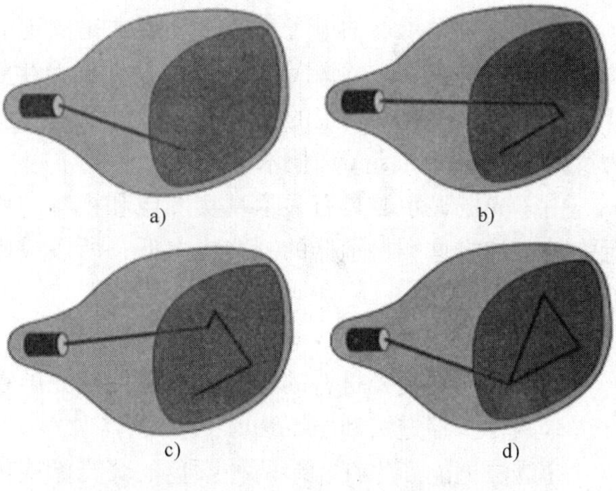

图 2-8 随机扫描显示器电子束的运动方式

这类显示器的优点是可以绘制高质量的线条，特别适合显示由直线段构成的图形。但由于所绘图形是由长短不同的直线段组成的，所以无法较好地表现复杂的曲线或曲面，更无法表现色彩丰富、具有真实感的图形和视频动画。

2.3.3 光栅扫描显示器

所谓光栅扫描显示器，就是其电子束的运动方式是固定的。它从上到下，由左至右扫描整个屏幕。图形定义存储在一个长宽固定的点阵中，点阵的大小与屏幕的分辨率相同。由于图形的定义精确描述到构成图形的每一个点（也称为像素），所以这类显示器可以显示很高质量的图像，如色彩艳丽的图像及视频动画。

其工作原理同电视机类似。系统依次读取帧缓冲区中的每一个单元（像素），根据每个单元的值来控制电子束轰击屏幕对应位置的亮度和颜色。同理，为了保持图形的稳定，系统必须高速重读帧缓冲区，使电子束不断轰击屏幕，如图 2-9 所示。

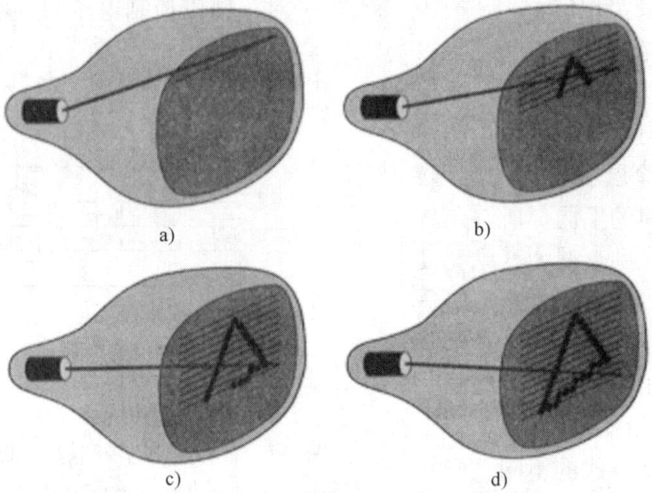

图 2-9 光栅扫描显示器的走样现象

由于这种显示器的电子束的运动形式是固定的，在绘制某些直线段时，无法从线段的一个端点“画”到另一个端点，因此会使线段产生锯齿状，如图 2-9 所示，这种现象称之为走样（Aliasing）。通过一定的技术手段，可以改善直线段的这种现象。这种技术在图形学中称为反走样（Antialiasing）技术。

由于光栅显示器具有显示真实图像和视频的优点，而走样现象可以通过一些技术手段进行弥补，加之这类显示器的制造成本低，所以成为了刷新式显示器的主流，而随机扫描显示器几乎已被淘汰。

2.3.4 彩色 CRT

通过对不同荧光材料的组合，可以使荧光屏在电子束的轰击下产生不同的颜色。常用的方法有两种：穿透法和荫罩法。

穿透法把能产生红、绿两种颜色的荧光涂层依次涂在荧光屏内侧，如图 2-10 所示。

当电子束激活红色涂层时，屏幕产生红光；当电子束激活绿色涂层时，屏幕产生绿光；当电子束激活红、绿涂层的结合时，便产生红、绿的组合色。很明显，这种显示器只能显示四种颜色。

图 2-10 穿透法工作原理

而采用荫罩法的彩色 CRT 中通常有三只发射电子束的电子枪，被三条电子束激活的荧光点分别产生红光、绿光和蓝光。根据颜色原理，由这三种颜色可以产生几乎所有颜色。这种 CRT 称为三枪三束式。20 世纪 70 年代又出现了单枪三束式的 CRT，其性能比三枪三束式 CRT 有很大进步。

荫罩式三枪 CRT 中的三只电子枪围绕显像管中心轴呈正三角分布，如图 2-11 所示。

荫罩位于荧光后，上面有许多小孔。每个小孔与屏幕上的一个像素点相对应，每个像素点由呈正三角分布的红、绿、蓝三个荧光点组成。荫罩的作用是保证电子枪的电子束正好击中相对应的荧光点。

通过控制每只电子枪发射电子束的强度（从最简单的开、关到把强度分为256个等级），可以使屏幕像素点产生不同程度的红、绿、蓝色的组合，从而呈现丰富多彩的颜色。

2.3.5 帧缓冲区和色彩

对于光栅扫描显示器而言，图形数据是以点阵形式存储在帧缓冲区中。点阵的大小通常与屏幕的分辨率相对应。所谓分辨率是指屏幕在水平方向和垂直方向上能分辨的最大点数。每个点称为一个像素（Pixel）。如800×600表示水平方向上有800个像素，垂直方向上有600个像素，屏幕总共有480000个像素。

对于黑白图像，由于每个像素只有黑白两种状态，所以只需用1个二进制位就可以表示像素的信息。这样对于一个屏幕分辨率为1024×768像素的黑白图像所需的帧缓冲区的大小为1024×786×1位，帧缓冲区和屏幕的逻辑对应关系如图2-12所示。

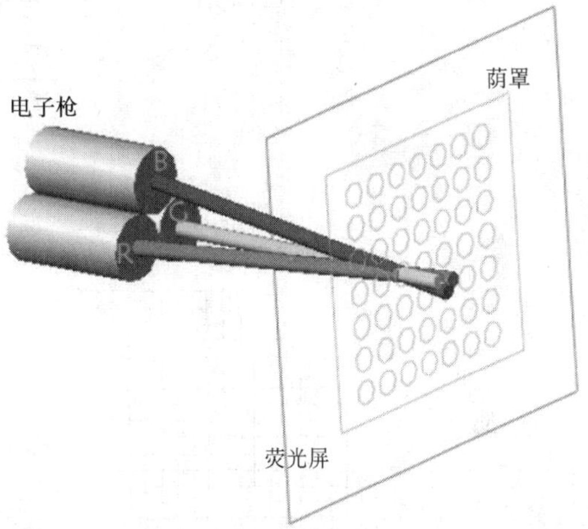

图2-11 荫罩式三枪CRT

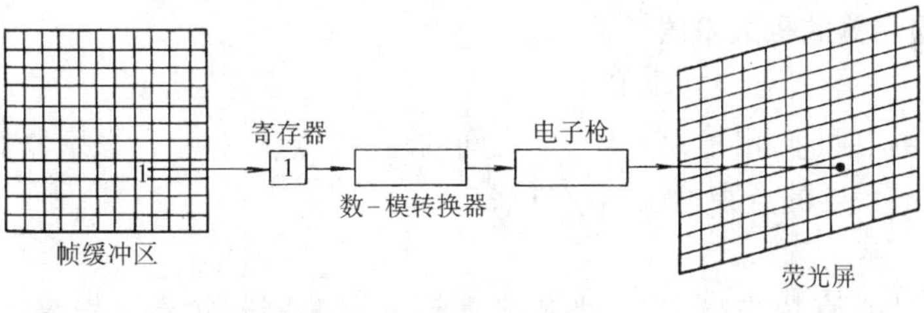

图2-12 黑白图像的光栅结构图

同样对于分辨率为1024×768像素的有256级灰度变化的黑白图像，记录一个像素就需要8个二进制位，这样帧缓冲区的大小应不小于1024×768×8位。其逻辑结构如图2-13所示。

我们将与分辨率对应的同等大小的帧缓冲区称为位面，这样有256级灰度变化的图像需要有8个位面。

对于三枪式彩色显示器，如果每只电子枪只有开、关两种状态，则这样一个系统可以显示8种颜色，其逻辑结构如图2-14所示。

同显示多种灰度变化的黑白图像一样，如果电子枪的强度有多种等级变化，则系统可以显示更多的色彩。为了记录这些等级变化，就必须增加每只电子枪所对应的帧缓冲区的位面数。如每只电子枪对应8个位面，则三只电子枪总共对应24个位面，这样总共可以显示$2^{24}=16777216$种颜色。我们称之为全彩色。

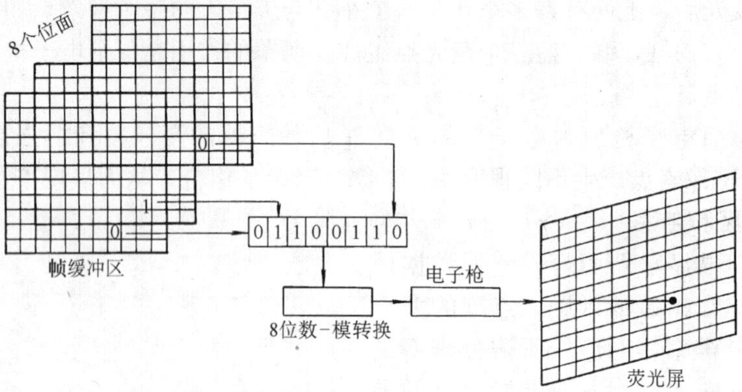

图 2-13 能显示 256 级灰度变化的黑白图像结构图

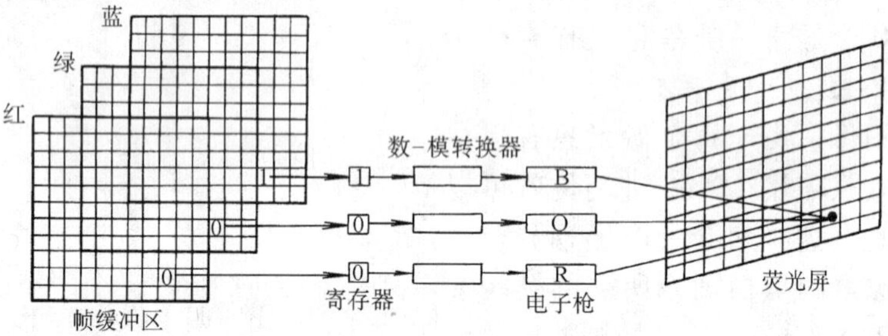

图 2-14 简单彩色图像逻辑结构图

2.3.6 刷新式显示器的相关术语

1. 点距

点距是荧光屏上两个相同颜色荧光点之间的距离。点距越小，显示器显示图像的精度越高。目前，高档显示器的点距可以不超过 0.2mm。

2. 场频

场频又称为“垂直扫描频率”，即通常所说的屏幕刷新频率，指每秒屏幕被刷新的次数，通常以赫兹（Hz）表示。它可以理解为每秒重画屏幕的次数，以 85Hz 刷新率为例，表示整个屏幕的内容每秒钟刷新 85 次。垂直扫描频率越高，图像的稳定性越好。这样长时间观看眼睛也不容易疲劳。

3. 行频

行频指电子枪每秒在荧光屏上扫描过的水平线数量，等于“行数 × 场频”。行频是一个综合了分辨率和场频的参数，它越大就意味者显示器可以提供的分辨率越高，稳定性越好。以分辨率为 800 × 600 像素的、场频为 85Hz 的显示器为例，显示器的行频至少应为“600 × 85Hz = 51kHz”。

4. 带宽

视频带宽（简称带宽）是指每秒钟电子枪扫描过的总像素数，等于“水平分辨率 × 垂直分辨率 × 场频”。与行频相比，带宽更具有综合性，也更直接地反映了显示器性能。还以分辨率为 800 × 600 像素的、场频为 85Hz 的显示器为例，显示器的带宽应为 600 × 800 ×

85Hz = 40.8MHz。但这只是视频带宽的理论值，在实际应用中，为了避免图像边缘的信号衰减，保持图像四周清晰，电子枪的扫描能力需要大于分辨率。通常水平方向要大25%，垂直方向要大8%，这就是所谓的“过扫描系数”，所以实际视频带宽的计算公式为“水平分辨率×125%×垂直分辨率×108% ×场频”，若要显示800×600像素的画面，并达到85Hz的刷新频率，则实际带宽为“600×800×85×135% Hz = 55.1MHz”。

2.4 液晶显示器（LCD）

这几年液晶显示器以其无闪烁、重量轻、体积小等优势，正在逐渐取代传统的刷新式显示器。

液晶是一种几乎完全透明的物质，同时呈现固体与液体的某些特征。它从形状和外观看都是一种液体，但它的水晶式分子结构又表现出固体的形态。大多数液晶都属于有机复合物，由长棒状的分子构成。在自然状态下，这些棒状分子的长轴大致平行。将液晶倒入一个经精良加工的开槽平面，液晶分子会顺着槽排列，所以假如那些槽非常平行，则各分子也是完全平行的。LCD技术的第一个要点是要将液晶灌入两个列有细槽的平面之间。这两个平面上的槽互相垂直（90°相交）。也就是说，若一个平面上的分子南北向排列，则另一平面上的分子东西向排列，而位于两个平面之间的分子被强迫进入一种90°扭转的状态。由于光线顺着分子的排列方向传播，所以光线经过液晶时也被扭转90°。但当液晶上加一个电压时，分子便会重新垂直排列，使光线能直射出去，而不发生任何扭转。LCD的第二个原理是它依赖极化滤光器（片）和光线本身。自然光线是朝四面八方随机发散的。极化滤光器实际是一系列平行线，这些线形成一张网，阻断不与这些线平行的所有光线。极化滤光器的线正好与第一个垂直，所以能完全阻断那些已经极化的光线。只有两个滤光器的线完全平行，或者光线本身已扭转到与第二个极化滤光器相匹配，光线才得以穿透，如图2-15所示。

图2-15 光线穿透

LCD正是由这样两个相互垂直的极化滤光器构成，所以在正常情况下应该阻断所有试图穿透的光线。但是，由于两个滤光器之间充满了扭曲的液晶，所以在光线穿出第一个滤光器后，会被液晶分子扭转90°，最后从第二个滤光器中穿出。另一方面，若为液晶加一个电压，分子又会重新排列并完全平行，使光线不再扭转，所以正好被第二个滤光器挡住。总之，加电将光线阻断，不加电则使光线射出，如图2-16所示。

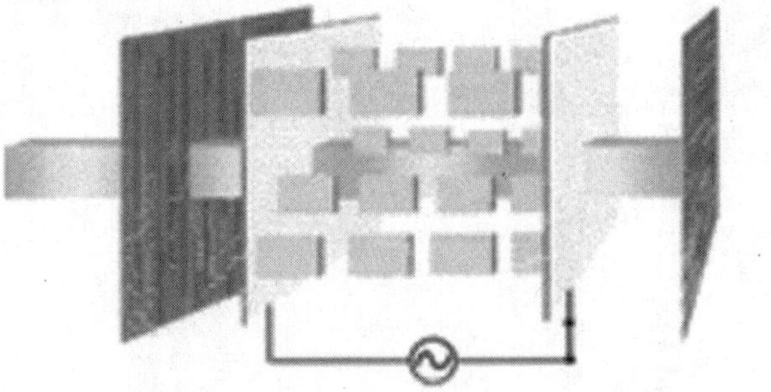

图2-16 光线阻断

习　题

1. CRT 的主要组成部分是哪些？各个部件的主要功能是什么？

2. 叙述光栅扫描显示器的工作原理。

3. 比较光栅扫描显示器和随机扫描显示器的优缺点。

4. LCD 的优缺点有哪些？

5. 分辨率为 1024×768 像素的光栅扫描显示器，若每个像素需要 32 位来存储，系统需要多大字节的帧缓冲区？

6. 分辨率为 1024×768 像素的光栅扫描显示器，刷新频率为 85Hz，则显示器的行频是多少？理论带宽是多少？实际带宽是多少？

第3章　基本图形元素的生成算法

基本图形元素是指点、直线、圆（圆弧）、区域填充和字符等图形元素。这些图形元素是生成一幅图像的基础。计算机绘图系统就是由这些算法命令集成组合的。

通常把图像中的点、线、圆、区域和字符等图形基本指令组成的显示文件转换成为显示缓冲器中图像的位映像图的过程，称为扫描转换。位映像图（位图）是与屏幕图像每个像素点一一对应的图像矩阵，矩阵中的每个元素就是像素的值——表示灰度级别与色彩。在选择扫描转换算法时，速度与图像质量两者之间的权衡折衷是一个基本问题。有些算法速度较慢，图形边缘较光滑；有些算法速度较快，但图形边缘有锯齿形。扫描转换的算法，在建立一幅图形过程中，将被调用成百上千次。因此，算法的效率是最主要的，速度快一些是比较可取的。

目前，扫描转换算法常采用增量法，它是迭代过程计算次数最少的方法。

3.1　直线的生成算法

直线段的生成，实际上是在线段所对应的像素点上画点的连续过程。下面先介绍点的表示与生成。

3.1.1　点的生成

在光栅扫描显示器中，点用一个像素表示，像素是显示器最小单位，它是最基本的图形元素。它不同于只有位置而没有大小的几何点。在光栅显示器中，用像素点的多少决定显示器的分辨率。每个像素点与显示缓冲器中每一个位相对应，由于显示缓冲器的存储容量是有限的，因此，只能用有限个像素点来描绘一条直线。

设屏幕的坐标原点在左上角，水平设置 x 方向轴自左向右为正向；垂直设置 y 方向轴自上向下为正向，如图3-1所示。显示器的分辨率常用 $H \times V$ 表示，即 H 为水平方向分辨率，如320、640、1024，一般取8的倍数，V 为垂直分辨率，如200、480、1024。

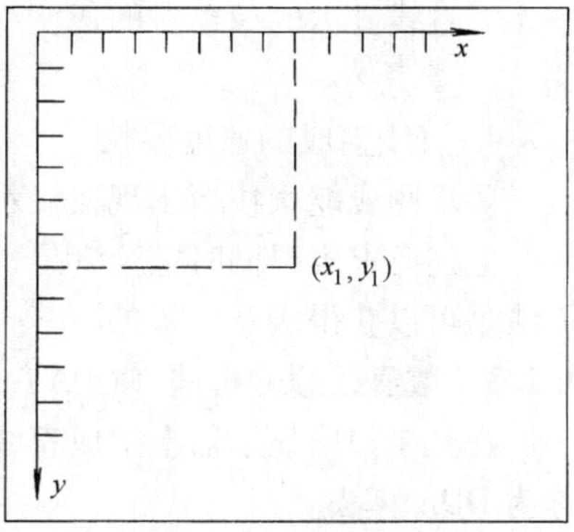

图3-1　屏幕点的表示

如果在屏幕坐标（x_1，y_1）位置处要显示一个像素发亮，就需要在显示缓冲器的对应地址的位处，写入一个灰度级别或色彩值，可以假设显示缓冲器的每个位平面均为字节编址，起始地址为 S，像素数据的每一位分散存放在各个位平面的相同位置处。像素在屏幕上的位置与它在位平面中的地址成对应的映像关系。因此，屏幕坐标为（x_1，y_1）的像素，它对应的显示缓冲器地址为

字节地址 $= S + (H/8) \times y_1 + (x_1/8)$ 的整数部分

字节内的位地址 $=x_1$ 除以 8 的余数

式中，S 通常取视频缓冲区的首地址。

3.1.2 直线段的生成

直线由点组成，更精确地说，直线是由靠近这条线的像素表示的。究竟哪些点算靠近，哪些点不算靠近，这就必须使用一种算法来作为判断的依据。直线的扫描转换就是要算出最靠近直线的那些像素的坐标位置，然后把这些像素设置灰度级别或色彩。由于光栅网格是由离散的像素构成，因此画出的一条直线或多或少要产生一些“台阶”。要利用光栅（离散化）选出一系列像素使其最接近直线，找出这条直线的两个端点坐标，水平线、垂直线及45°的像素的坐标确定是清楚的，如图 3-2a 所示。其他方向的坐标确定较困难，如图 3-2b、c 所示。为此在讨论具体生成直线段的算法前，先谈一下算法的要求，即生成的直线应具有哪些特征。

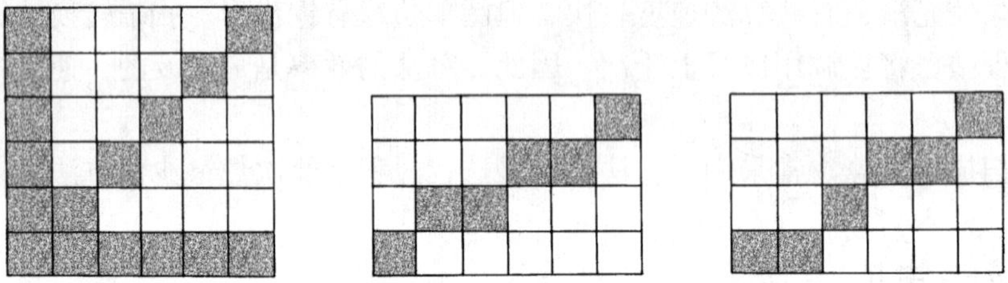

a)　　b)　　c)

图 3-2　直线的生成

1. 画的线段应是直的

一般必须选择靠近的可寻址像素点来逼近这条直线，选择得好，线就显得直。

2. 线的端点位置应正确

画线既要直又得准确，否则会出现一条线的终点和下一条线的起点之间留有间隙，或由此出现积累误差。

3. 线的浓度应均匀

沿直线显示的像素点的灰度级别度应一致，为此应等距分布，它与线段的长度和斜率无关。

4. 直线生成的速度要快

要求画线能很快地出现在显示屏上，这就要求算法的计算量最少。

上述要求难以同时完全满足，如果选择足够高的分辨率，高效率的算法，或用硬件实现算法是可以获得满意结果的。

3.1.3 数值微分分析法（DDA）

在光栅扫描显示器上生成直线，常用数值微分分析法（Digital Differential Analyzer），简称为 DDA 算法。

它根据直线的微分方程来产生直线，即

$$dy/dx=\Delta y/\Delta x=(y_2-y_1)/(x_2-x_1)=k \tag{3-1}$$

式中，(x_1, y_1)、(x_2, y_2) 是直线的两个端点坐标。DDA 算法的工作原理是增量法，即使 x 和 y 同时以很小的步长增长，每次增长量与 x 和 y 的一阶导数成正比。直线的一阶导数是与 Δx 和 Δy 成正比的函数。可以将 x 和 y 各递增 $\varepsilon\Delta x$ 和 $\varepsilon\Delta y$ 来产生线，ε 是很小的量。

从当前画线任意点的位置（x_i，y_i）上分别递增两个很小增量 $\varepsilon\Delta x$ 和 $\varepsilon\Delta y$，就可以得到直线增长下一个（x_{i+1}，y_{i+1}）的坐标位置公式如下

$$\begin{cases} x_{i+1} = x_i + \varepsilon\Delta x \\ y_{i+1} = y_i + \varepsilon\Delta y \end{cases} \tag{3-2}$$

对于精度有限的 VGA 640×480 像素显示器，只能产生有限正整数坐标点（$0 \leqslant x \leqslant 639$，$0 \leqslant y \leqslant 479$），这样每次递增步长计算后，把结果舍入成最接近的整数坐标，一般为获得真正的舍入，将其初始值加上 0.5，然后根据所得坐标值显示该像素点，用这些亮度像素点来表示直线。这样处理的好处是可以检测 x 和 y 的变化，避免同一点画两次而产生亮度过高的现象。

DDA 算法产生直线的外观取决于 ε 值的选择，对于简单 DDA 算法，通常选择线长估值等于 Δx 和 Δy 两个数值中的较大值的倒数 $\varepsilon = 1/\max(\Delta x, \Delta y)$，这样，$\varepsilon\Delta x$ 和 $\varepsilon\Delta y$ 中至少有一个等于 1，因此，简单 DDA 算法沿最大移动方向产生单位步进，它是 DDA 算法更简单的一种算法。开始时，需执行一个除法来确定增量值。

简单 DDA 算法的 VC++ 程序如下：

```
// 该函数主要用来实现 DDA 绘制直线的方法
void CDDALineView::DDALine(CPoint p0, CPoint p1)
{  //dda 画直线的方法实现
  CClientDC dc(this);
  int x0 = p0.x;
  int y0 = p0.y;
  int x1 = p1.x;
  int y1 = p1.y;
  int dx = x1 - x0;
  int dy = y1 - y0;
  int startX = 0;
  int startY = 0;
  int endX = 0;
  int endY = 0;
  if(dx == 0)
  {  int x = x0;
    startY = y0 > y1 ? y1 : y0;
    endY = y0 > y1 ? y0 : y1;
    for(int i = startY; i < endY; i++)
    {  dc.SetPixel(x, i, RGB(255,0,0)); }
  }
  else if(dy == 0)
  {  int y = y0;
     startX = x0 > x1 ? x1 : x0;
     endX = x0 > x1 ? x0 : x1;
```

```
    for(int i = startX; i < endX; i ++ )
      {dc. SetPixel(i, y, RGB(255, 0, 0)); }
  }
else
  {  if(abs(dy) > abs(dx))
    {  float k, x;
       int y;
       k = (float)dx/dy;
       if(y0 > y1)
       {   startX = x1;
           startY = y1;
           endX = x0;
           endY = y0;
       }
     else
     {   startX = x0;
         startY = y0;
         endX = x1;
         endY = y1;
     }
     x = (float)startX;
     for(y = startY; y < endY; y ++ )
     {
       dc. SetPixel((int)(x +0.5), y, RGB(255, 0, 0));
       x + =  k;
     }
   }
   else
   {  float k, y;
      int x;
      //比较进行交换两个点
      k = (float)dy/dx;
      if(x0 > x1)
      {   startX = x1;
          startY = y1;
          endX = x0;
          endY = y0;
      }
     else
```

```
        {   startX = x0;
            startY = y0;
            endX = x1;
            endY = y1;
        }
        y = (float)startY;
        for(x = startX; x < endX; x ++)
        {  dc.SetPixel(x,(int)(y + 0.5), RGB(255, 0, 0));
            y + = k;
        }
      }
    }
}
```

例3-1　使用简单DDA算法从（0，0）到（8，4）生成直线。

按算法计算步骤如下：

初值计算：

$x_1=0$，$y_1=0$，$x_2=8$，$y_2=4$

$\varepsilon=1/\max(|x_2-x_1|, |y_2-y_1|)=1/8$

$\varepsilon\Delta x=(x_2-x_1)/8=8/8=1$

$\varepsilon\Delta y=(y_2-y_1)/8=4/8=0.5$

$x=x_1+0.5=0.5$，$y=y_1+0.5=0.5$

$x_{i+1}=x_i+\varepsilon\Delta x$，$y_{i+1}=y_i+\varepsilon\Delta y$

迭代过程见表3-1。

表　3-1

I	画像素点	x	y	I	画像素点	x	y
1	(0，0)	0.5	0.5	5	(4，2)	4.5	2.5
2	(1，1)	1.5	1.0	6	(5，3)	5.5	3.0
3	(2，1)	2.5	1.5	7	(6，3)	6.5	3.5
4	(3，2)	3.5	2.0	8	(7，4)	7.5	4.0

结果令人满意，本算法端点精确性无法保证。

3.1.4　中点画线算法

为了讨论方便，本小节假定直线斜率在0～1之间。其他情况可参照下述讨论进行处理。如图3-3所示，若直线在x方向增加一个像素单位，则在y方向上的增量只能在0～1之间。假设x坐标为x_p的各像素点中，与直线最近者已确定，为（x_p，y_p），用实心小圆表示，那么，下一个与直线最近的像素只能是右方的P_1（x_p+1，y_p）或右上方的P_2（x_p+1，y_p+1）两者之一，用空心小圆表示。再以M表示P_1与P_2的中点，即$M=$（x_p+1，$y_p+0.5$）。又设Q是理想直线与垂直线$x=x_p+1$的交点。显然，若M在Q的下方，则P_2离直线近，应取为下一个像素；否则应取P_1。这就是中点画线算法的基本原理。

下面来讨论中点画线算法的实现。假设直线的起点和终点分别为（x_0，y_0）和（x_1，y_1），则直线方程为

$$F(x, y) = ax + by + c = 0$$

式中，$a = y_0 - y_1$，$b = x_1 - x_0$，$c = x_0y_1 - x_1y_0$。对于直线上的点，$F(x, y) = 0$；对于直线上方的点，$F(x, y) > 0$；而对于直线下方的点，$F(x, y) < 0$。因此，欲判断前述 Q 在 M 的上方还是下方，只要把 M 代入 $F(x, y)$，并判断它的符号即可。构造判别式

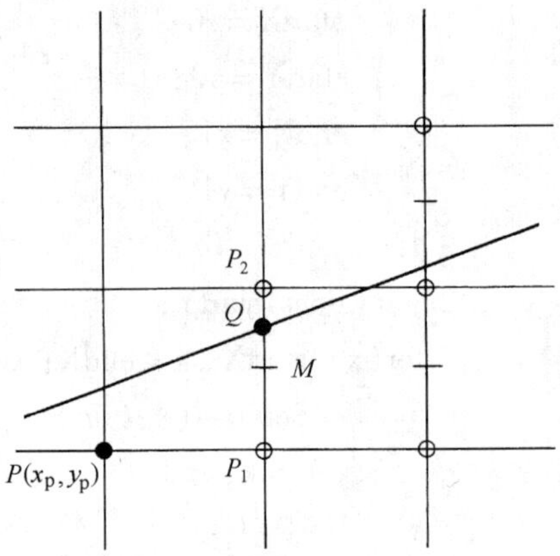

图 3-3 中点画线算法每步迭代涉及的像素和中点示意图

$$\begin{aligned} d &= F(M) = F(x_p + 1, y_p + 0.5) \\ &= a(x_p + 1) + b(y_p + 0.5) + c \end{aligned}$$

当 $d < 0$ 时，M 在直线下方（即在 Q 的下方），故应取右上方的 P_2 作为下一个像素。而当 $d > 0$，则应取正右方的 P_1。当 $d = 0$ 时，两者都合适，可以随便取一个。我们约定取正右方的 P_1。对每一个像素计算判别式 d，根据它的符号确定下一个像素。到此已经可以写出完整的算法。但是注意到 d 是 x_p 和 y_p 的线性函数，可采用增量计算，提高运算效率。在 $d \geqslant 0$ 的情况下，取正右方像素 P_1，欲判断再下一个像素取哪个，应计算

$$d_1 = F(x_p + 2, y_p + 0.5) = a(x_p + 2) + b(y_p + 0.5) + c = d + a$$

故 d 的增量为 a。而若 $d < 0$，则取右上方像素 P_2。要判断再下一个像素，则要计算

$$d_2 = F(x_p + 2, y_p + 1.5) = a(x_p + 2) + b(y_p + 1.5) + c = d + a + b$$

故在第二种情况，d 的增量为 $a + b$。

再看 d 的初始值。显然，第一个像素应取左端点（x_0，y_0），相应的判别式值为

$$\begin{aligned} d_0 &= F(x_0 + 1, y_0 + 0.5) = a(x_0 + 1) + b(y_0 + 0.5) + c \\ &= ax_0 + by_0 + c + a + 0.5b = F(x_0, y_0) + a + 0.5b \end{aligned}$$

但由于（x_0，y_0）在直线上，故 $F(x_0, y_0) = 0$。因此，d 的初始值为 $d_0 = a + 0.5b$。

由于我们使用的只是 d 的符号，而且 d 的增量都是整数，只是其初始值包含小数，因此，我们可以用 $2d$ 代替 d，来摆脱小数，写出仅包含整数运算的算法。

中点画线算法的 VC++程序如下：

```
void CMidPointLineView::MidPointLine(CPoint p0, CPoint p1)
{   CClientDC dc(this);
    int x0 = p0.x;
    int y0 = p0.y;
    int x1 = p1.x;
    int y1 = p1.y;
    int dx = x1 - x0;
    int dy = y1 - y0;
    //小斜率问题
    if(abs(dx) > abs(dy))
```

```
{ if( x0 > x1 )
   {  int temp = x1 ;
      x1 = x0 ;
      x0 = temp ;
      temp = y1 ;
      y1 = y0 ;
      y0 = temp ;
   }
   int x = x0 ;
   int y = y0 ;
   if( y1 > y0 )
   {  int a = y0 - y1 ;
      int b = x1 -  x0 ;
      int d = 2 * a + b ;
      int inrcE = 2 * a ;
      int inrcNE = 2 * ( a + b ) ;
      dc. SetPixel( x, y, RGB( 255, 0, 0 ) ) ;
      while( x < x1 )
      {  if( d > 0 )
         {  x ++ ;
            d += inrcE ;
         }
      else
      {  x ++ ;
         y ++ ;
         d += inrcNE ;
      }
      dc. SetPixel( x, y, RGB( 255, 0, 0 ) ) ;
     }
   }
   else
   {  int a = y1 - y0 ;
      int b = x0 - x1 ;
      int d = 2 * a - b ;
      int inrcE = 2 * a ;
      int inrcNE = 2 * ( a - b ) ;
      dc. SetPixel( x, y, RGB( 255, 0, 0 ) ) ;
      while( x  <  x1 )
      {  if( d  >  0 )
```

```
            {   x ++ ;
                d += inrcE;
            }
            else
            {   x ++ ;
                y -- ;
                d += inrcNE;
            }
            dc.SetPixel(x, y,RGB(255, 0, 0));
        }
    }
}
else
{  //大斜率问题
    if(y0 > y1)
    {   int temp = y0;
        y0 = y1;
        y1 = temp;
        temp = x0;
        x0 = x1;
        x1 = temp;
    }
    int x = x0;
    int y = y0;
    if(x1 > x0)
    {    int a = y1 - y0;
         int b = x0 - x1;
         int d = 2 * b + a;
         int inrcE = 2 * b;
         int inrcNE = 2 * (a + b);
         dc.SetPixel(x, y, RGB(255, 0, 0));
         while(y < y1)
         {   if(d > 0)
             {   y ++ ;
                 d += inrcE;
             }
             else
             {   x ++ ;
                 y ++ ;
```

```
                d += inrcNE;
            }
            dc.SetPixel(x, y,RGB(255, 0, 0));
        }
    }
    else
    {   int a = y0 - y1;
        int b = x1 - x0;
        int d = 2 * b - a;
        int inrcE = 2 * b;
        int inrcNE = 2 * (b - a);
        dc.SetPixel(x, y, RGB(255, 0, 0));
        while(y < y1)
        {   if(d > 0)
            {   y ++;
                d += inrcE;
            }
            else
            {   x --;
                y ++;
                d += inrcNE;
            }
            dc.SetPixel(x, y,RGB(255, 0, 0));
        }
    }
  }
}
```

上述就是中点画线算法的程序。如果进一步把算法中 2 * a 改为 a + a 等，那么，这个算法不仅只包含整数变量，而且不包含乘除运算，适合硬件实现。

作为一个例子，我们来看中点画线算法光栅化连接两点（0，0）和（5，2）的直线段。由于（x_0，y_0）=（0，0）且（x_1，y_1）=（5，2），直线斜率 $k=2/5$ 满足 $0\leqslant k\leqslant 1$，可以应用上述算法。第一个像素应取线段左端点（0，0）。判别式 d 的初始值为 $d_0=2a+b=1$。d 往正右方的增量 $\Delta_1=2a=-4$；d 往右上方的增量 $\Delta_2=2(a+b)=6$。

由于 $d_0>0$，所以迭代循环的第一步取初始点的正右方像素（1，0），x 递增 1，并将 d 更新为 $d=d_0+\Delta_1=1-4=-3$。因为 $x=1<x_1$，所以进入第二步迭代运算。这时由于 $d<0$，故取右上方像素（2，1），x、y 同时递增 1，并将 d 更新为 $d=-3+\Delta_2=3$，这样继续分析下去，x、y、d 的初值和循环迭代过程中每一步的值依序如下：

x	y	d
0	0	1
1	0	-3
2	1	3
3	1	-1
4	2	5
5	2	1

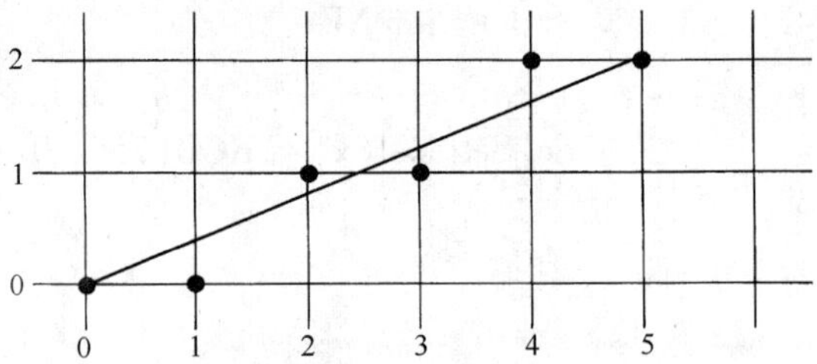

图 3-4 中点画线算法

该直线的光栅化示意图如图 3-4 所示。

3.1.5 Bresenham 算法

Bresenham 算法是一种精确而有效的光栅线段生成算法。它也可以用于圆和其他曲线。该算法的主要思想是：当某一坐标增加一个步长时，通过判断当前点与实际点的误差，来确定另一个坐标增加一个步长或不增加。为讨论方便，这里假设直线的斜率小于 1，如图 3-5 所示。

假设直线的方程为 $y=kx+b$，则

$$y=k(x_i+1)+b$$

$$d_1=y-y_i$$

$$d_2=y_i+1-y$$

这样

$$d_1-d_2=2y-2y_i-1=2k(x_i+1)+2b-2y_i-1$$

$$=2\frac{\Delta y}{\Delta x}(x_i+1)+2b-2y_i-1$$

所以

$$\Delta x(d_1-d_2)=2x_i\Delta y-2y_i\Delta x+2\Delta y+2b\Delta x-\Delta x$$

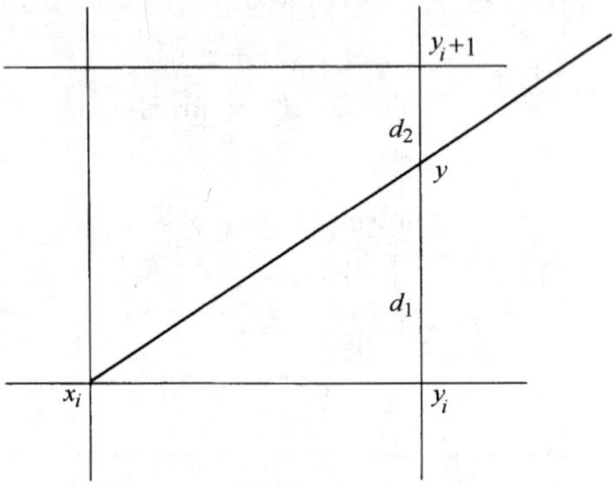

图 3-5 Bresenham 算法

令 $e_i=\Delta x(d_1-d_2)$，则有

$$e_i=2x_i\Delta y-2y_i\Delta x+2\Delta y+2b\Delta x-\Delta x$$

$$e_{i+1}=2x_{i+1}\Delta y-2y_{i+1}\Delta x+2\Delta y+2b\Delta x-\Delta x$$

$$e_{i+1}-e_i=2(x_{i+1}-x_i)\Delta y-2(y_{i+1}-y_i)\Delta x$$

由于 $x_{i+1}=x_i+1$，所以

$$e_{i+1}=e_i+2\Delta y-2(y_{i+1}-y_i)\Delta x$$

如果 $e_i>0$，说明 $d_1>d_2$，此时，下一个像素点应取正右上方的点，即 $y_{i+1}=y_i+1$；否则，下一个像素点应取正右边的点，即有 $y_{i+1}=y_i$。

而初始值

$$e_0=2x_0\Delta y-2y_0\Delta x+2\Delta y+2b\Delta x-\Delta x$$

$$=2x_0\Delta y-2\left(\frac{\Delta y}{\Delta x}x_0+b\right)\Delta x+2\Delta y+2b\Delta x-\Delta x=2\Delta y-\Delta x$$

Bresenham 算法描述如下：

```
void bresenham(int x1,int y1,int x2,int y2)
{
```

```
        int i,x,y,dx,dy;
        float e;
        dx = x2 - x1;
        dy = y2 - y2;
        e = 2 * dy - dx;
      for(i = 1;i < = dx;i ++)
        {putpixel(x1,y1,15);
          x ++;
          if(e >0)
          {y ++;e = e +2 * dy -2 * dx;}
           else e = e +2 * dy;
        }
      }
```

Bresenham 算法的完整程序要包括除上面讨论的情况，即($0\leqslant\Delta y\leqslant\Delta x$)之外的其他情况，使它具有通用性。

Bresenham 算法完整的 VC ++ 程序如下：

```
void CBresenhamLineView::BresenhamLine(CPoint p0, CPoint p1)
{ CClientDC dc(this);
  int x0 = p0.x;
  int y0 = p0.y;
  int x1 = p1.x;
  int y1 = p1.y;
  int e, dx, dy;
  int x, y;
  if(abs(x1 - x0) > abs(y1 - y0))
  {   if(x0 > x1)
     { int temp = x0;
       x0 = x1;
       x1 = temp;
       temp = y0;
       y0 = y1;
       y1 = temp;
     }
     dx = x1 - x0;
     dy = y1 - y0;
     if(dy >=0)
     {   e = -dx;
         y = y0;
         for(x = x0; x < x1; x ++)
```

```
    { dc.SetPixel(x, y, RGB(255, 0, 0));
      e = e + 2 * dy;
      if(e > 0 )
      {  y++;
         e = e - 2 * dx;
      }
    }
  }
  else
  { e = dx;
    y = y0;
    for(x = x0; x < x1; x++)
    { dc.SetPixel(x, y, RGB(255, 0, 0));
      e = e - 2 * dy;
      if(e > 0)
      { y--;
        e = e - 2 * dx;
      }
    }
  }
}
else
{ if(y0 > y1)
  { int temp = x0;
    x0 = x1;
    x1 = temp;
    temp = y0;
    y0 = y1;
    y1 = temp;
  }
  dx = x1 - x0;
  dy = y1 - y0;
  if(dx > = 0)
  { e = - dy;
    x = x0;
    for(y = y0; y < y1; y++)
    { dc.SetPixel(x, y, RGB(255, 0, 0));
      e = e + 2 * dx;
      if(e > 0)
```

```
                { x++;
                  e=e-2*dy;
                }
            }
        }
        else
        {   e=dy;
            x=x0;
            for(y=y0; y<y1; y++)
            {   dc.SetPixel(x, y, RGB(255, 0, 0));
                e=e-2*dx;
                if(e>0)
                {   x--;
                    e=e-2*dy;
                }
            }
        }
    }
}
```

由于上述算法中没有乘、除法运算，只用到整数的加、减法，所以非常便于在硬件上实现。

直线的 Bresenham 生成算法尚可进一步增强其功能，如绘制不同线型和画宽度不同的直线。

在各种直线的绘制算法中，如何处理直线的端点？这是一个需要平衡的问题。如果直线端点取半圆形，虽然可以衔接得比较好，但用于表现拐点就不理想。如果直线端点采用矩形，虽然可以表现拐点，但两个线段就不能很好地衔接。

在绘制直线时，如何提高直线的平滑程度，减少直线的“阶梯状”外观，也是一个很重要的问题。目前有许多技术手段可以改善直线的“阶梯状”，这种技术在计算机图形学中称为“反走样”技术。

由于直线是最基本的图形元素，对其算法效率的一点改善，意义也是很大的。目前单点生成算法的效率已到了尽头，Bresenham 算法可以作为单点生成算法的完善代表。提高算法效率的方法有对称法和多点法，对称法利用直线段关于中点对称的性质，从直线的两端向中点画线；而多点法，则是一次生成多个像素点。

3.2　圆的生成算法

3.2.1　中点法

在本节中，我们只考虑中心在原点，半径为整数 R 的圆 $x^2+y^2=R^2$。对于中心不在原点的圆，可先通过平移变换，化为中心在原点的圆，再进行扫描转换。考虑到圆的对称性，如

图 3-6 所示，在具体进行扫描转换时，只需对 1/8 圆实施即可。

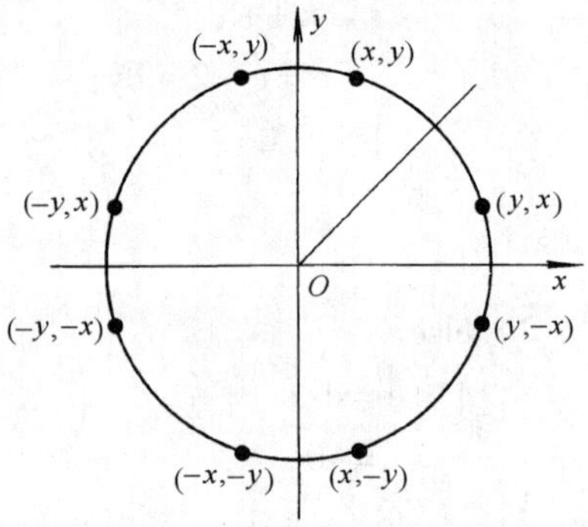

图 3-6 圆的对称性

下面讨论圆的扫描转换算法——中点画圆法。考虑中心在原点，半径为 R 的 1/8 圆，如图 3-7 所示。

我们来讨论如何从（0，R）到$\left(\frac{R}{\sqrt{2}}, \frac{R}{\sqrt{2}}\right)$顺时针地确定最佳逼近于该圆弧的像素序列。假定 x 坐标为 x_p 的像素中与该圆弧最近者已确定，为 $P(x_p, y_p)$，那么，下一个像素只能是正右方的 $P_1(x_p+1, y_p)$或右下方的 $P_2(x_p+1, y_p-1)$两者之一，如图 3-8 所示。

构造函数：$F(x, y)=x^2+y^2-R^2$

对于圆上的点，$F(x, y)=0$；对于圆外的点，$F(x, y)>0$；而对于圆内的点，$F(x, y)<0$。假设 M 是 P_1 和 P_2 的中点，如果 $F(M)<0$，即 M 在圆内，这说明 P_1 距离圆弧更近，应取 P_1 作为下一像素。如果 $F(M)>0$ 时，即 M 在圆外，这说明离 P_2 圆弧更近，应取 P_2 作为下一个像素点。如果 $F(M)=0$ 时，说明圆弧通过 M 点，即可以在 P_1 与 P_2 之中随便取一个，我们约定取 P_2。

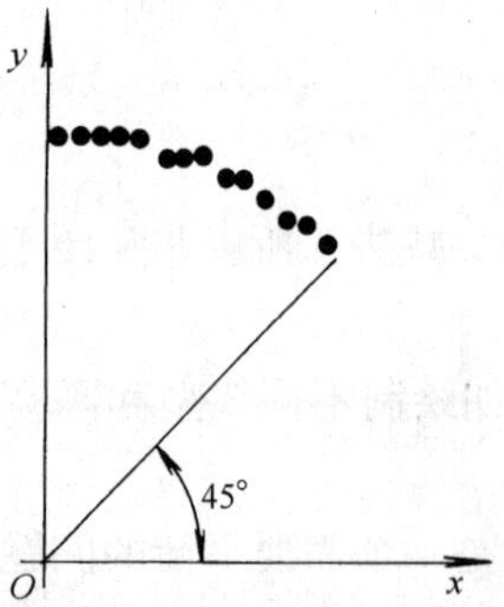

图 3-7 1/8 圆

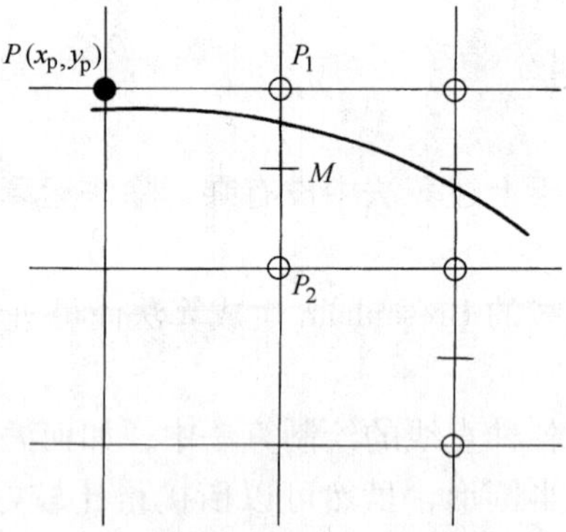

图 3-8 当前像素与下一像素的候选者

与中点画线法一样，构造判别式

$$d=F(M)=F(x_p+1, y_p-0.5)=(x_p+1)^2+(y_p-0.5)^2-R^2$$

若 $d<0$，则应取 P_1 为下一像素，而再下一个像素的判别式为

$$d_1=F(x_p+2, y_p-0.5)=(x_p+2)^2+(y_p-0.5)^2-R^2=d+2x_p+3$$

而若 $d\geqslant 0$，则 P_2 是下一像素，而再下一像素的判别式为

$$d_2=F(x_p+2, y_p-1.5)=(x_p+2)^2+(y_p-1.5)^2-R^2=d+2(x_p-y_p)+5$$

由于我们这里讨论的是按顺时针方向生成八分圆，因此，第一像素是(0，R)，判别式 d 的初始值为

$$d_0=1+(R-0.5)^2-R^2=1.25-R$$

为了摆脱浮点计算，用 $e=d-0.25$ 代替 d。显然，初始化运算 $d=1.25-r$ 对应于 $e=1-r$。判别式 $d<0$ 对应于 $e<-0.25$。由于 e 是整数，所以 $e<-0.25$ 等价于 $e<0$。

上述算法还可以进一步改进，以提高效率。注意到判别式 d 的增量是 x、y 的线性函数，

每当 x 递增1，d 递增 $\Delta x=2$。每当 y 递增1，d 递增 $\Delta y=2$。由于初始像素为（0，r），所以 Δx 的初值为3，Δy 的初值为 $-2r+2$。再注意到乘2运算可以改用加法实现，仿照上述算法，我们可以很容易地写出不含乘法仅用整数实现的中点画圆算法。

中点画圆法 VC++程序描述如下：

```
void CMidPointCircleView::MidPointCircle(CPoint p0, CPoint p1)
{  CClientDC dc(this);
   int x0 = p0.x;
   int y0 = p0.y;
   int x1 = p1.x;
   int y1 = p1.y;
   float r = sqrt((float)((x1 - x0) * (x1 - x0) + (y1 - y0) * (y1 - y0)));
   int x, y;
   double d;
   x = 0;
   y = (int)r;
   d = 1.25 - r;
   dc.SetPixel(x0 + x, y0 + y, RGB(255, 0, 0));
   dc.SetPixel(x0 - x, y0 + y, RGB(255, 0, 0));
   dc.SetPixel(x0 + x, y0 - y, RGB(255, 0, 0));
   dc.SetPixel(x0 - x, y0 - y, RGB(255, 0, 0));
   dc.SetPixel(x0 + y, y0 + x, RGB(255, 0, 0));
   dc.SetPixel(x0 - y, y0 + x, RGB(255, 0, 0));
   dc.SetPixel(x0 + y, y0 - x, RGB(255, 0, 0));
   dc.SetPixel(x0 - y, y0 - x, RGB(255, 0, 0));
   while(x <= y)
   {  if(d < 0)
      {  d += 2 * x + 3;
         x++;
      }
      else
      {  d += 2 * (x - y) + 5;
         x++;
         y--;
      }
      dc.SetPixel(x0 + x, y0 + y, RGB(255, 0, 0));
      dc.SetPixel(x0 - x, y0 + y, RGB(255, 0, 0));
      dc.SetPixel(x0 + x, y0 - y, RGB(255, 0, 0));
      dc.SetPixel(x0 - x, y0 - y, RGB(255, 0, 0));
      dc.SetPixel(x0 + y, y0 + x, RGB(255, 0, 0));
```

```
        dc.SetPixel(x0 - y, y0 + x, RGB(255, 0, 0));
        dc.SetPixel(x0 + y, y0 - x, RGB(255, 0, 0));
        dc.SetPixel(x0 - y, y0 - x, RGB(255, 0, 0));
    }
}
```

3.2.2 Bresenham 法画圆

Bresenham 圆弧算法是最有效的算法之一。考虑以原点为圆心的第一个四分圆。很显然，如果以点 $x=0$、$y=R$ 为起点按顺时针方向生成圆，则在第一象限内，y 是 x 的单调减函数，如图 3-9 所示。

从圆任意一点出发，按顺时针方向生成圆时，最佳逼近像素的取法有 3 种可能性，即右方像素、右下方像素和下方像素，如图 3-10 所示。

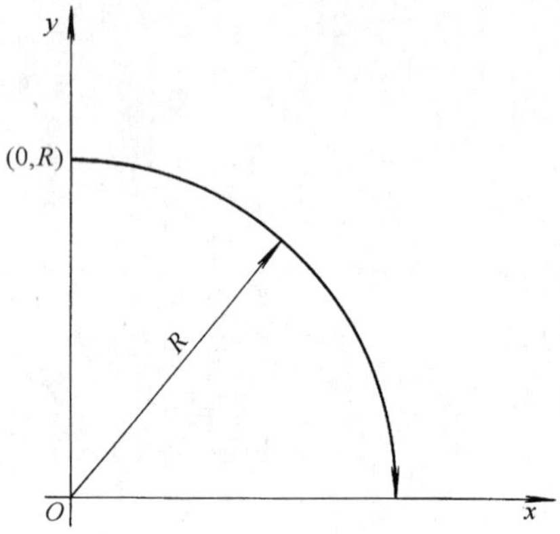

图 3-9　第一个四分圆

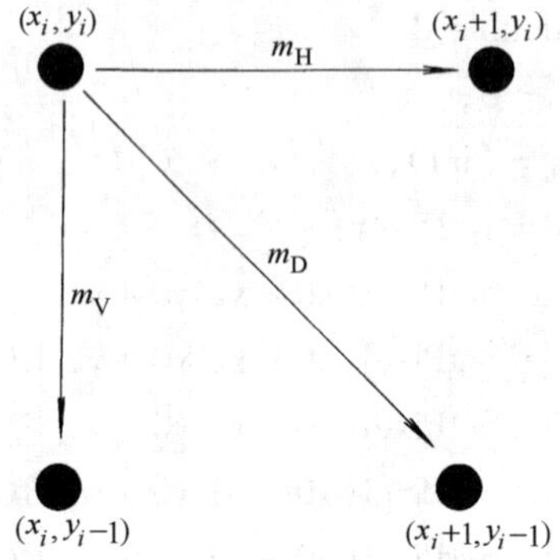

图 3-10　第一象限像素的选取

用 m_H、m_D 和 m_V 分别表示上述 3 个像素点到圆周的“距离”，即有

$$m_H = |(x_i+1)^2 + y_i^2 - R^2|$$

$$m_D = |(x_i+1)^2 + (y_i-1)^2 - R^2|$$

$$m_V = |x_i^2 + (y_i-1)^2 - R^2|$$

圆与点（x_i，y_i）附近光栅网格的相交关系只有 5 种可能，如图 3-11 所示。

令 $\Delta_i = (x_i+1)^2 + (y_i-1)^2 - R^2$。如果 $\Delta_i<0$，那么点（x_i+1，y_i-1）在圆内，即圆处于 1 或 2 的位置。显然应取点（x_i+1，y_i）或点（x_i+1，y_i-1）。为了判断究竟取哪一点，就情形 1 而言，可以考虑

$$m_{HD} = |(x_i+1)^2 + y_i^2 - R^2| - |(x_i+1)^2 + (y_i-1)^2 - R^2|$$

如果 $m_{HD}<0$，说明点（x_i+1，y_i）到圆的距离小于点（x_i+1，y_i-1）到圆的距离，即应取点（x_i+1，y_i），反之应取点（x_i+1，y_i-1）。若 $m_{HD}=0$，约定取右边的点。因为点（x_i+1，y_i）在圆外，点（x_i+1，y_i-1）在圆内，所以

$$(x_i+1)^2 + y_i^2 - R^2 \geqslant 0$$

$$(x_i+1)^2 + (y_i-1)^2 - R^2 \leqslant 0$$

这样

$$
\begin{aligned}
m_{\mathrm{HD}} &= |(x_i+1)^2+y_i^2-R^2| - \\
&\quad |(x_i+1)^2+(y_i-1)^2-R^2| \\
&= (x_i+1)^2+y_i^2-R^2+(x_i+1)^2+ \\
&\quad (y_i-1)^2+R^2 \\
&= 2(\Delta_i+y_i)-1
\end{aligned}
$$

对于情形2而言，由于y是单调减函数，所以只能取像素(x_i+1, y_i)。此时，由于像素(x_i+1, y_i)和(x_i+1, y_i-1)都在圆内，所以$m_{\mathrm{HD}}<0$。这和情形1是一致的。

如果$\Delta_i>0$，那么点(x_i+1, y_i-1)在圆外，即圆处于3或4的位置。显然应取点(x_i, y_i-1)或点(x_i+1, y_i-1)。为了判断究竟取哪一点，就情形3而言，可以考虑

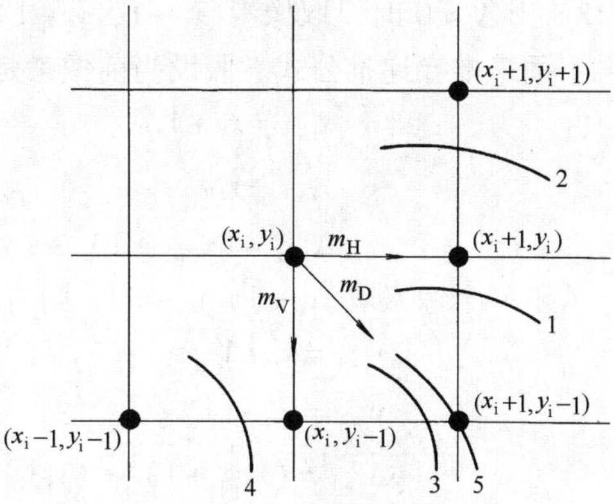

图3-11 圆与光栅网格的相交关系

$$m_{\mathrm{DV}}=|(x_i+1)^2+(y_i-1)^2-R^2|-|x_i{}^2+(y_i-1)^2-R^2|$$

如果$m_{\mathrm{DV}}<0$，说明点(x_i+1, y_i-1)到圆的距离小于点(x_i, y_i-1)到圆的距离，即应取点(x_i+1, y_i-1)；反之，应取点(x_i, y_i-1)。若$m_{\mathrm{DV}}=0$，约定取(x_i+1, y_i-1)。在情形3中，因为点(x_i, y_i-1)在圆内，点(x_i+1, y_i-1)在圆外，所以

$$x_i{}^2+(y_i-1)^2-R^2\leqslant 0$$

$$(x_i+1)^2+(y_i-1)^2-R^2\geqslant 0$$

这样

$$
\begin{aligned}
m_{\mathrm{DV}} &= |(x_i+1)^2+(y_i-1)^2-R^2|-|x_i{}^2+(y_i-1)^2-R^2| \\
&= (x_i+1)^2+(y_i-1)^2-R^2+x_i{}^2+(y_i-1)^2+R^2 \\
&= 2(\Delta_i-x_i)-1
\end{aligned}
$$

对于情形4而言，由于x增加时y是单调减函数，所以只能取像素(x_i, y_i-1)。此时，由于像素(x_i, y_i-1)和(x_i+1, y_i-1)都在圆外，所以$m_{\mathrm{DV}}>0$。这和情形3是一致的。

最后考虑情形5，此时像素(x_i+1, y_i-1)正好在圆上，即$\Delta_i=0$。由于

$$(x_i+1)^2+y_i^2-R^2>0$$

$$(x_i+1)^2+(y_i-1)^2-R^2=0$$

这样$m_{\mathrm{HD}}>0$。根据上面讨论应取(x_i+1, y_i-1)；同样，由于

$$x_i{}^2+(y_i-1)^2-R^2<0$$

$$(x_i+1)^2+(y_i-1)^2-R^2=0$$

这样$m_{\mathrm{DV}}<0$。根据上面讨论还是取(x_i+1, y_i-1)。

总结上述讨论：

1）当$\Delta_i<0$时

若$m_{\mathrm{HD}}\leqslant 0$，取像素$(x_i+1, y_i)$；

若$m_{\mathrm{HD}}>0$，取像素(x_i+1, y_i-1)。

2）当$\Delta_i>0$时

若$m_{\mathrm{DV}}\leqslant 0$，取像素$(x_i+1, y_i-1)$；

若$m_{\mathrm{DV}}>0$，取像素(x_i, y_i-1)。

3）当 $\Delta_i = 0$ 时，取像素 $(x_i+1,\ y_i-1)$。

下面来推导递推公式。假设当前像素是 $(x_i,\ y_i)$，若下一个像素取 $(x_i+1,\ y_i)$，则有

$$x_{i+1} = x_i + 1$$

$$y_{i+1} = y_i$$

$$\Delta_{i+1} = (x_{i+1}+1)^2 + (y_{i+1}-1)^2 - R^2 = \Delta_i + 2x_{i+1} + 1$$

若下一个像素取 $(x_i+1,\ y_i-1)$，则有

$$x_{i+1} = x_i + 1$$

$$y_{i+1} = y_i - 1$$

$$\Delta_{i+1} = (x_{i+1}+1)^2 + (y_{i+1}-1)^2 - R^2 = \Delta_i + 2x_{i+1} - 2y_{i+1} + 2$$

若下一个像素取 $(x_i,\ y_i-1)$，则有

$$x_{i+1} = x_i$$

$$y_{i+1} = y_i - 1$$

$$\Delta_{i+1} = (x_{i+1}+1)^2 + (y_{i+1}-1)^2 - R^2 = \Delta_i - 2y_{i+1} + 1$$

下面给出 Bresenham 算法画圆的 VC++程序

```
void CBresenhamCircleView::BresenhamCircle(CPoint p0, CPoint p1)
{   CClientDC dc(this);
    int x0 = p0.x;
    int y0 = p0.y;
    int x1 = p1.x;
    int y1 = p1.y;
    float r = sqrt((float)((x1 - x0) * (x1 - x0) + (y1 - y0) * (y1 - y0)));
    int a =0;
    int b = (int)r;
    int e =2 * (1 - r);
    while(b >=0)
    {
        dc.SetPixel(x0 + a, y0 + b, RGB(255,0,0));
        dc.SetPixel(x0 - a, y0 + b, RGB(255,0,0));
        dc.SetPixel(x0 + a, y0 - b, RGB(255,0,0));
        dc.SetPixel(x0 - a, y0 - b, RGB(255,0,0));
        if(e <0)
        {   int d =2 * e +2 * b -1;
            if(d <=0)
            {   a =a +1;
                e =e +2 * a +1;
            }
            else
            {   a =a +1;
```

```
            b=b-1;
            e=e+2*a-2*b+2;
          }
       }
    else if(e>0)
    {  int d=2*e-2*-1;
       if (d<=0)
       {  a=a+1;
          b=b-1;
          e=e+2+a-2*b+2;
       }
       else
       {  b=b - 1;
          e=e - 2 * b + 1;
       }
    }
    else if(e == 0)
    {  a=a + 1;
       b=b - 1;
       e=e + 2 * a - 2 * b + 2;
    }
}
```

3.3 椭圆的生成算法

假设椭圆的中心在坐标系的原点。根据椭圆的对称性，我们只考虑第一象限。将椭圆表示为一般形式$f(x, y)=b^2x^2+a^2y^2-a^2b^2=0$，椭圆上斜率为-1的点将椭圆分成两部分，如图3-12所示。

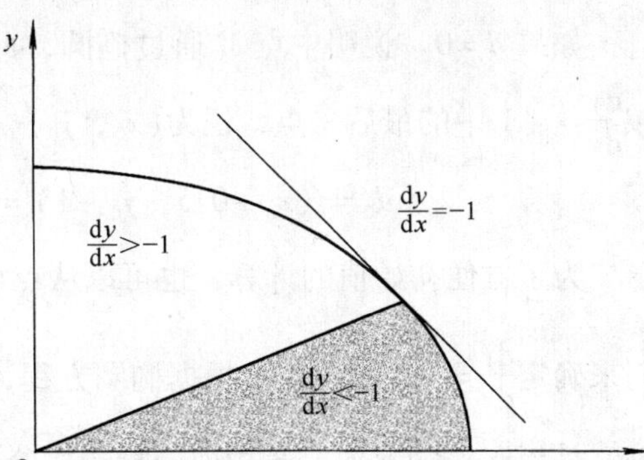

图3-12　将椭圆分成两部分

从点(0, b)开始，顺时针画椭圆。在区域$\frac{dy}{dx}>-1$中，x增加一步，来确定y减1或不变。而在区域$\frac{dy}{dx}<-1$中，y减少一步，来确定x加1或不变。

在$\frac{dy}{dx}>-1$中，假设(x_k, y_k)是当前像素，如图3-13a所示。构造判别式

$$d=f(M)=f(x_k+1, y_k-0.5)$$

$$=b^2(x_k+1)^2+a^2(y_k-0.5)^2-a^2b^2$$

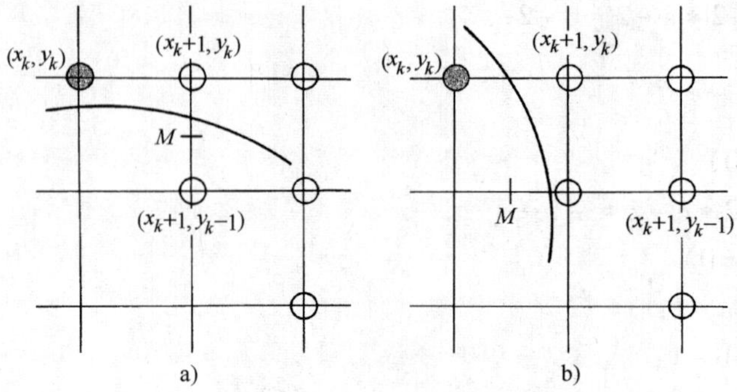

图 3-13 像素的选择

如果 $d<0$，说明中点 M 在椭圆内，此时应取像素(x_k+1, y_k)。而下一个判别式为

$$d_1=f(x_k+2, y_k-0.5)=b^2(x_k+2)^2+a^2(y_k-0.5)^2-a^2b^2$$
$$=d+b^2(2x_k+3)$$

如果 $d>0$，说明中点 M 在椭圆外，此时应取像素(x_k+1, y_k-1)。而下一个判别式为

$$d_2=f(x_k+2, y_k-1.5)=b^2(x_k+2)^2+a^2(y_k-1.5)^2-a^2b^2$$
$$=d+b^2(2x_k+3)+2a^2(1-y_k)$$

如果 $d=0$，说明中点 M 通过椭圆，此时约定取(x_k+1, y_k)。而 d 的初始值为

$$d_0=f(1, b-0.5)=b^2+a^2(b-0.5)^2-a^2b^2=b^2-a^2b+0.25a^2$$

在$\frac{dy}{dx}<-1$中，假设(x_k, y_k)是当前像素，如图 3-13b 所示。构造判别式

$$d=f(M)=f(x_k+0.5, y_k-1)=b^2(x_k+0.5)^2+a^2(y_k-1)^2-a^2b^2$$

如果 $d>0$，说明中点 M 在椭圆外，此时应取像素(x_k, y_k-1)。而下一个判别式为

$$d_1=f(x_k+0.5, y_k-2)=b^2(x_k+0.5)^2+a^2(y_k-2)^2-a^2b^2$$
$$=d+a^2(3-2y_k)$$

如果 $d<0$，说明中点 M 在椭圆内，此时应取像素(x_k+1, y_k-1)。而下一个判别式为

$$d_2=f(x_k+1.5, y_k-2)=b^2(x_k+1.5)^2+a^2(y_k-2)^2-a^2b^2$$
$$=d+2b^2(x_k+1)+a^2(3-2y_k)$$

如果 $d=0$，说明中点 M 通过椭圆，此时约定取(x_k+1, y_k-1)。判别式的初始值取区域$\frac{dy}{dx}>-1$中的最后一点，记为(x_0, y_0)，这样

$$d_0=f(x_0+0.5, y_0-1)=b^2(x_0+0.5)^2+a^2(y_0-1)^2-a^2b^2$$

为了方便初始值的计算，也可以从点$(a, 0)$开始，逆时针画椭圆至$\frac{dy}{dx}=-1$处。下面我们来确定$\frac{dy}{dx}=-1$的位置。根据椭圆方程，有$\frac{dy}{dx}=-\frac{2b^2x}{2a^2y}$，所以当$\frac{dy}{dx}>-1$时，$2b^2x<2a^2y$。也就是当 $b^2x<a^2y$ 时，采用前一种迭代公式，否则采用后一种迭代公式。

椭圆的中点算法 VC ++ 程序描述如下：

```
void CMidElliptocyView::MidElliptocy(CPoint p, int a, int b)
```

```
{
  CClientDC dc(this);
  int x=0;
  int y=b;
  float d;
  d=b*b-a*a*b+0.25*a*a;
  while(b*b*x<=a*a*y)
  {   dc.SetPixel(p.x+x, p.y+y, RGB(255, 0, 0));
      dc.SetPixel(p.x-x, p.y+y, RGB(255, 0, 0));
      dc.SetPixel(p.x+x, p.y-y, RGB(255, 0, 0));
      dc.SetPixel(p.x-x, p.y-y, RGB(255, 0, 0));
      if(d < 0)
      {   d=d+b*b*(2*x+3);
          x++;
      }
      else
      {   d=d+b*b*(2*x+3)+2*a*a*(1-y);
          x++;
          y--;
    }
  }
   d=b*b*(x+0.5)*(x+0.5)+a*a*(y-1)*(y-1)-a*a*b*b;
   while(y>=0)
  {   dc.SetPixel(p.x+x, p.y+y, RGB(255, 0, 0));
      dc.SetPixel(p.x-x, p.y+y, RGB(255, 0, 0));
      dc.SetPixel(p.x+x, p.y-y, RGB(255, 0, 0));
      dc.SetPixel(p.x-x, p.y-y, RGB(255, 0, 0));
      if(d >0)
    {   d=d+a*a*(3-2*y);
        y--;
    }
     else
    {   d=d+2*b*b*(x+1)+a*a*(3-2*y);
        x++;
        y--;
    }
  }
}
```

3.4 区域填充算法

所谓区域填充，就是用某种颜色或某种图案去充满一个封闭的区域。区域填充的思想非常简单，只要找到判断任意一点是否在区域内的方法即可。但这种逐点判断的方法效率很低，通常可以利用连贯性来提高算法的效率。所谓连贯性是指相邻的像素几乎具有相同的特性。

3.4.1 多边形的扫描线连贯算法

对于多边形区域的填充，可以将每一条扫描线与多边形求交，然后将扫描线与多边形的交点进行成对匹配，最后按填充属性画线即可。由于扫描线上相邻的像素也都具有相同的特性，只有在多边形的边线和该扫描线交点处才会发生变化，故将这种算法称为扫描线连贯算法。

为判断任意点（x，y）是否在多边形内，可从该点（x，y）向（$-\infty$，y）引直线，并计算该线与多边形的交点数 n（自左向右算起），如果 n 为偶数，则（x，y）在多边形外，如图 3-14 所示。但当引直线与多边形顶点相交时，为了正确计数，约定如果交点处多边形的两条边在引直线的同一侧，交点数计为 2 个；约定如果交点处多边形的两条边在引直线的两侧，交点数计为 1 个，如图 3-15 所示。

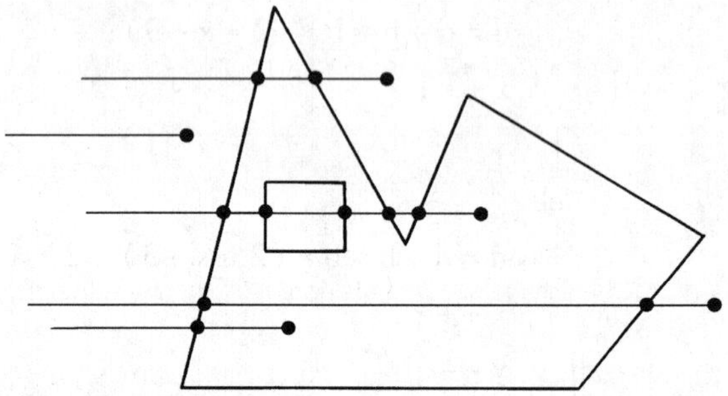

图 3-14 内外测试

在图 3-15 所示的多边形 $ABCDEF$ 中，分别求出每条边与所有扫描线的交点，按 x 的递增顺序，对每条扫描线上的交点排序。再将交点配对，每对交点所确定的区间取相同的填充属性。

实际上，将多边形的每条边与所有扫描线都求交点是没有必要的。因为可能大多数扫描线和多边形根本不相交。为了提高算法效率，应只处理与多边形相交的那些扫描线，同时，交点的计算可以通过增量法实现，如图 3-16 所示。

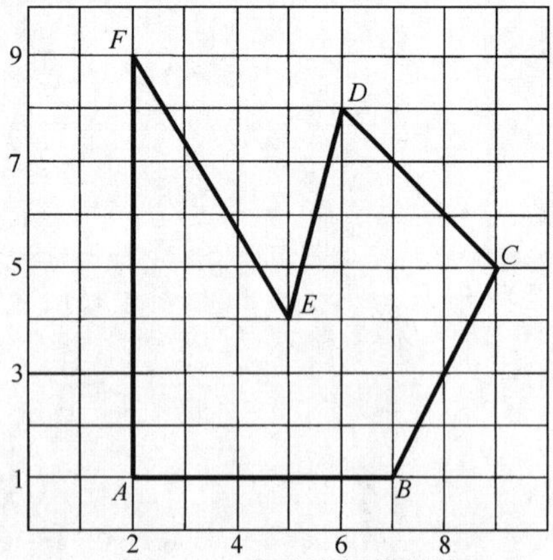

图 3-15 多边形扫描转换

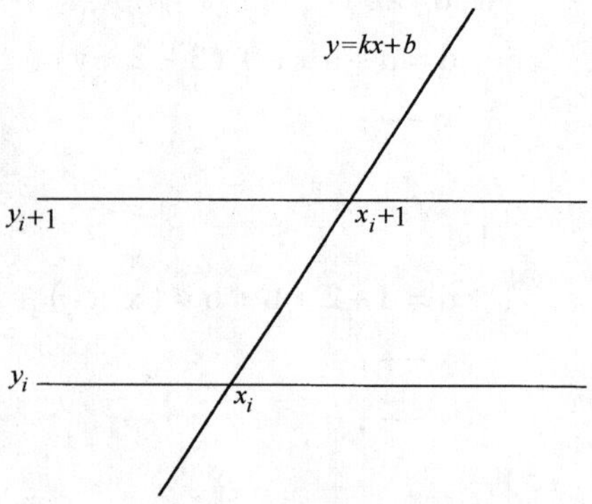

图 3-16 利用增量法求交点

设直线的方程为 $y=kx+b$，这样

$$y_i=kx_i+b \quad y_{i+1}=kx_{i+1}+b$$

$$x_{i+1}-x_i=\frac{1}{k}(y_{i+1}-y_i)$$

因为 $y_{i+1}=y_i+1$，所以

$$x_{i+1}=x_i+\frac{1}{k}$$

即后一个交点由前一个交点加增量 $1/k$。

为了找到有效的扫描线，根据多边形每条边 y 的最大值进行分类，建立对应扫描线的有序边表，存储多边形的所有非水平的边。每个节点包含如下信息：

该边 y 的最大值	该边与扫描线交点的 x 值	该边斜率的倒数	下一个节点指针

图 3-15 所示多边形的有序边表如图 3-17 所示。

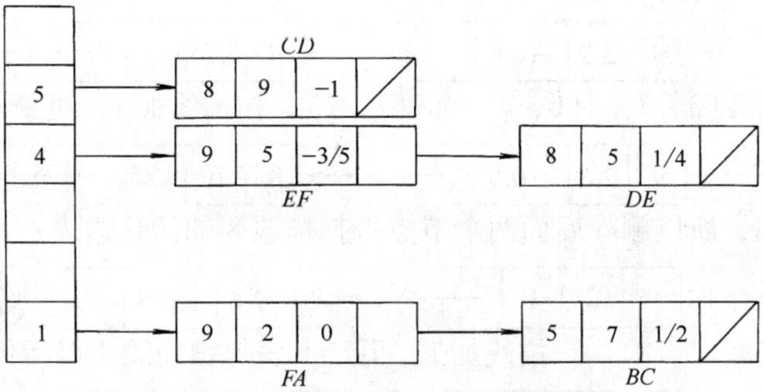

图 3-17 有序边表（y 桶表）

接下来，从第一条扫描线开始，构造每条扫描线的活化边表。扫描线 1 的活化边表就是：

9	2	0		→	5	7	1/2	/

交点对为（2，1）和（7，1）。扫描线加 1，更新上表得扫描线 2 的活化边表：

9	2	0		→	5	7+1/2	1/2	/

交点对为（2，2）和（7.5，2），取整为（2，2）和（8，2）。扫描线加 1，更新上表得扫描线 3 的活化边表：

9	2	0		→	5	8	1/2	/

交点对为（2，3）和（8，3）。扫描线加 1，更新上表得：

9	2	0		→	5	8.5	1/2	/

由于在有序边表中，扫描线 4 有对应的边 DE 和 EF，将它们按 x 的升序插入上表，得到扫描线 4 的活化边表：

9	2	0		→	9	5	−0.6		→	8	5	0.25		→	5	8.5	1/2	/

交点对为（2，4）和（5，4），（5，4）和（9，4）。扫描线加 1，更新上表得

9	2	0	→	9	4.4	−0.6	→	8	5.25	0.25	→	5	9	1/2	/

由于当前扫描线为 5，所以边 *BC* 已处理完，再将有序边表中所对应的边 *CD* 加入得到扫描线 5 的活化边表：

9	2	0	→	9	4.4	−0.6	→	8	5.25	0.25	→	8	9	−1	/

交点对为（2，5）和（4，5），（5，5）和（9，5）。扫描线加 1，更新上表得扫描线 6 的活化边表：

9	2	0	→	9	3.8	−0.6	→	8	5.5	0.25	→	8	8	−1	/

交点对为（2，6）和（4，6），（6，6）和（8，6）。扫描线加 1，更新上表得扫描线 7 的活化边表：

9	2	0	→	9	3.2	−0.6	→	8	5.75	0.25	→	8	7	−1	/

交点对为（2，7）和（3，7），（6，7）和（7，7）。扫描线加 1，更新上表得

9	2	0	→	9	2.6	−0.6	→	8	6	0.25	→	8	6	−1	/

由于当前扫描线为 8，所以删除后面两个节点得扫描线 8 的活化边表：

9	2	0	→	9	2.6	−0.6	/

交点对为（2，8）和（3，8）。扫描线加 1，更新上表得扫描线 9 得活化边表：

9	2	0	→	9	2	−0.6	/

交点对为（2，9）和（2，9）。填充效果如图 3-18 所示。

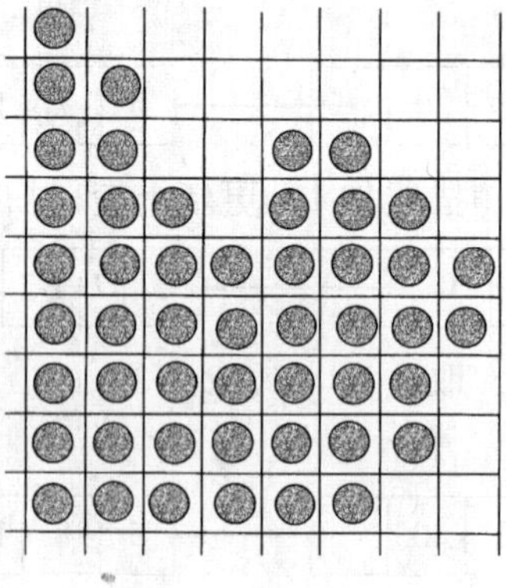

图 3-18　填充效果

扫描转换算法的 VC ++ 程序如下：

```
// 绘制网格的函数
void CFillView::DrawDict(CDC * pDC)
{
  CRect rect;                // 定义一个矩形变量
```

```
    GetClientRect(&rect);     // 获取窗体的大小

    int width, height;
    width = rect.Width();
    height = rect.Height();

    CPen pen(PS_SOLID,1,RGB(223,223,223));
    pDC->SelectObject(pen);

    for(int i = 0; i < width; i += 12)
    {
        pDC->MoveTo(i , 0);
        pDC->LineTo(i, height);
    }

    for(int i = 0; i < height; i += 12)
    {
        pDC->MoveTo(0, i);
        pDC->LineTo(width, i);
    }

}


// 绘制多边形
void CFillView::DrawPolygon(CDC * pDC)
{
    CPen pen(PS_SOLID,1,RGB(0,0,0));
    pDC->SelectObject(pen);

    for(int i = 1; i < pointCount; i++)
    {
        pDC->MoveTo(point[i - 1]);
        pDC->LineTo(point[i]);

    }

    pDC->MoveTo(point[0]);
    pDC->LineTo(point[pointCount - 1]);
```

```
}


// 初始化点,给每一个点进行赋值
void CFillView::setPoint(void)
{
    pointCount = 6;

    point[0] = CPoint(100, 50);
    point[1] = CPoint(50, 250);
    point[2] = CPoint(150, 400);
    point[3] = CPoint(300, 390);
    point[4] = CPoint(400,250);
    point[5] = CPoint(350, 150);
}

// 填充函数
void CFillView::fill(CPoint point_0, CPoint point_1)
{
    CDC * pDC = GetDC();

    CPen pen(PS_SOLID,1,RGB(255,0,0)); // 设置笔刷
    pDC->SelectObject(pen);

    pDC->MoveTo(point_0);
    pDC->LineTo(point_1);

}


// 获取最的点和最小的点
void CFillView::getMaxAndMinPoint(void)
{

    for(int i = 1; i < pointCount; i++)
    {
        maxX = maxX > point[i].x? maxX : point[i].x;
        minX = minX < point[i].x? minX : point[i].x;
```

```
        maxY = maxY > point[i].y? maxY: point[i].y;
        minY = minY < point[i].y? minY: point[i].y;

    }
}

// 具体的填充函数
void CFillView::doFill(void)
{
    int crossPointCount = 0;
    CPtrArray ptrPoint;

    for(int y = minY; y < maxY; y += 3)
    {
        crossPointCount = 0; // 将交点数归零
        ptrPoint.RemoveAll();
        // 获取与个边的交点
        for(int i = 1; i <= pointCount; i++)
        {
            if( i < pointCount)
            {
                if(y < point[i-1].y && y > point[i].y|| y > point[i-1].y && y < point[i].y )
                {
                    crossPointCount ++;
                    CPoint p = getCrossPoint(point[i-1], point[i], y);
                    // 用来存储点
                    ptrPoint.Add(new CPoint(p.x,p.y));
                }
            }
            else
            {
                if( y < point[0].y && y > point[pointCount-1].y||y < point[pointCount-1].y
&& y > point[0].y)
                {
                    crossPointCount ++;
                    CPoint p = getCrossPoint(point[0], point[pointCount-1], y);

                    // 用来存储点
                    ptrPoint.Add(&p);
```

```
            }
        }

    }

    if( crossPointCount >=2)
    {
        for(int i =1; i <=crossPointCount; i+ =2)
        {
            int x =((CPoint *)ptrPoint.GetAt(i -1)) ->x;
            int y =((CPoint *)ptrPoint.GetAt(i -1)) ->y;
            CPoint p0(x, y);

            x =((CPoint *)ptrPoint.GetAt(i)) ->x;
            y =((CPoint *)ptrPoint.GetAt(i)) ->y;

            CPoint p1(x, y);

            fill(p0,p1);
        }
    }

  }
}


// 获取两个点所组成的直线与另一条直线的焦点
CPoint CFillView::getCrossPoint(CPoint point_0, CPoint point_1, int y)
{

  if(y == point_0.y)
  {
    return point_0;
  }
  else if (y == point_1.y)
  {
    return point_1;
  }
  else if( point_0.y == point_1.y)
```

```
    {
        return point_0;
    }
    else
    {
        int x = 0;

        x = ((point_0.x - point_1.x) * (y - point_1.y)) / (point_0.y - point_1.y);
        x += point_1.x;

        return CPoint(x, y);
    }

    return CPoint();
}
```

3.4.2 种子填充算法

种子填充是指将区域内的一个像素点（常称种子点）赋予给定的颜色，然后将其扩展到整个区域内的过程。

区域填充技术广泛应用于交互图形、美术画的计算机辅助制作中。区域是指在光栅显示器中，已经表示成点阵形式的像素集合。在光栅图形中，区域可用内点表示形式进行描述。在内点表示的区域中，所有像素都有相同色彩，即区域具有一定的连通性，这是区域填充算法的要求。如区域内有任意两点，如果从其中一点出发，通过向上、向下、向左、向右4个方向的运动，如图3-19所示，可以达到另一点时，则称该区域为4连通区域。

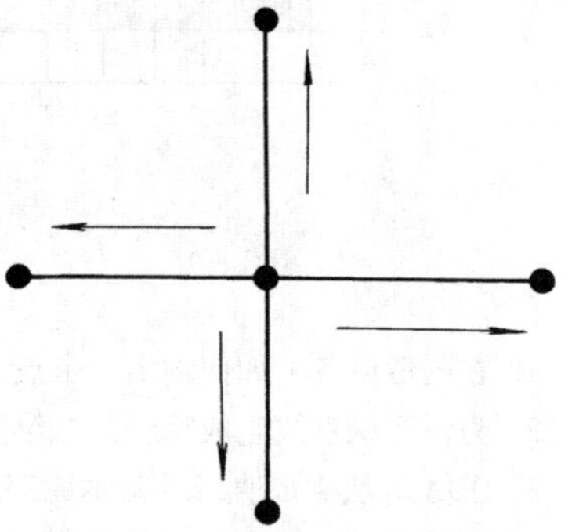

图3-19 4个方向的运动

下面介绍4连通区域填充的递归算法。

设区域中一内点（x，y），它原有的颜色为oldcolor，现从该种子点（x，y）开始对区域进行填充：先设置像素点（x，y）为新的颜色newcolor，然后逐步将整个区域都设置为新的颜色，区域填充算法步骤如下：

1）先判断像素点（x，y）的颜色，如果它的值不等于oldcolor，说明该像素点在区域外，不能取为种子点，停止填充；如果其值等于oldcolor，说明在区域内，则设置该像素的颜色为newcolor。

2）对其相邻的上、下、左、右四个像素点分别使用与上述相同的判断和处理，使用递归函数实现上述的填充算法是很有效的。

实现区域填充递归算法的VC++子程序如下：

```
void floodfill4(int x,int y,CColor oldcolor,CColor newcolor)
    {
```

```
CClientDC dc(this);
if(dc.GetPixel == = oldcolor)
   {
   dc.SetPixel(x,y,newcolor);
   floodfill4(x,y+1,oldcolor,newcolor);
   floodfill4(x,y-1,oldcolor,newcolor);
   floodfill4(x-1,y,oldcolor,newcolor);
   floodfill4(x+1,y,oldcolor,newcolor);
   }}
```

图 3-20 是执行上述算法的结果。图 3-20a 中涂色的方格表示给定的 4 连通区域，标有“·”的方格表示种子点，图 3-20b 表示执行算法的过程，方格内数字表示各像素设置颜色的先后次序。

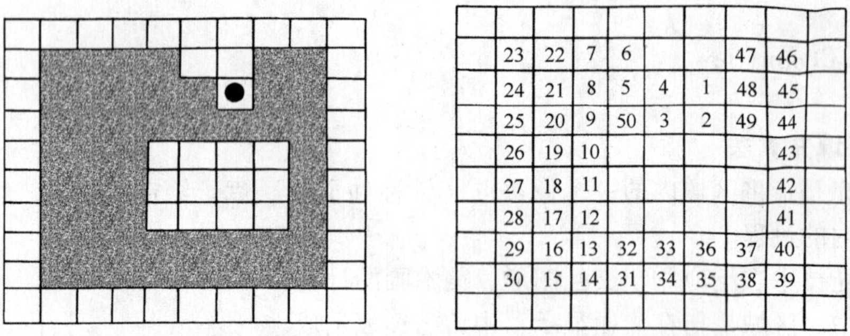

a) b)

图 3-20 区域填充递归算法过程

习 题

1. 在图形设备上如何输出一个点？为输出一条任意斜率的直线，一般受到哪些因素的影响？
2. 为什么说直线生成算法是二维图形生成技术的基础？
3. DDA 算法生成直线的基本原理是什么？
4. 为什么说 Bresenham 算法画圆的效率较高？
5. 试编写 Bresenham 算法生成直线子程序。
6. 调试执行 Bresenham 算法生成圆弧程序。
7. 将中点画线算法推广以便能画出任意斜率的直线。
8. 假设圆的圆心不在原点，试编写算法对整个圆进行扫描转换。
9. 设计一个多边形区域填充算法，使其边界像素具有一个值，而内部的像素具有另一个值。
10. 上机实现一种区域填充算法。

第 4 章　图 形 变 换

图形变换是计算机图形学的基本内容之一。通过图形变换可以将简单图形变换为复杂的图形，可以将三维物体用二维的图形表示。图形变换包括几何变换和非几何变换，几何变换是指改变图形的几何形状和位置，而非几何变换则是改变图形的颜色、线型等非几何的属性。本章主要介绍图形的平移、旋转和比例等基本几何变换以及图形的投影和透视变换。

4.1　二维几何变换

二维图形的几何变换是最简单的几何变换，它也是三维图形几何变换的基础，其所涉及的知识为平面解析几何。

4.1.1　平移变换

平移变换是指将图形沿直线路径从一个坐标位置移到另一个坐标位置的重定位，如图 4-1 所示。

对于多边形的平移，可以先将多边形的每个顶点实施平移，再在新位置重新绘制相应顶点的连线，从而实现多边形的平移。点的平移通过给点的原始坐标（x，y）加上水平位移 t_x 和垂直位移 t_y 来实现，即

$$x' = x + t_x$$
$$y' = y + t_y$$

可以将其表示成向量形式：

$$\boldsymbol{P}' = \boldsymbol{P} + \boldsymbol{T} \tag{4-1}$$

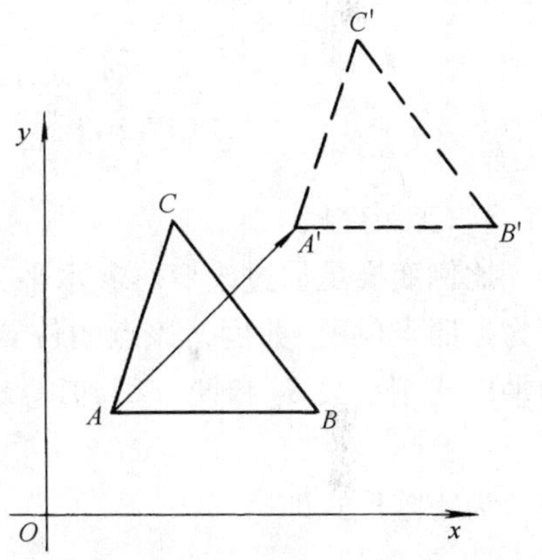

图 4-1　平移变换

其中，

$$\boldsymbol{P}' = \begin{pmatrix} x' \\ y' \end{pmatrix} \quad \boldsymbol{T} = \begin{pmatrix} t_x \\ t_y \end{pmatrix} \quad \boldsymbol{P} = \begin{pmatrix} x \\ y \end{pmatrix}$$

对于圆和椭圆来说，可以通过平移中心坐标并在新位置重新生成来实现平移变换。而对于一般的曲线来说，可以用折线模拟曲线，然后再对折线进行平移。

4.1.2　旋转变换

二维旋转变换是将图形沿平面内的圆弧路径重新定位。为了实现旋转，需要指定旋转角度和旋转点，如图 4-2 所示。

为了表示旋转的方向，通常定义逆时针旋转为正值，顺时针旋转为负值。下面讨论点 P 绕坐标系原点逆时针旋转 θ 的变换公式，如图 4-3 所示。

根据三角函数知识，可得

$$\begin{aligned} x' &= r\cos(\varphi + \theta) = r\cos\varphi\cos\theta - r\sin\varphi\sin\theta \\ y' &= r\sin(\varphi + \theta) = r\sin\varphi\cos\theta + r\sin\theta\sin\varphi \end{aligned} \tag{4-2}$$

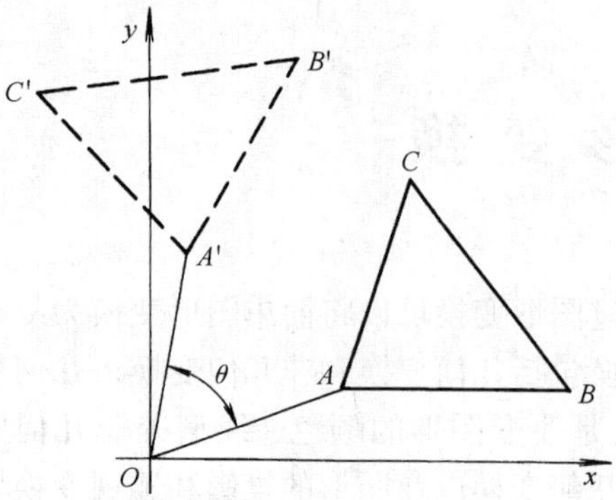

图 4-2 绕坐标原点旋转 θ 角

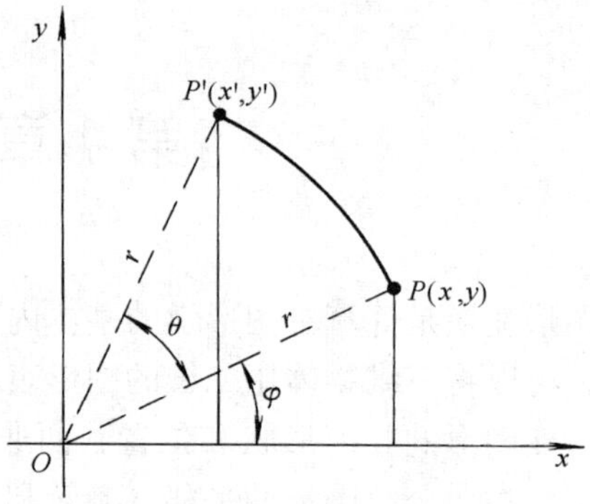

图 4-3 绕原点的旋转

而 $$r\cos\varphi = x,\ r\sin\varphi = y$$

代入式(4-2)得

$$x' = x\cos\theta - y\sin\theta$$
$$y' = x\sin\theta + y\cos\theta$$

将其表示为矩阵形式即

$$\boldsymbol{P}' = \boldsymbol{R} \cdot \boldsymbol{P} \tag{4-3}$$

其中 $$\boldsymbol{P}' = \begin{pmatrix} x' \\ y' \end{pmatrix} \quad \boldsymbol{R} = \begin{pmatrix} \cos\theta & -\sin\theta \\ \sin\theta & \cos\theta \end{pmatrix} \quad \boldsymbol{P} = \begin{pmatrix} x \\ y \end{pmatrix} \tag{4-4}$$

4.1.3 比例变换

比例变换是通过改变对象水平方向和垂直方向的大小来改变对象的尺寸。以坐标系的原点为参照点(变换前后，该点的位置不变)的比例变换非常简单。将每个顶点坐标(x, y)分别乘以比例系数 S_x 和 S_y，得到顶点新的位置坐标(x', y')，即

$$x' = S_x x \quad y' = S_y y$$

表示为矩阵形式即

$$\boldsymbol{P}' = \boldsymbol{S} \cdot \boldsymbol{P} \tag{4-5}$$

其中，$\boldsymbol{P}'$、$\boldsymbol{P}$ 见式(4-4)，$\boldsymbol{S}$ 为

$$\boldsymbol{S} = \begin{pmatrix} S_x & 0 \\ 0 & S_y \end{pmatrix}$$

当比例系数大于 1 时，图形对象被放大；而比例系数小于 1 时，图形对象被缩小。如果水平方向的比例系数和垂直方向的比例系数相同，则图形对象等比例地被放大或缩小。如果水平方向和垂直方向上的比例系数不相同，图形对象将发生变形。特别地，当比例系数取 ±1 时,比例变换实际上变为对称变换，如图 4-4 所示。

4.1.4 齐次坐标

上述三种几何变换都可以表示成矩阵形式式(4-1)、式(4-3)和式(4-5)，为变换的计算和表示带来了方便。但不幸的是它们的表示形式并不统一，有加法和乘法。我们期望有统一表示形式。通过引入齐次坐标，可以统一表示方法。

所谓齐次坐标就是用 $n+1$ 维向量来表示 n 维向量的一种形式。如二维向量(x, y)，用三维向量(kx, ky, k)表示，其中 k 不能为零。我们称(kx, ky, k)为(x, y)的齐次坐标。很

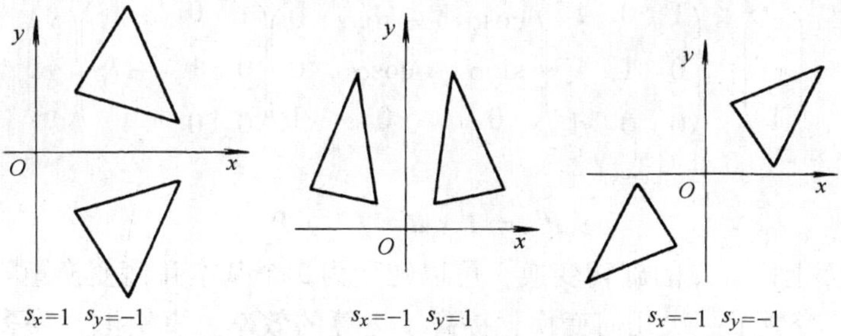

图 4-4 对称变换

明显，齐次坐标的表示是不唯一的。如(2, 3, 1)、(4, 6, 2)和(1, 1.5, 0.5)都是(2, 3)的齐次坐标。但将齐次坐标还原成普通坐标的结果是唯一的。

将式(4-1)中的 $\boldsymbol{P}$ 和 $\boldsymbol{P}'$ 表示为齐次坐标形式：

$$\boldsymbol{P}=\begin{pmatrix}x\\y\\1\end{pmatrix}\quad \boldsymbol{P}'=\begin{pmatrix}x'\\y'\\1\end{pmatrix}\tag{4-6}$$

则平移变换、旋转变换和比例变换可以用一种运算形式表示：

$$\boldsymbol{P}'=\boldsymbol{T}\cdot\boldsymbol{P}\quad \boldsymbol{P}'=\boldsymbol{R}\cdot\boldsymbol{P}\quad \boldsymbol{P}'=\boldsymbol{S}\cdot\boldsymbol{P}\tag{4-7}$$

其中 $$\boldsymbol{T}=\begin{pmatrix}1&0&t_x\\0&1&t_y\\0&0&1\end{pmatrix}\quad \boldsymbol{R}=\begin{pmatrix}\cos\theta&-\sin\theta&0\\\sin\theta&\cos\theta&0\\0&0&1\end{pmatrix}\quad \boldsymbol{S}=\begin{pmatrix}s_x&0&0\\0&s_y&0\\0&0&1\end{pmatrix}$$

4.1.5 级联变换

前面所讲的旋转变换是绕坐标系原点进行的，下面讨论绕平面内任意一点旋转的变换，如图 4-5 所示，点 P 绕点 Q 旋转 α。

该变换可以通过下面三个基本变换来实现。

把点 P、P' 和 Q 看做是一个整体，先将点 Q 平移至坐标系原点，其变换的矩阵形式为

$$\begin{pmatrix}x_1\\y_1\\1\end{pmatrix}=\begin{pmatrix}1&0&-t_x\\0&1&-t_y\\0&0&1\end{pmatrix}\begin{pmatrix}x\\y\\1\end{pmatrix}$$

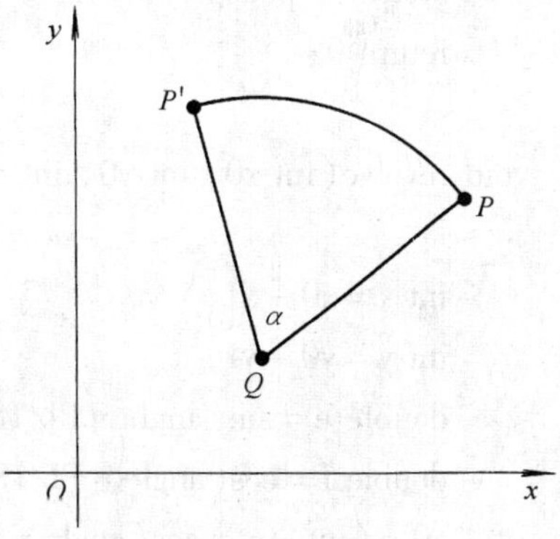

图 4-5 绕任意点旋转

再绕坐标系原点实施旋转变换：

$$\begin{pmatrix}x_2\\y_2\\1\end{pmatrix}=\begin{pmatrix}\cos\alpha&-\sin\alpha&0\\\sin\alpha&\cos\alpha&0\\0&0&1\end{pmatrix}\begin{pmatrix}x_1\\y_1\\1\end{pmatrix}$$

最后再将 Q 点平移回原处，其变换形式为

$$\begin{pmatrix}x'\\y'\\1\end{pmatrix}=\begin{pmatrix}1&0&t_x\\0&1&t_y\\0&0&1\end{pmatrix}\begin{pmatrix}x_2\\y\\1\end{pmatrix}$$

整理得

$$\begin{pmatrix} x' \\ y' \\ 1 \end{pmatrix} = \begin{pmatrix} 1 & 0 & t_x \\ 0 & 1 & t_y \\ 0 & 0 & 1 \end{pmatrix} \begin{pmatrix} \cos\alpha & -\sin\alpha & 0 \\ \sin\alpha & \cos\alpha & 0 \\ 0 & 0 & 1 \end{pmatrix} \begin{pmatrix} 1 & 0 & -t_x \\ 0 & 1 & -t_y \\ 0 & 0 & 1 \end{pmatrix} \begin{pmatrix} x \\ y \\ 1 \end{pmatrix}$$

表示成矩阵形式

$$\boldsymbol{P}' = \boldsymbol{T} \cdot \boldsymbol{R} \cdot \boldsymbol{T}^{-1} \cdot \boldsymbol{P} \tag{4-8}$$

这样，绕平面上任一点的旋转变换，可以转变为 3 个基本几何变换矩阵的乘积。把需要 3 次的几何变换，变成了一次几何变换，提高了运算的效率。事实上，许多复杂的几何变换都可以分解成若干次基本的几何变换组合，这种变换称为级联变换。

类似地，以平面上任一点为参照的比例变换，可以通过下面矩阵运算实现：

$$\boldsymbol{P}' = \boldsymbol{T} \cdot \boldsymbol{S} \cdot \boldsymbol{T}^{-1} \cdot \boldsymbol{P}$$

例 4-1 已知点 $P(x_1, y_1)$ 绕点 $Q(x_2, y_2)$ 旋转 angle 度，编写程序求点 P 旋转后的坐标。

C ++ 语言子程序如下：

```
#include <iostream>
#include <cmath>
#define PI 3.14159265358979323846
using namespace std;
void revolve(int x0, int y0, int x1, int y1, double angle);
int main()
{
    revolve(100,50, 20, 35, 30);
    system("pause");
    return 0;
}
void revolve(int x0, int y0, int x1, int y1, double angle)
{
    int x = x0 - x1;
    int y = y0 - y1;
    double e = sin(angle * PI/180);
    double f = cos(angle * PI/180);
    x0 = (int)(x * cos(angle * PI/180) - y * sin(angle * PI/180));
    y0 = (int)(x * sin(angle * PI /180) + y * cos(angle * PI /180));
    x0 = x0 + x1;
    y0 = y0 + y1;
    cout << "( " << x0 << " ," << y0 << " )" << endl;
}
```

4.2 三维几何变换

4.2.1 平移变换

和二维平移类似，三维平移变换可以表示为

$$\begin{pmatrix} x' \\ y' \\ z' \\ 1 \end{pmatrix} = \begin{pmatrix} 1 & 0 & 0 & t_x \\ 0 & 1 & 0 & t_y \\ 0 & 0 & 1 & t_z \\ 0 & 0 & 0 & 1 \end{pmatrix} \begin{pmatrix} x \\ y \\ z \\ 1 \end{pmatrix}$$

其中

$$\boldsymbol{T}(t_x, t_y, t_z) = \begin{pmatrix} 1 & 0 & 0 & t_x \\ 0 & 1 & 0 & t_y \\ 0 & 0 & 1 & t_z \\ 0 & 0 & 0 & 1 \end{pmatrix} \tag{4-9}$$

称为平移矩阵。

4.2.2 比例变换

以坐标系原点为参照点的三维比例变换和二维比例变换类似，变换坐标为

$$\begin{pmatrix} x' \\ y' \\ z' \\ 1 \end{pmatrix} = \begin{pmatrix} s_x & 0 & 0 & 0 \\ 0 & s_y & 0 & 0 \\ 0 & 0 & s_z & 0 \\ 0 & 0 & 0 & 1 \end{pmatrix} \begin{pmatrix} x \\ y \\ z \\ 1 \end{pmatrix}$$

其中

$$\boldsymbol{S}(s_x, s_y, s_z) = \begin{pmatrix} s_x & 0 & 0 & 0 \\ 0 & s_y & 0 & 0 \\ 0 & 0 & s_z & 0 \\ 0 & 0 & 0 & 1 \end{pmatrix} \tag{4-10}$$

是三维比例变换矩阵。

4.2.3 旋转变换

与二维几何旋转不同，三维物体的旋转是绕空间中某一直线进行的。为了方便讨论，先考虑物体绕 z 轴旋转的情形，如图 4-6 所示。

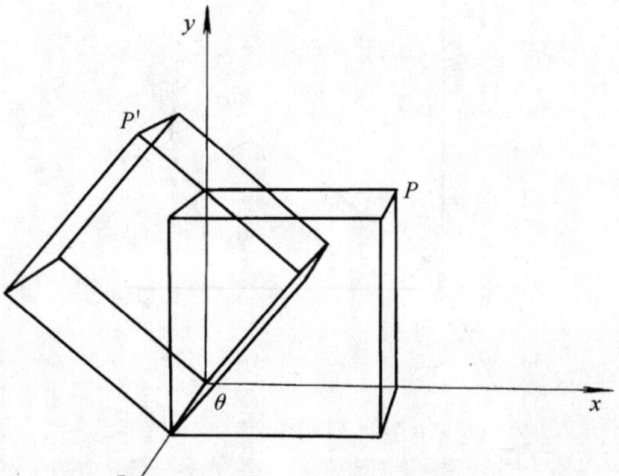

图 4-6 绕 z 轴旋转 θ

假设点 P 的坐标为 (x,y,z)，点 P' 的坐标为 (x',y',z')，根据立体几何知识可以得到

$$\begin{cases} x' = x\cos\theta - y\sin\theta \\ y' = x\sin\theta + y\cos\theta \\ z' = z \end{cases}$$

其矩阵表示为

$$\begin{pmatrix} x' \\ y' \\ z' \\ 1 \end{pmatrix} = \begin{pmatrix} \cos\theta & -\sin\theta & 0 & 0 \\ \sin\theta & \cos\theta & 0 & 0 \\ 0 & 0 & 1 & 0 \\ 0 & 0 & 0 & 1 \end{pmatrix} \begin{pmatrix} x \\ y \\ z \\ 1 \end{pmatrix} \tag{4-11}$$

考虑到参数 x、y、z 的地位是相同的,按照右手系规则,将其按下面方式轮换:

$$x \to y \to z \to x$$

便可以得到绕 x 轴和 y 轴旋转的变换坐标。

$$\begin{cases} y' = y\cos\theta - z\sin\theta \\ z' = y\sin\theta + z\cos\theta \\ x' = x \end{cases}$$

即绕 x 轴旋转的变换矩阵为

$$\boldsymbol{R}_x(\theta) = \begin{pmatrix} 1 & 0 & 0 & 0 \\ 0 & \cos\theta & -\sin\theta & 0 \\ 0 & \sin\theta & \cos\theta & 0 \\ 0 & 0 & 0 & 1 \end{pmatrix} \tag{4-12}$$

$$\begin{cases} z' = z\cos\theta - x\sin\theta \\ x' = z\sin\theta + x\cos\theta \\ y' = y \end{cases}$$

即绕 y 轴旋转的变换矩阵为

$$\boldsymbol{R}_y(\theta) = \begin{pmatrix} \cos\theta & 0 & \sin\theta & 0 \\ 0 & 1 & 0 & 0 \\ -\sin\theta & 0 & \cos\theta & 0 \\ 0 & 0 & 0 & 1 \end{pmatrix} \tag{4-13}$$

4.2.4 绕空间中任一直线旋转变换

如图 4-7 所示,点 P 绕空间中任一直线旋转 θ。其基本思想仍是将这一变换分解为若干基本几何变换的级联。

1) 将点 A 平移至坐标系原点,如图 4-8 所示。

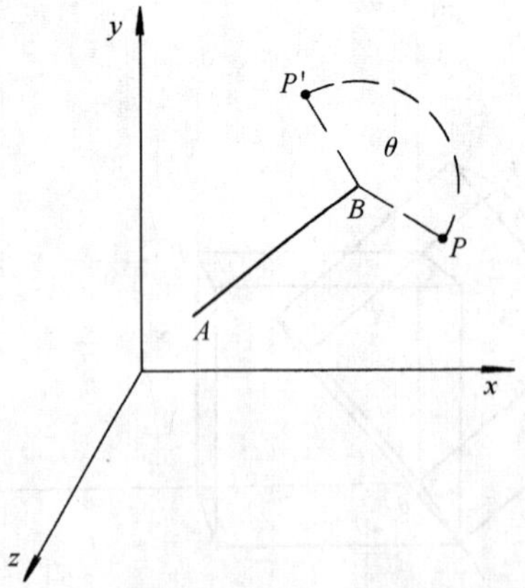

图 4-7 绕空间任一直线旋转

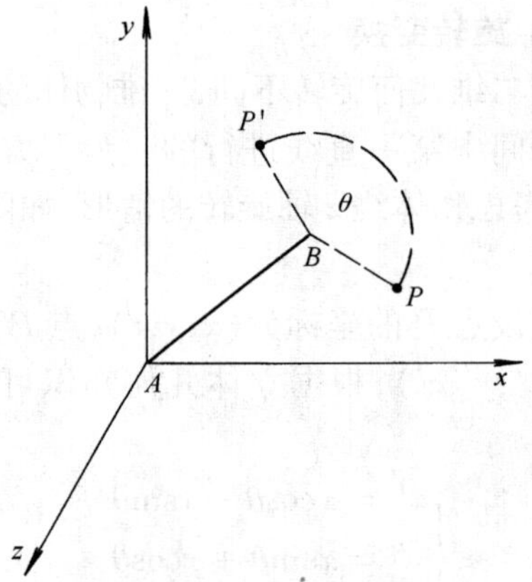

图 4-8 平移

其变换矩阵为

$$T(-t_x, -t_y, -t_z) = \begin{pmatrix} 1 & 0 & 0 & -t_x \\ 0 & 1 & 0 & -t_y \\ 0 & 0 & 1 & -t_z \\ 0 & 0 & 0 & 1 \end{pmatrix}$$

2）将直线 AB 绕 y 轴旋转 α，使 AB 落入（yz）平面，如图 4-9 所示。

其变换矩阵为

$$R(-\alpha) = \begin{pmatrix} \cos(-\alpha) & 0 & \sin(-\alpha) & 0 \\ 0 & 1 & 0 & 0 \\ -\sin(-\alpha) & 0 & \cos(-\alpha) & 0 \\ 0 & 0 & 0 & 1 \end{pmatrix}$$

3）将直线 AB' 绕 x 轴旋转 β，使之与 z 轴重合，如图 4-10 所示。

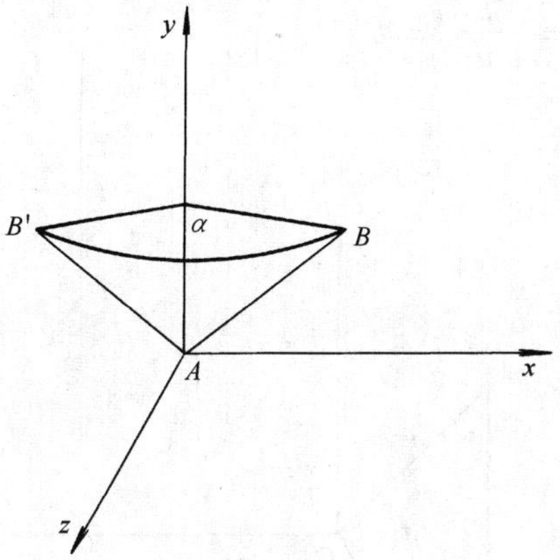

图 4-9 绕 y 轴旋转

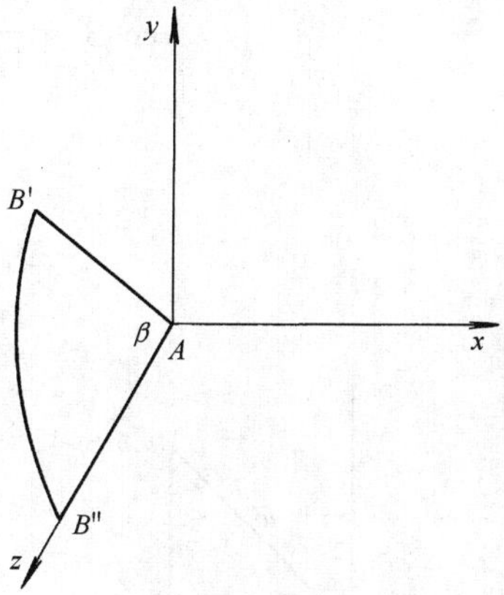

图 4-10 绕 x 轴旋转

其变换矩阵为

$$R(\beta) = \begin{pmatrix} 1 & 0 & 0 & 0 \\ 0 & \cos\beta & -\sin\beta & 0 \\ 0 & \sin\beta & \cos\beta & 0 \\ 0 & 0 & 0 & 1 \end{pmatrix}$$

4）绕 z 轴旋转 θ，其变换矩阵为

$$R(\theta) = \begin{pmatrix} \cos\theta & -\sin\theta & 0 & 0 \\ \sin\theta & \cos\theta & 0 & 0 \\ 0 & 0 & 1 & 0 \\ 0 & 0 & 0 & 1 \end{pmatrix}$$

5）实施 3）的逆变换 $R(-\beta)$。

6）实施 2）的逆变换 $R(\alpha)$。

7）实施 1）的逆变换 $T(t_x, t_y, t_z)$。

这样，绕空间中任一直线旋转的变换可以表示为

$$P' = T(t_x, t_y, t_z) \cdot R(\alpha) \cdot R(-\beta) \cdot R(\theta) \cdot R(\beta) \cdot R(-\alpha) \cdot T(-t_x, -t_y, -t_z)P \tag{4-14}$$

下面给出角度 α 和 β 正弦值和余弦值的计算方法。设 A 和 B 的坐标分别为 (x_1,y_1,z_1) 和 (x_2,y_2,z_2)，这样 AB 的方向向量可以表示为

$$\boldsymbol{V}=(x_2-x_1,y_2-y_1,z_2-z_1) \tag{4-15}$$

将直线 AB 绕 y 轴旋转 α 后，使 AB 落入平面 yz。说明直线 AB 在平面 zx 的投影与 z 轴的夹角是 α。我们用单位向量 $\boldsymbol{u}$ 进行讨论，如图 4-11 所示。

定义单位向量

$$\boldsymbol{u}=\frac{\boldsymbol{V}}{|\boldsymbol{V}|}=(a,b,c) \tag{4-16}$$

由于从 y 方向上看，α 是顺时针旋转，所以有

$$\cos(-\alpha)=\frac{c}{\sqrt{a^2+c^2}} \qquad \sin(-\alpha)=\frac{a}{\sqrt{a^2+c^2}} \tag{4-17}$$

当向量 $\boldsymbol{u}$ 落入平面 yz 后，如图 4-12 所示。可以得到

$$\cos\beta=\frac{d}{|\boldsymbol{u}|}=d \quad \sin\beta=\frac{b}{|\boldsymbol{u}|}=b \tag{4-18}$$

其中

$$d=\sqrt{a^2+c^2}$$

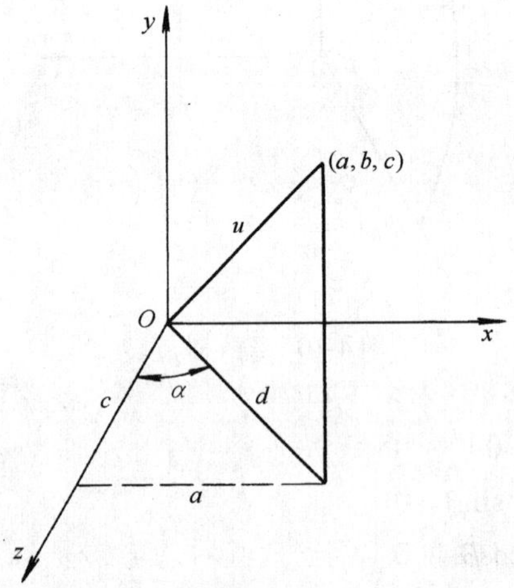

图 4-11

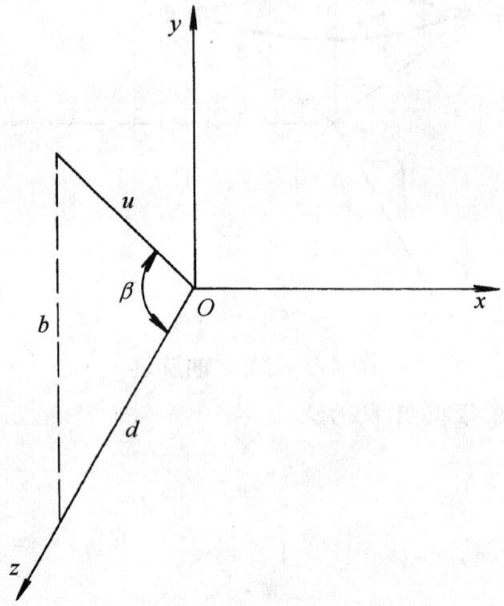

图 4-12

例 4-2 求点 $P(10,20,10)$ 绕直线段 AB 旋转 45°后的坐标。直线段的两个端点坐标分别为 $(2,1,1)$ 和 $(18,25,21)$。

解

直线段 AB 的方向向量可以定义为

$$\boldsymbol{V}=(18-2,25-1,21-1)=(16,24,20)$$

故单位向量

$$\boldsymbol{u}=\frac{\boldsymbol{V}}{|\boldsymbol{V}|}=\frac{(16,24,20)}{\sqrt{16^2+24^2+20^2}}=\left(\frac{4}{\sqrt{77}},\frac{6}{\sqrt{77}},\frac{5}{\sqrt{77}}\right)$$

根据式(4-17)得

$$\cos\alpha=\frac{\frac{5}{\sqrt{77}}}{\sqrt{\frac{16}{77}+\frac{25}{77}}}=\frac{5}{\sqrt{41}}\quad -\sin\alpha=\frac{4}{\sqrt{41}}$$

根据式(4-18)得

$$\cos\beta=\sqrt{\frac{41}{77}}\quad \sin\beta=\frac{6}{\sqrt{77}}$$

这样便有

$$\boldsymbol{P}=\begin{pmatrix}10\\20\\10\\1\end{pmatrix}\quad \boldsymbol{T}(-t_x,-t_y,-t_z)=\begin{pmatrix}1&0&0&-2\\0&1&0&-1\\0&0&1&-1\\0&0&0&1\end{pmatrix}\quad \boldsymbol{R}(-\alpha)=\begin{pmatrix}\frac{5}{\sqrt{41}}&0&\frac{4}{\sqrt{41}}&0\\0&1&0&0\\-\frac{4}{\sqrt{41}}&0&\frac{5}{\sqrt{41}}&0\\0&0&0&1\end{pmatrix}$$

$$\boldsymbol{R}(\beta)=\begin{pmatrix}1&0&0&0\\0&\sqrt{\frac{41}{77}}&-\frac{6}{\sqrt{77}}&0\\0&\frac{6}{\sqrt{77}}&\sqrt{\frac{44}{77}}&0\\0&0&0&1\end{pmatrix}\quad \boldsymbol{R}(\theta)=\begin{pmatrix}\frac{\sqrt{2}}{2}&-\frac{\sqrt{2}}{2}&0&0\\\frac{\sqrt{2}}{2}&\frac{\sqrt{2}}{2}&0&0\\0&0&1&0\\0&0&0&1\end{pmatrix}$$

根据式(4-14)最终得到点 P 的新坐标为(7.26,19.12,13.25)。

4.3 三维变换综合示例

下面给出一个利用在 VC 环境下编写的三维平移、旋转和比例变换的综合示例。

在新建项目中添加一个类 MyPoint。

MyPoint.h 中的内容：

```
#pragma once
class MyPoint
{
public:
    int x;
    int y;
    int z;
    MyPoint(void);
    MyPoint(int m, int n, int o);
    void setPoint(int m, int n, int o);
    ~MyPoint(void);
};
```

MyPoint. cpp 中的内容:

```
#include "StdAfx.h"
#include "MyPoint.h"
MyPoint::MyPoint(void)
{
    x = y = z = 0;
}
MyPoint::MyPoint(int m, int n, int o)
    :x(m),
    y(n),
    z(o)
{
}
void MyPoint::setPoint(int m, int n, int o)
{
    x = m;
    y = n;
    z = o;
}
MyPoint::~MyPoint(void)
{
}
```

插入一个新的对话框资源，并用对话框编辑器设计对话框。

设置新插入的对话框的 ID 为 IDD_DIALOGMOVE，将对话框的标题改为平移变换，分别在对话框上添加 3 个静态文本控件和 3 个编辑框控件，将 3 个静态文本控件的 Caption 属性分别设为“X 轴方向”、“Y 轴方向” 和 “Z 轴方向”；不需要修改它们的 ID，将 3 个编辑框控件的 ID 分别改为 IDC_EDIT_X、IDC_EDIT_Y、IDC_EDIT_Z。

创建对话框类，该类从 CDialog 类派生。

利用类向导给 MoveDlg 类加入成员变量，依次选择控件 ID 为 IDC_EDIT_X、IDC_EDIT_Y、IDC_EDIT_Z，类别都为 value，变量类型都为 int，名称分别为 m_Move_X、m_Move_Y、m_Move_Z，最小值为 -200，最大值为 200。

同理，为旋转和缩放建立相应的类。

在生成的标准菜单后面添加一个弹出式菜单“三维变换”，下面有 3 个命令，分别为“平移变换”、 “旋转变换” 和 “比例变换”，它们的 ID 分别为 “IDM_MENUMOVE”、“IDM_MENUREVOLVE” 和 “IDM_MENUSIZE”，并在 CChange 类中分别添加这两个菜单命令的消息处理函数：OnMenumove，OnMenurevolve 和 OnMenusize。

然后在 CchangeView 类中添加如下函数：

```
// CChangeView 消息处理程序
```

```
void CChangeView::drawCoordinate(void)
{
    CRect rect;                              // 定义一个矩形变量
    GetClientRect(&rect);                    //获取窗体的大小
    int width, height;
    width = rect.Width();
    height = rect.Height();
    m_CentreX = width/2;
    m_CentreY = height/2;
    int min = width > height ? height: width;
    CClientDC dc(this);
    CPen pen(PS_SOLID,1,RGB(0,0,0));
    dc.SelectObject(pen);
    dc.MoveTo((width/2), 10);
    dc.LineTo((width/2), height - 10);
    dc.MoveTo(10, (height/2));
    dc.LineTo(width - 10, (height/2));
    dc.MoveTo(((width - min)/2) + 10, ((height + min) /2 ) - 10);
    dc.LineTo(((width + min)/2) - 10, ((height - min) /2) + 10);
    dc.MoveTo((width/2), 10);
    dc.LineTo((width/2) - 10, 20);
    dc.MoveTo((width/2), 10);
    dc.LineTo((width/2) + 10, 20);
    dc.MoveTo((width - 10), (height/2));
    dc.LineTo(width - 20, (height/2) - 10);
    dc.MoveTo((width - 10), (height/2));
    dc.LineTo(width - 20, (height/2) + 10);
    dc.MoveTo(((width + min)/2) - 10, ((height - min) /2) + 10);
    dc.LineTo(((width + min)/2) - 20, ((height - min) /2) + 10);
    dc.MoveTo(((width + min)/2) - 10, ((height - min) /2) + 10);
    dc.LineTo(((width + min)/2) - 10, ((height - min) /2) + 20);
}

// 清屏函数
void CChangeView::Clean(void)
{
    CRect rect;
    GetClientRect(&rect);
    int width = rect.Width();                //获得视窗的宽度
```

```
    int height = rect. Height( );         //获得视窗的高度
    CDC * pDC  = GetDC( );                // 获取当前设备
    CPen pen( PS_SOLID,1, RGB(255,255,255) );
    CBrush brush( RGB(255,255,255) );
    pDC ->SelectObject( pen);
    pDC ->FillRect( CRect(0, 0, width, height) , &brush);
    drawCoordinate( );
}
// 绘制初始化的图形正方体
void CChangeView::drawCube( void)
{
    Clean( );
    CPoint point[8];
    for( int i =0; i < 8; i ++ )
    {
        double x = m_CentreX + ( p[i]. x + ( p[i]. z * (sqrt(2.0)/4) ) );
        double y = m_CentreY - ( p[i]. y + ( p[i]. z * (sqrt(2.0)/4) ) );
        point[i] = CPoint( (int) x, (int)y);
    }
    CClientDC dc( this);
    CPen pen( PS_SOLID,1,RGB(255,0,0) );
    dc. SelectObject( pen);
        for (int i =0; i < 4; i ++ )
    {
        if( i ==3)
        {
            dc. MoveTo( point[i] );
            dc. LineTo( point[0] );
        }
        else
        {
            dc. MoveTo( point[i] );
            dc. LineTo( point[ i +1] );
        }
        dc. MoveTo( point[i] );
        dc. LineTo( point[ i +4] );
    }
    for( int i =4; i <8; i ++ )
    {
```

```
        if( i ==7)
        {
            dc. MoveTo( point[ i] ) ;
            dc. LineTo( point[4] ) ;
        }
        else
        {
            dc. MoveTo( point[ i] ) ;
            dc. LineTo( point[ i +1] ) ;
        }
    }
}
// 平移变换的代码
void CChangeView: :OnMenumove( )
{
    // TODO: 在此添加命令处理程序代码
    CMoveDlg move;
    if( move. DoModal( ) == IDOK)
    {
        //AfxMessageBox( _T" caac" ) ;
        int x = move. m_MoveX;
        int y = move. m_MoveY;
        int z = move. m_MoveZ;
        for( int i =0; i <8; i ++ )
        {
            p[ i]. x += x;
            p[ i]. y += y;
            p[ i]. z += z;
        }
        drawCube( ) ;
    }
}

// 旋转变换的代码
void CChangeView: :OnMenurevolve( )
{
    // TODO: 在此添加命令处理程序代码
    CRevolveDlg revolve;
    if( revolve. DoModal( ) == IDOK)
```

```
    {
        double x = revolve. m_RevolveX * PI;
        double y = revolve. m_RevolveY * PI;
        double z = revolve. m_RevolveZ * PI;
        if(z ! =0.0)
        {
            for(int i =0; i <8; i ++ )
            {
                double a = p[i]. x * 1.0;
                double b = p[i]. y * 1.0;
                p[i]. x = (int)(a * cos((z/180)) - b * sin((z/180)));
                p[i]. y = (int)(a * sin((z/180)) + b * cos((z/180)));
            }
        }
        if(x ! = 0.0)
        {
            for(int i =0;i <8; i ++ )
            {
                double b = p[i]. y * 1.0;
                double c = p[i]. z * 1.0;
                p[i]. y = (int)(b * cos(x/180) - c * sin(x/180));
                p[i]. z = (int)(b * sin(x/180) + c * cos(x/180));
            }
        }
        if( y! =0)
        {
            for(int i =0; i <8; i ++ )
            {
                double a = p[i]. x * 1.0;
                double b = p[i]. y * 1.0;
                double c = p[i]. z * 1.0;
                p[i]. z = (int)(c * cos(y/180) - a * sin(y/180));
                p[i]. x = (int)(c * sin(y/180) + a * cos(y/180));
            }
        }
        drawCube();
    }
}
```

```
// 比例变换的代码
void CChangeView::OnMenusize()
{
    // TODO: 在此添加命令处理程序代码`
    CSizeDlg size;
    if(size.DoModal() == IDOK)
    {
        double x = size.m_SizeX;
        double y = size.m_SizeY;
        double z = size.m_SizeZ;
        if(x == 0.0)
            x = 1.0;
        if(y == 0.0)
            y = 1.0;
        if(z == 0.0)
            z = 1.0;
        for(int i = 0; i < 8; i ++)
        {
            p[i].x * = x;
            p[i].y *= y;
            p[i].z *= z;
        }
        drawCube();
    }
}
```

4.4 投影变换

下面我们讨论投影变换。由于人们用来显示图形的介质绝大多数是平面的，如纸张、显示屏等，如何能将现实世界中的三维物体表现在这些二维介质上，并且具有三维的视觉感受，正是投影变换要做的。

4.4.1 投影变换分类

根据投影中心和投影面的距离远近，投影可以分为平行投影和透视投影。在平行投影中，投影中心距离投影面的距离是无穷大；而在透视投影中，投影中心距离投影面的距离是有限的。

- 投影
  - 平行投影
    - 正平行投影
      - 正投影
      - 正轴测投影
        - 正等测
        - 正二测
    - 斜平行投影
      - 斜等测
      - 斜二测
  - 透视投影
    - 一点透视
    - 二点透视
    - 三点透视

4.4.2 正平行投影（三视图）

在正平行投影中，投影中心距投影面无穷远，而投影线垂直于投影面。在工程设计中广泛采用的三视图——主视图、侧视图和俯视图就是典型的正平行投影（见图 4-13）。

1. 主视图

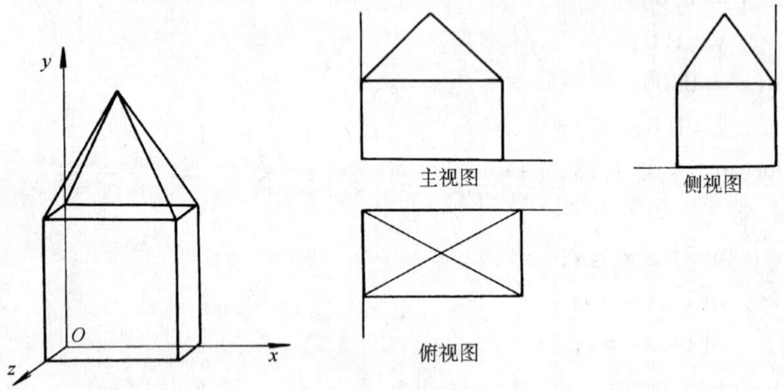

图 4-13 三视图

将平面 xy 作为投影面，这样对于空间中任一点 (x, y, z)，有

$$\begin{cases} x' = x \\ y' = y \\ z' = 0 \end{cases}$$

这样主视图变换矩阵为

$$\boldsymbol{P}_{\mathrm{f}} = \begin{pmatrix} 1 & 0 & 0 & 0 \\ 0 & 1 & 0 & 0 \\ 0 & 0 & 0 & 0 \\ 0 & 0 & 0 & 1 \end{pmatrix} \tag{4-19}$$

2. 侧视图

对于侧视图，可以先将物体绕 y 轴旋转 $-90°$，然后再作主视图变换，即

$$\boldsymbol{P}_{\mathrm{r}} = \begin{pmatrix} 1 & 0 & 0 & 0 \\ 0 & 1 & 0 & 0 \\ 0 & 0 & 0 & 0 \\ 0 & 0 & 0 & 1 \end{pmatrix} \cdot \begin{pmatrix} 0 & 0 & -1 & 0 \\ 0 & 1 & 0 & 0 \\ 1 & 0 & 0 & 0 \\ 0 & 0 & 0 & 1 \end{pmatrix} = \begin{pmatrix} 0 & 0 & -1 & 0 \\ 0 & 1 & 0 & 0 \\ 0 & 0 & 0 & 0 \\ 0 & 0 & 0 & 1 \end{pmatrix} \tag{4-20}$$

3. 俯视图

对于俯视图，可以先将物体绕 x 轴旋转 90°，然后再作主视图变换，即

$$\boldsymbol{P}_{\mathrm{d}} = \begin{pmatrix} 1 & 0 & 0 & 0 \\ 0 & 1 & 0 & 0 \\ 0 & 0 & 0 & 0 \\ 0 & 0 & 0 & 1 \end{pmatrix} \cdot \begin{pmatrix} 1 & 0 & 0 & 0 \\ 0 & 0 & -1 & 0 \\ 0 & 1 & 0 & 0 \\ 0 & 0 & 0 & 1 \end{pmatrix} = \begin{pmatrix} 1 & 0 & 0 & 0 \\ 0 & 0 & -1 & 0 \\ 0 & 0 & 0 & 0 \\ 0 & 0 & 0 & 1 \end{pmatrix} \tag{4-21}$$

4.4.3 正轴测投影

由于正投影图无法同时表现三维物体长、宽和高 3 个参数，必须借助于不同的视图来理解三维物体的全貌。而轴测投影就是要同时表现三维物体长、宽和高 3 个参数。

先将物体绕 y 轴顺时针旋转 α，再绕 x 轴逆时针旋转 β（α、β 不取 90°的倍数），最后作正投影，即

$$\begin{aligned} \boldsymbol{I} &= \begin{pmatrix} 1 & 0 & 0 & 0 \\ 0 & 1 & 0 & 0 \\ 0 & 0 & 0 & 0 \\ 0 & 0 & 0 & 1 \end{pmatrix} \begin{pmatrix} 1 & 0 & 0 & 0 \\ 0 & \cos\beta & -\sin\beta & 0 \\ 0 & \sin\beta & \cos\beta & 0 \\ 0 & 0 & 0 & 1 \end{pmatrix} \begin{pmatrix} \cos\alpha & 0 & -\sin\alpha & 0 \\ 0 & 1 & 0 & 0 \\ \sin\alpha & 0 & \cos\alpha & 0 \\ 0 & 0 & 0 & 1 \end{pmatrix} \\ &= \begin{pmatrix} \cos\alpha & 0 & -\sin\alpha & 0 \\ -\sin\alpha\sin\beta & \cos\beta & -\cos\alpha\sin\beta & 0 \\ 0 & 0 & 0 & 0 \\ 0 & 0 & 0 & 1 \end{pmatrix} \end{aligned} \tag{4-22}$$

1. 正二测

将轴测投影的长、宽保持一样，便可得到正二测投影。考虑点(1,0,0)、(0,1,0)和(0,0,1)的正轴测投影坐标。根据式(4-22)可得相应投影坐标为

$$(\cos\alpha,\ -\sin\alpha\sin\beta, 0)$$
$$(0, \cos\beta, 0)$$
$$(-\sin\alpha,\ -\cos\alpha\sin\beta, 0)$$

根据正二测定义，有

$$\cos^2\alpha + \sin^2\alpha\sin^2\beta = \cos^2\beta \tag{4-23}$$

整理得

$$\sin^2\alpha = \tan^2\beta \tag{4-24}$$

特别地，如果要求高度是原来的一半，即

$$\sin^2\alpha + \cos^2\alpha\sin^2\beta = \left(\frac{1}{2}\right)^2$$

结合式(4-23)，可得

$$\begin{aligned} 1 + \sin^2\beta &= \frac{1}{4} + \cos^2\beta \\ \sin^2\beta &= \frac{1}{8} \end{aligned} \tag{4-25}$$

即 $\beta = 20.7°$，将式(4-25)代入式(4-24)，解得：$\alpha = 22.2°$。

例 4-3 绘制图 4-14 所示长度为 10 正方体的正二测投影，高度为原来的一半。

解 根据正二测的定义和题意有

$$\begin{pmatrix} 0.93 & 0 & -0.38 & 0 \\ -0.13 & 0.94 & -0.33 & 0 \\ 0 & 0 & 0 & 0 \\ 0 & 0 & 0 & 1 \end{pmatrix}\begin{pmatrix} 0 & 0 & 10 & 10 & 10 & 0 & 0 & 10 \\ 0 & 0 & 0 & 0 & 10 & 10 & 10 & 10 \\ 0 & 10 & 10 & 0 & 0 & 0 & 10 & 10 \\ 1 & 1 & 1 & 1 & 1 & 1 & 1 & 1 \end{pmatrix}$$

$$= \begin{pmatrix} 0 & -3.8 & 5.5 & 9.3 & 9.3 & 0 & -3.8 & 5.5 \\ 0 & -3.3 & -4.6 & -1.3 & 8.1 & 9.4 & 6.1 & 4.8 \\ 0 & 0 & 0 & 0 & 0 & 0 & 0 & 0 \\ 1 & 1 & 1 & 1 & 1 & 1 & 1 & 1 \end{pmatrix}$$

绘图如图 4-15 所示。

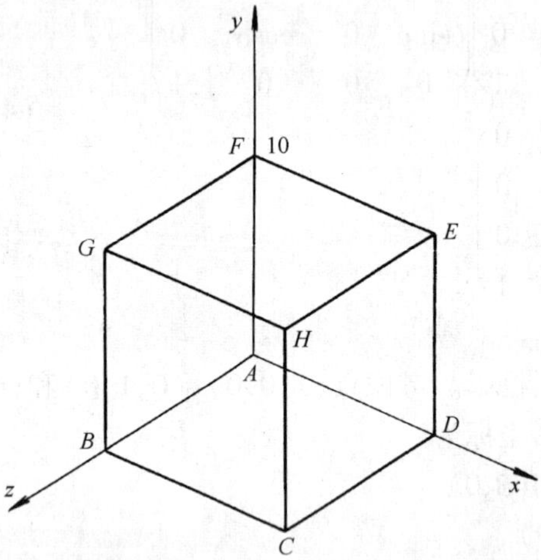

图 4-14　例 4-3 图

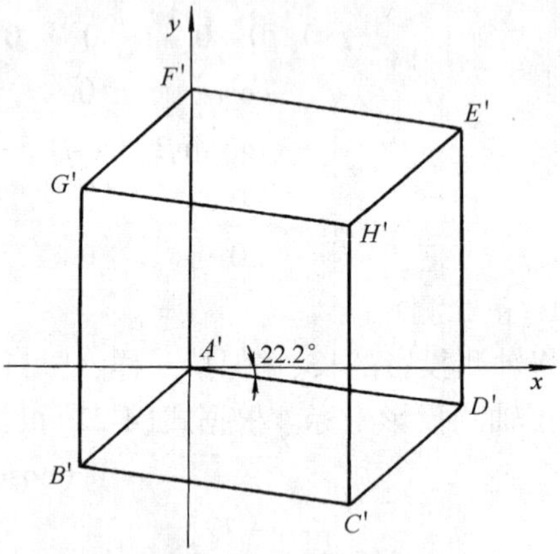

图 4-15　正二测投影

2. 正等测

如果将轴测投影的长、宽和高都保持一样，即为正等测投影。根据式(4-22)可得

$$\begin{aligned} \cos^2\alpha + \sin^2\alpha\sin^2\beta &= \cos^2\beta \\ \sin^2\alpha + \cos^2\alpha\sin^2\beta &= \cos^2\beta \end{aligned} \tag{4-26}$$

即

$$\cos^2\beta = \frac{2}{3} \qquad \beta = 35.3° \tag{4-27}$$

代入式(4-26)中，求出 $\alpha = 45°$，这样正等测变换矩阵为

$$\boldsymbol{I}_3 = \begin{pmatrix} 0.71 & 0 & -0.71 & 0 \\ -0.41 & 0.82 & -0.41 & 0 \\ 0 & 0 & 0 & 0 \\ 0 & 0 & 0 & 1 \end{pmatrix} \tag{4-28}$$

4.4.4　斜平行投影

所谓斜平行投影即投影方向与投影面不垂直，如图 4-16 所示。

点 $P(x,y,z)$ 的斜投影为点 $P'(x',y',0)$，正投影为点 $Q(x,y,0)$，投影方向与投影面的夹

角为 α，直线 $P'Q$ 与 x 轴的夹角为 β。

$$\begin{aligned} x' &= x + |P'Q|\cos\beta \\ y' &= y + |P'Q|\sin\beta \end{aligned} \tag{4-29}$$

而

$$|P'Q| = \frac{z}{\tan\alpha} = lz$$

其中，$l=\dfrac{1}{\tan\alpha}$。

代入式(4-29)中得

$$\begin{aligned} x' &= x + l\cos\beta\cdot z \\ y' &= y + l\sin\beta\cdot z \end{aligned}$$

所以斜平行投影的变换矩阵可以表示为

$$\boldsymbol{P} = \begin{pmatrix} 1 & 0 & l\cos\beta & 0 \\ 0 & 1 & l\sin\beta & 0 \\ 0 & 0 & 0 & 0 \\ 0 & 0 & 0 & 1 \end{pmatrix} \tag{4-30}$$

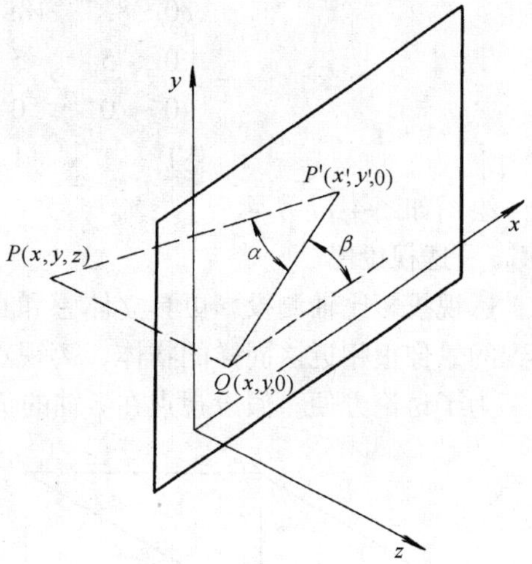

图 4-16 斜平行投影

很明显，当 $l=0$ 时，上述平行投影是正平行投影。所以式(4-30)可以作为一般平行投影变换矩阵。

1. 斜二测

保持投影后长、宽一样，高为原来的一半即为斜二测。考虑3个特殊点(1,0,0)、(0,1,0)和(0,0,1)，按式(4-30)进行变换，坐标变为(1,0,0)、(0,1,0)和($l\cos\beta, l\sin\beta$,0)。

根据斜二测的定义，有

$$(l\cos\beta)^2 + (l\sin\beta)^2 = \left(\frac{1}{2}\right)^2$$

解得

$$\tan\alpha = 2, \alpha = 63.4°$$

而 β 可以取任意角度，为了显示物体的前面、侧面和顶面，β 通常取30°或45°。

2. 斜等测

当斜平行投影的长、宽和高都保持一样时，即为斜等测。和斜二测的讨论类似，可以得到

$$(l\cos\beta)^2 + (l\sin\beta)^2 = 1$$

故 $\alpha=45°$。

例 4-4 绘制例4-3中正方体的斜等测投影，$\beta=30°$。

解 根据斜等测变换有

$$\begin{pmatrix} 1 & 0 & 0.87 & 0 \\ 0 & 1 & 0.5 & 0 \\ 0 & 0 & 0 & 0 \\ 0 & 0 & 0 & 1 \end{pmatrix}\begin{pmatrix} 0 & 0 & 10 & 10 & 10 & 0 & 0 & 10 \\ 0 & 0 & 0 & 0 & 10 & 10 & 10 & 10 \\ 0 & 10 & 10 & 0 & 0 & 0 & 10 & 10 \\ 1 & 1 & 1 & 1 & 1 & 1 & 1 & 1 \end{pmatrix}$$

$$= \begin{pmatrix} 0 & 8.7 & 18.7 & 10 & 10 & 0 & 8.7 & 18.7 \\ 0 & 5 & 5 & 0 & 10 & 10 & 15 & 15 \\ 0 & 0 & 0 & 0 & 0 & 0 & 0 & 0 \\ 1 & 1 & 1 & 1 & 1 & 1 & 1 & 1 \end{pmatrix}$$

绘图如图 4-17 所示。

4.4.5 透视投影

透视投影比轴测投影更具立体感和真实感，因为这种投影和我们用眼睛观看现实世界所得到的景像很相近。同样的物体，离视点近则看起来比较大，离视点远则看起来比较小。

为了讨论方便，假设视点在 z 轴的负方向上，投影平面是 xy 平面，如图 4-18 所示。

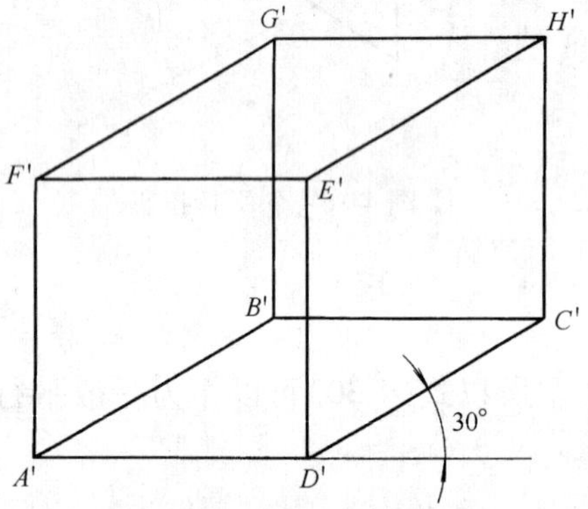

图 4-17 斜等测投影

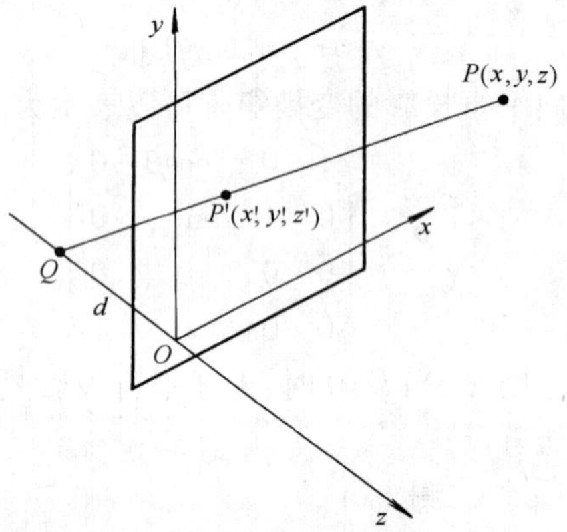

图 4-18 透视投影

根据图 4-18，直线 PQ 的参数方程可以表示为

$$\begin{cases} x' = x - xt \\ y' = y - yt \\ z' = z - (z + d)t \end{cases} \qquad 0 \leqslant t \leqslant 1$$

由于在投影面上 $z' = 0$，所以

$$t = \frac{z}{z + d}$$

故有

$$\begin{cases} x' = x\left(1 - \dfrac{z}{z + d}\right) \\ y' = y\left(1 - \dfrac{z}{z + d}\right) \\ z' = 0 \end{cases}$$

即

$$\begin{cases} \left(1 + \dfrac{z}{d}\right)x' = x \\ \left(1 + \dfrac{z}{d}\right)y' = y \end{cases}$$

令 $\left(1 + \dfrac{z}{d}\right) = h$，则得到 P' 的齐次坐标表示

$$\begin{cases} hx' = x \\ hy' = y \\ hz' = 0 \\ h = 1 + z/d \end{cases}$$

表示为矩阵形式

$$\begin{pmatrix} hx' \\ hy' \\ hz' \\ h \end{pmatrix} = \begin{pmatrix} 1 & 0 & 0 & 0 \\ 0 & 1 & 0 & 0 \\ 0 & 0 & 0 & 0 \\ 0 & 0 & 1/d & 1 \end{pmatrix} \begin{pmatrix} x \\ y \\ z \\ 1 \end{pmatrix} \tag{4-31}$$

三维物体进行透视变换时，物体中不平行于投影面的任意一组平行线的投影汇聚成一点，这个点称为灭点，坐标轴上的灭点称为主灭点。根据主灭点的个数，透视投影可以分为一点透视、二点透视和三点透视。

根据灭点的定义，通过调整投影平面与三维物体的位置，可以得到一点透视、二点透视和三点透视。

例 4-5 根据例 4-3 中的正方体，绘制其透视投影图。为了使透视图有较好的视觉效果，先将正方体绕 y 轴旋转 θ，然后再平移至（0，m，n），最后作透视投影。

解 根据题意有

$$\begin{pmatrix} hx' \\ hy' \\ hz' \\ h \end{pmatrix} = \begin{pmatrix} 1 & 0 & 0 & 0 \\ 0 & 1 & 0 & 0 \\ 0 & 0 & 0 & 0 \\ 0 & 0 & 1/d & 1 \end{pmatrix} \begin{pmatrix} 1 & 0 & 0 & 0 \\ 0 & 1 & 0 & m \\ 0 & 0 & 1 & n \\ 0 & 0 & 0 & 1 \end{pmatrix} \begin{pmatrix} \cos\theta & 0 & \sin\theta & 0 \\ 0 & 1 & 0 & 0 \\ -\sin\theta & 0 & \cos\theta & 0 \\ 0 & 0 & 0 & 1 \end{pmatrix} \begin{pmatrix} x \\ y \\ z \\ 1 \end{pmatrix}$$

$$= \begin{pmatrix} \cos\theta & 0 & \sin\theta & 0 \\ 0 & 1 & 0 & m \\ 0 & 0 & 0 & 0 \\ -\dfrac{\sin\theta}{d} & 0 & \dfrac{\cos\theta}{d} & \dfrac{n}{d}+1 \end{pmatrix} \begin{pmatrix} x \\ y \\ z \\ 1 \end{pmatrix} \tag{4-32}$$

当 $\theta = 30°$、$m = 20$、$n = 20$、$d = 5$ 时，代入式（4-32）得到

$$\begin{pmatrix} 0.87 & 0 & 0.5 & 0 \\ 0 & 1 & 0 & 20 \\ 0 & 0 & 0 & 0 \\ -0.1 & 0 & 0.17 & 5 \end{pmatrix} \begin{pmatrix} 0 & 0 & 10 & 10 & 10 & 0 & 0 & 10 \\ 0 & 0 & 0 & 0 & 10 & 10 & 10 & 10 \\ 0 & 10 & 10 & 0 & 0 & 0 & 10 & 10 \\ 1 & 1 & 1 & 1 & 1 & 1 & 1 & 1 \end{pmatrix}$$

$$= \begin{pmatrix} 0 & 5 & 13.7 & 8.7 & 8.7 & 0 & 5 & 13.7 \\ 20 & 20 & 20 & 20 & 30 & 30 & 30 & 30 \\ 0 & 0 & 0 & 0 & 0 & 0 & 0 & 0 \\ 5 & 6.7 & 5.7 & 4 & 4 & 5 & 6.7 & 5.7 \end{pmatrix}$$

化成二维坐标为

$$\begin{pmatrix} 0 & 0.75 & 2.4 & 2.18 & 2.18 & 0 & 0.75 & 2.4 \\ 4 & 2.99 & 3.51 & 5 & 7.5 & 6 & 4.48 & 5.26 \end{pmatrix}$$

绘图如图 4-19 所示。

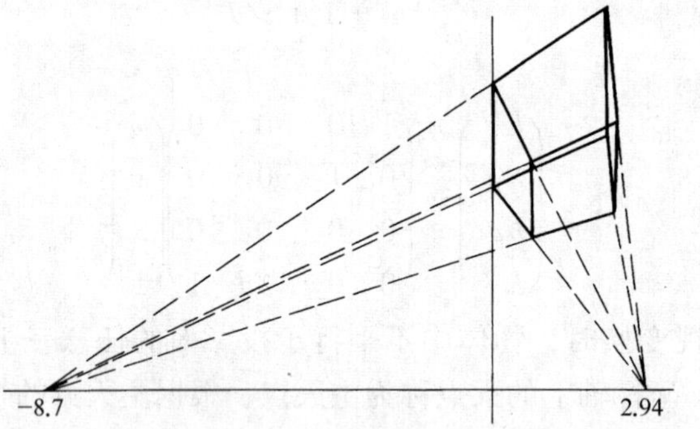

图 4-19 二点透视投影

根据式（4-32）可知，x、y 和 z 方向上的无穷远点，通过变换变为

$$\begin{pmatrix} \cos\theta & 0 & \sin\theta & 0 \\ 0 & 1 & 0 & m \\ 0 & 0 & 0 & 0 \\ -\dfrac{\sin\theta}{d} & 0 & \dfrac{\cos\theta}{d} & \dfrac{n}{d}+1 \end{pmatrix} \begin{pmatrix} 1 & 0 & 0 \\ 0 & 1 & 0 \\ 0 & 0 & 1 \\ 0 & 0 & 0 \end{pmatrix} = \begin{pmatrix} \cos\theta & 0 & \sin\theta \\ 0 & 1 & 0 \\ 0 & 0 & 0 \\ -\dfrac{\sin\theta}{d} & 0 & \dfrac{\cos\theta}{d} \end{pmatrix}$$

上式说明，y 方向上的无穷远点通过变换仍为无穷远点，即平行于 y 轴的直线变换后仍平行于 y 轴。而 x、z 方向上的无穷远点（平行于 x 轴和 z 轴）却变成了有限点，说明平行于 x 轴和 z 轴的直线变换后会聚成一点。将其转化为普通坐标就得到两个灭点坐标（$-d\cot\theta$, 0）和（$d\tan\theta$, 0）。

根据上面的讨论，本题中的灭点坐标为(−0.87/0.1,0)和(0.5/0.17,0)，即(−8.7,0)和(2.94,0)。

习 题

1. 证明两个连续的旋转变换的矩阵运算满足交换率。
2. 证明关于直线 $y=x$ 对称的变换等价于关于 x 轴的对称变换加上逆时针旋转 90°。
3. 编写绕平面中任意一点旋转算法。
4. 计算点 $P(10,15,12)$ 绕直线 AB 旋转 30°后的坐标。其中 A 点的坐标为(1,2,3)，B 点的坐标为(8,10,6)。
5. 如图 4-14 所示，对其实施斜二测变换，求出变换后各顶点坐标，并绘图。
6. 编写一段程序实现一点透视。

第5章　交互技术

交互处理是计算机绘图技术中必不可少的一大内容。在交互图形系统或图形应用程序中，必须允许用户能动态地输入坐标位置、指定选择功能、设置变换参数，以及在图形显示期间能够对画面的某些部分进行修改（如位移、比例、旋转改变形状等变换处理）、增加、删除、存储或再显示等处理操作。用户还要能够被允许进行一些交互手段技术，比如：橡皮筋技术、徒手绘画等来绘制图形。这种人机交互模式的作图方式完全不同于一般图形程序的被动式作图方式。所以，在办公室自动化及其他应用领域中交互式图形系统被积极推广，颇受欢迎。本章将介绍交互处理的概念、交互技术的设计和实现。

5.1　输入设备

输入设备向图形软件输入图形命令。图形输入命令不涉及具体的输入设备，而只涉及该命令所需的数据性质，其目的是为了使图形软件包能够独立于具体的硬件设备。根据图形输入信息的不同性质，把输入设备分成以下六类。

5.1.1　定位设备（Locator）

定位设备用来指定用户空间的一个位置，比如说用来指定一条线段的端点，或者用来指定一个机械部件的装配位置等。其输入方式包括直接或间接地在屏幕上进行、通过图形方向命令、使用数值坐标等。其对应的物理设备有触摸屏、光笔、数字化仪、鼠标、操纵杆、跟踪球、键盘的数字键等。

5.1.2　笔画设备（Stroke）

笔画设备又称描画设备，用于指定一组有序的点的位置，比如，用来指定一个多边形的顶点组，或者用来指定一条曲线的控制点等。其输入方式和对应的具体物理设备基本上和定位设备一致。

5.1.3　选择设备（Choice）

选择设备用来在应用程序的多个选项中选定一项，比如，用来选择菜单的某一选项。其输入方式有：直接或间接在屏幕上进行、字符串名称、手写输入、时间扫描、声音输入等。其对应的物理设备有触摸屏、数字化仪、光笔、鼠标、操纵杆、跟踪球、编程功能键、字符串输入设备、声音识别仪等。

5.1.4　字符设备（String）

字符设备又可以称为字符串设备，用来向应用程序输入字符串，比如，为某一图形设定名称，或者为某一图样输入注解文字等。其输入方式包括键盘输入、手写输入、声音输入、菜单输入。其对应的物理设备有键盘、数字化仪、光笔、声音识别仪等。

5.1.5　定值设备（Value）

定值设备用来为应用程序输入一个数值（实数），比如在缩放时输入一个比例因子，以及输入文字高度等。其输入方式包括：直接输入数值、通过字符串取值、上下计数控制命令、通过比例尺输入等。对应的物理设备包括旋钮、键盘、数字化仪、鼠标、方向键、编程功能键等。

5.1.6 拾取设备（Pick）

拾取设备用来在处理的模型中选取一个对象，从而为应用程序的操作处理确定目标。其输入方式包括直接在屏幕上进行、时间扫描、字符串名字。其对应的物理设备包括各种定位设备、编程功能键、字符串输入设备等。

5.2 输入控制

在交互输入过程中，常用的控制模式是请求、采样、事件三种。

在设计一个交互系统时，会使用到我们前面提到的六种输入设备。应用程序必须指定用于输入数据的物理设备类型及其逻辑分类，其他参数则取决于输入数据。在应用程序和输入设备之间，输入控制的模式是多样的。比如，可以使用程序来初始化输入设备；或者程序与输入设备同时工作；或者由设备初始化输入数据。这三种工作方式对应的即是请求、采样、事件三种模式。

对这三种输入控制模式都可定义相对应的输入命令，而且图形交互系统允许对每一种逻辑设备执行相应的输入操作。

5.2.1 请求模式

请求模式的工作过程如图 5-1 所示。当程序运行到请求语句就向输入设备提出输入请求；同时停止运行，等待输入设备的输入数据。直到请求满足之后，程序才继续运行。当程序运行时，输入设备处于等待状态，等待程序的请求。待到程序的请求出现，输入设备立即进入工作，直到满足程序的这一请求为止。然后又重新处于等待状态。因此，在请求模式下，程序和输入设备轮流交换工作状态和等待状态，由程序支配输入设备的启动。此时，只有用输入方式设置命令（或语句）对相应的设备设置成需要的输入模式后，该设备才能作相应的输入处理。

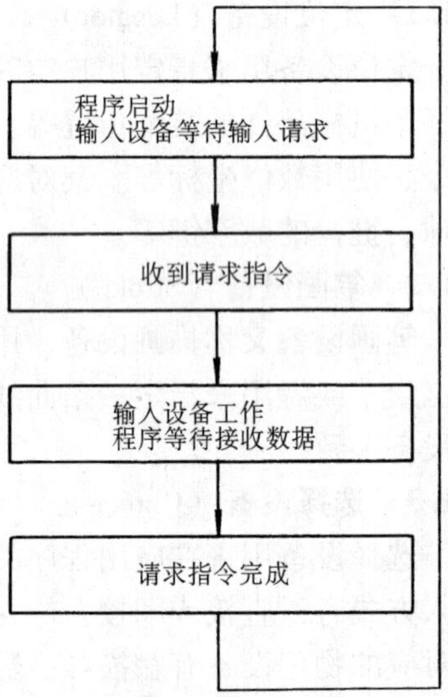

图 5-1 请求模式的工作过程

5.2.2 采样模式

采样模式的工作过程如图 5-2 所示。在采样模式的输入过程中，输入设备和程序分别同时运行。输入设备不断地产生数据，并把数据输入数据缓存区，从而不断刷新数据缓存区的内容。程序在运行时一旦遇到采样语句，就到数据缓存存储区中去取数据，所取的一定是最后刷新的输入数据。

5.2.3 事件模式

事件模式的工作过程如图 5-3 所示。在事件模式的数据输入过程中，程序和输入设备分别各自运行。输入设备产生的数据被组织成事件节点，排入事件队列中等待程序处理。当程序运行到事件处理语句时，就从事件队列中取出队首节点的事件予以处理。如果事件队空，

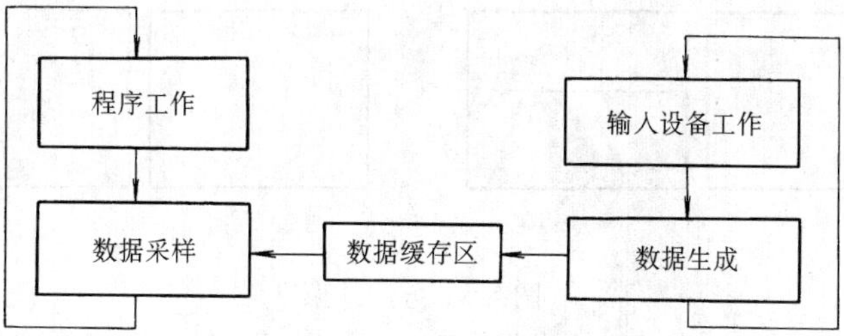

图 5-2 采样模式的工作过程

则程序等待一定的时间片，以等待事件的发生。

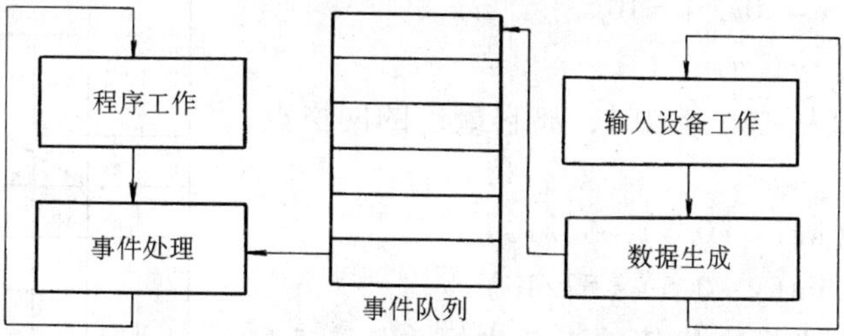

图 5-3 事件模式的工作过程

5.3 交互技术

5.3.1 定位技术

定位就是在屏幕上指定的位置插入一个符号，或者定义线段的端点，如图 5-4 所示。可以使用图形输入板（数字化仪）、鼠标等输入设备产生光标来实现，也可用键盘的左、右、上、下箭头键，实现光标沿垂直或水平方向步进来定位操作，还可以在应用程序设计中，实现八个方位（左、右、上、下、左上、左下、右上、右下）及光标块快速移动的功能。

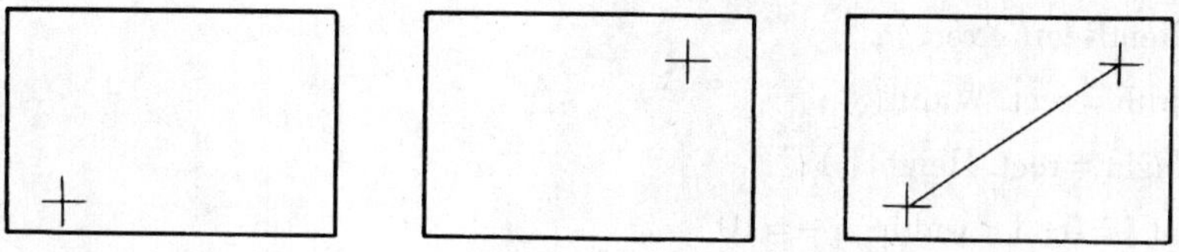

图 5-4 定位技术

5.3.2 约束技术

约束就是几何约束，借助于计算机控制达到精确定位。

1. 方向约束

用户定位两个端点，应用程序判断两点所定义的直线画水平线还是垂直线，当水平方向约束时，终点不论光标移动到何处，只有 x 坐标有意义，而 y 坐标与始点相同。这样产生的直线段仍为水平直线，如图 5-5a 所示。同理可得垂直约束的方法，图 5-5b 所示为垂直约束。

2. 栅格约束

在屏幕上按用户的要求，显示一网格（栅格），有时以小圆点的形式显示网格结点的位

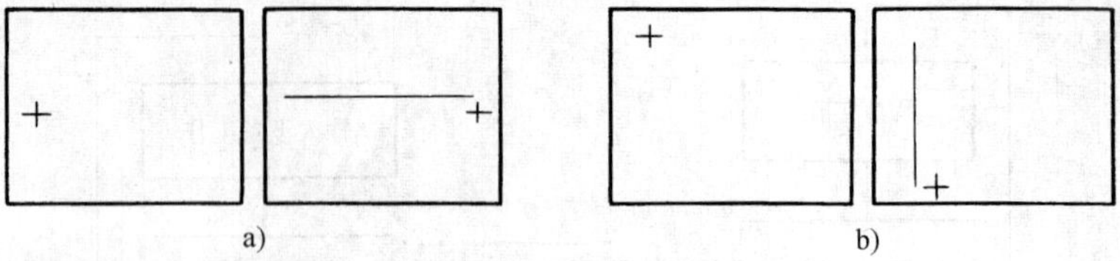

图 5-5　方向约束

a）水平约束　b）垂直约束

置，有时结点位置不显示，但对输入的不同点都用离它最近的一个网格点的位置坐标来代替，如定义网格线为

$$x = 10i,\ y = 10j$$

其中 $i, j = 0, 1, 2, \cdots, n$。

当输入点的坐标为 (x, y) 时，离它最近的网格点坐标为

$$(10 * (\mathrm{int}(x + 0.5) + 5)/10)$$
$$(10 * (\mathrm{int}(y + 0.5) + 5)/10)$$

就用这个网格点坐标来代替输入点坐标，如图 5-6 所示。

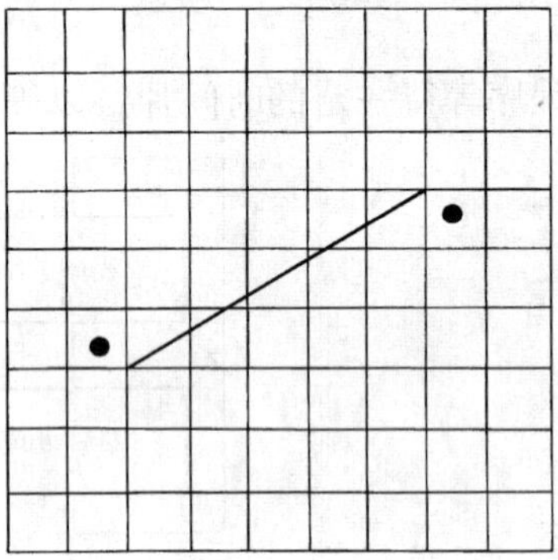

图 5-6　输入点被约束在最近网格点

网格函数设计如下：

```
// CNetView 消息处理程序
void CNetView::drawNet(void)
{
    CClientDC dc(this);
    CPen * pen = new CPen(PS_SOLID, 1, RGB(225,225,225));
    CRect rect;
    dc.SelectObject(pen);
    GetClientRect(&rect);
    int width = rect.Width();
    int height = rect.Height();
    for(int i = 0; i < width; i += 10)
    {
        dc.MoveTo(i,0);
        dc.LineTo(i,height);
    }
    for(int i = 0; i < height; i += 10)
    {
        dc.MoveTo(0, i);
        dc.LineTo(width, i);
    }
}
```

```
void CNetView::OnLButtonDown(UINT nFlags, CPoint point)
{
    // TODO: 在此添加消息处理程序代码和/或调用默认值
    CView::OnLButtonDown(nFlags, point);
    int x;
    int y;
    if(point.x % 10 >5)
    {
        x = (point.x/10 +1) * 10;
    }
    else
    {
        x = point.x - point.x % 10;
    }
    if(point.y % 10 >5)
    {
        y = (point.y/10 +1) * 10;
    }
    else
    {
        y = point.y - point.y % 10;
    }
    m_OrgPoint = CPoint(x, y);
}
void CNetView::OnLButtonUp(UINT nFlags, CPoint point)
{
    // TODO: 在此添加消息处理程序代码和/或调用默认值
    CView::OnLButtonUp(nFlags, point);
    int x;
    int y;
    if(point.x % 10 >5)
    {
        x = (point.x/10 +1) * 10;
    }
    else
    {
        x = point.x - point.x % 10;
    }
    if(point.y % 10 >5)
```

```
    {
        y = (point.y/10 + 1) * 10;
    }
    else
    {
        y = point.y - point.y % 10;
    }
    CClientDC dc(this);
    CPen *pen = new CPen(PS_SOLID, 1, RGB(0, 0, 0));
    dc.SelectObject(pen);
    dc.MoveTo(m_OrgPoint);
    dc.LineTo(x, y);
}
```

5.3.3 橡皮筋技术

在交互式绘图过程中，需要动态地显示几何图形，可通过定位光标的移动使图形动态变化，这样用户很容易地根据设计要求现场确定其基本尺寸，这如同一根橡皮筋在人手拉动下，可随意变化一样，称为橡皮筋技术，它极大地增加了交互式绘图过程的灵活性。下面将分别介绍橡皮筋直线、橡皮筋矩形和橡皮筋圆的实现。

1. 橡皮筋直线

在屏幕上确定一条直线一般是先定位起点位置，再定位终点位置，然后连成直线，而当起点确定后，用光标去定位终点时，在屏幕上始终显示一条连接起点和光标的直线，这条直线随光标位置的变化而变动，它像在起点和光标之间紧紧地拉着一根橡皮筋一样，如图 5-7 所示，利用这根橡皮筋比较容易地找到通过一个指定点或和一个圆相切的直线位置。可以利用图形输入板（数字化仪）、鼠标或键盘移动光标来实现。橡皮筋技术在直线必须通过或靠近其他图形点的应用中是很有效的，但它要求大量的计算机资源和一定的环境，每秒钟要画线 5 次以上才能看起来平滑连接。

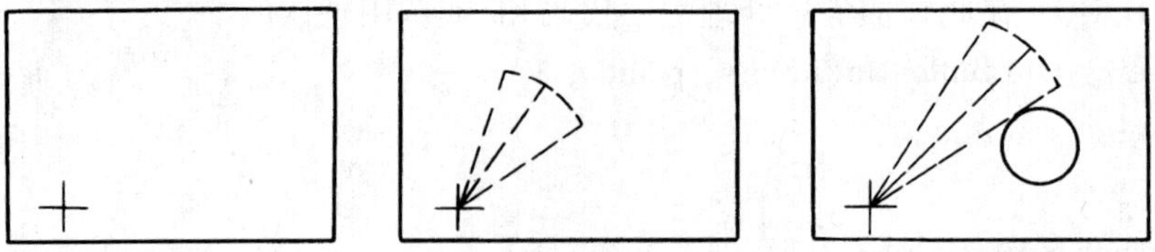

图 5-7 橡皮筋显示技术

下面是使用键盘移动光标实现橡皮筋直线的 VC ++ 程序：

```
// 用来绘制直线的函数
void CElasticLineView::DrawLine(CPoint p0, CPoint p1)
{
    cleanWindow();
    CClientDC dc(this);
```

```
    CPen pen(PS_SOLID,1,RGB(255,0,0));
    dc.SelectObject(pen);
    dc.MoveTo(p0);
    dc.LineTo(p1);
}
// 用来清空窗体的函数
void CElasticLineView::cleanWindow(void)
{
    CRect rect;
    GetClientRect(&rect);
    int width = rect.Width(); // 获得视窗的宽度
    int height = rect.Height(); // 获得视窗的高度
    CDC * pDC  = GetDC(); // 获取当前设备
    CPen pen(PS_SOLID,1, RGB(255,255,255));
    CBrush brush(RGB(255,255,255));
    pDC -> SelectObject(pen);
    pDC -> FillRect(CRect(0, 0, width, height), &brush);
}
void CElasticLineView::OnLButtonDown(UINT nFlags, CPoint point)
{
    // TODO: 在此添加消息处理程序代码和/或调用默认值
    CView::OnLButtonDown(nFlags, point);
    m_StartPoint = point;
    m_MouseIsDown = true;
}
void CElasticLineView::OnLButtonUp(UINT nFlags, CPoint point)
{
    // TODO: 在此添加消息处理程序代码和/或调用默认值
    CView::OnLButtonUp(nFlags, point);
    DrawLine(m_StartPoint, point);
    m_MouseIsDown = false;
}
void CElasticLineView::OnMouseMove(UINT nFlags, CPoint point)
{
    // TODO: 在此添加消息处理程序代码和/或调用默认值
    CView::OnMouseMove(nFlags, point);
    if(m_MouseIsDown)
    {
        DrawLine(m_StartPoint, point);
```

```
    }
}
```

2. 橡皮筋矩形

它与橡皮筋直线一样，画一个矩形也要给出两个对角顶点的坐标值，调用函数 rectan() 可以完成画矩形的工作。此外，橡皮筋矩形还广泛应用于开窗变换、局部放大等操作。

下面是使用键盘移动光标实现橡皮筋矩形的 VC ++ 程序：

```
// CElasticRectView 消息处理程序
void CElasticRectView::cleanWindow(void)
{
    CRect rect;
    GetClientRect(&rect);
    int width = rect.Width();                  // 获得视窗的宽度
    int height = rect.Height();                // 获得视窗的高度
    CDC * pDC = GetDC();                       // 获取当前设备
    CPen pen(PS_SOLID,1, RGB(255,255,255));
    CBrush brush(RGB(255,255,255));
    pDC -> SelectObject(pen);
    pDC -> FillRect(CRect(0, 0, width, height), &brush);
}

// 绘制矩形的函数
void CElasticRectView::DrawRect(CPoint p0, CPoint p1)
{
    cleanWindow();
    CClientDC dc(this);
    CPen pen(PS_SOLID,1,RGB(255,0,0));
    dc.SelectObject(pen);
    dc.Rectangle(CRect(p0,p1));
}
void CElasticRectView::OnLButtonDown(UINT nFlags, CPoint point)
{
    // TODO: 在此添加消息处理程序代码和/或调用默认值
    CView::OnLButtonDown(nFlags, point);
    m_StartPoint = point;
    m_MouseIsDown = true;
}
void CElasticRectView::OnLButtonUp(UINT nFlags, CPoint point)
{
    // TODO: 在此添加消息处理程序代码和/或调用默认值
```

```
    CView::OnLButtonUp(nFlags, point);
    m_MouseIsDown = false;
    DrawRect(m_StartPoint, point);
}
void CElasticRectView::OnMouseMove(UINT nFlags, CPoint point)
{
    // TODO: 在此添加消息处理程序代码和/或调用默认值
    CView::OnMouseMove(nFlags, point);
    if(m_MouseIsDown)
    {
        DrawRect(m_StartPoint, point);
    }
}
```

3. 橡皮筋圆

橡皮筋圆画法是按给定圆心和半径画圆，用户可移动键盘上、下、左、右、左上、左下、右上、右下八个方位移动光标定位。按下确认键，则该点作为圆心位置（m，n），此后，移动光标，则圆心到光标当前位置（x，y）的距离作为半径（sqrt（（$x-m$）*（$x-m$）+（$y-n$）*（$y-n$））），调用画圆函数，显示屏幕将生成一个随光标移动而变化的橡皮筋圆。

下面是使用键盘移动光标实现橡皮筋直线的 VC ++ 程序：

```
// 清空窗口的函数
void CElasticCirView::cleanWindow(void)
{
    CRect rect;
    GetClientRect(&rect);
    int width = rect.Width();           // 获得视窗的宽度
    int height = rect.Height();         // 获得视窗的高度
    CDC * pDC = GetDC();                // 获取当前设备
    CPen pen(PS_SOLID,1, RGB(255,255,255));
    CBrush brush(RGB(255,255,255));
    pDC->SelectObject(pen);
    pDC->FillRect(CRect(0, 0, width, height), &brush);
}

// 圆的绘制
void CElasticCirView::DrawCir(CPoint p0, CPoint p1)
{
    cleanWindow();
    CClientDC dc(this);
```

```
    CPen pen(PS_SOLID,1,RGB(255,0,0));
    dc.SelectObject(pen);
    dc.Ellipse(CRect(p0, p1));
}
void CElasticCirView::OnLButtonDown(UINT nFlags, CPoint point)
{
    // TODO: 在此添加消息处理程序代码和/或调用默认值
    CView::OnLButtonDown(nFlags, point);
    m_StartPoint = point;
    m_MouseIsDown = true;
}
void CElasticCirView::OnLButtonUp(UINT nFlags, CPoint point)
{
    // TODO: 在此添加消息处理程序代码和/或调用默认值
    CView::OnLButtonUp(nFlags, point);
    m_MouseIsDown = false;
    DrawCir(m_StartPoint, point);
}
void CElasticCirView::OnMouseMove(UINT nFlags, CPoint point)
{
    // TODO: 在此添加消息处理程序代码和/或调用默认值
    CView::OnMouseMove(nFlags, point);
    if(m_MouseIsDown)
    {
        DrawCir(m_StartPoint, point);
    }
}
```

5.3.4 拖动技术

拖动是指将光标定位的图符或物体的图形，动态地从屏幕的一个位置移动到另一个位置，如图 5-8 所示。对于拖动技术的一个扩展是动态缩小或扩大图形，旋转图形到所要求的方位。实现拖动功能，只要在应用程序中，定义包围物体的长方形窗口作为变换对象，当它再显示在指定视区内，就可完成窗口内的图形变换，例如缩小、放大或旋转。通常在图形应用程序中，利用图段的结构设计，将其变换处理、装入或存储，对整幅图形的绘制非常方便。

下面是使用键盘移动光标定位，实现拖动物体图形的 VC ++ 程序：

```
// CDraggingView 消息处理程序
void CDraggingView::DrawGriph(CPoint p0, CPoint p1)
{
    cleanWindow();
```

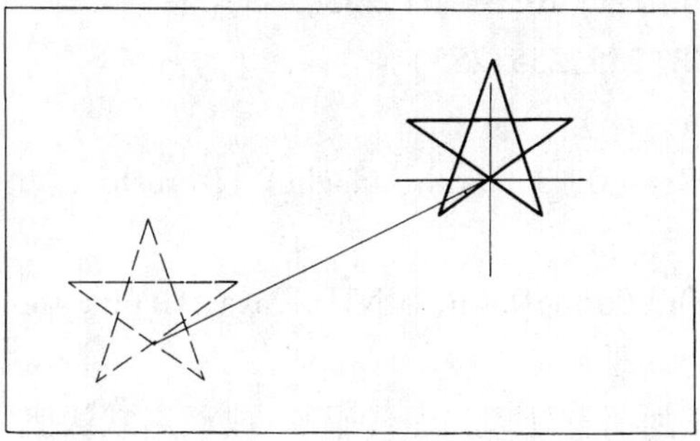

图5-8 拖动技术

```
    CClientDC dc(this);
    int a = p1.x - p0.x;
    int b = p1.y - p0.y;
    CPoint point1(point.x + a, point.y + b);
    CPoint p[3];
    p[0] = CPoint(a +50, b +0);
    p[1] = CPoint(a +7, b +75);
    p[2] = CPoint(a +93, b +75);
    for(int i =0; i <3; i ++)
    {
        if(i <2)
        {
            dc.MoveTo(p[i]);
            dc.LineTo(p[i +1]);
        }
        else
        {
            dc.MoveTo(p[i]);
            dc.LineTo(p[0]);
        }
    }
}
void CDraggingView::cleanWindow(void)
{
    CRect rect;
    GetClientRect(&rect);
    int width = rect.Width();              // 获得视窗的宽度
    int height = rect.Height();            // 获得视窗的高度
    CDC * pDC  = GetDC();                  // 获取当前设备
```

```
    CPen pen(PS_SOLID,1, RGB(255,255,255));
    CBrush brush(RGB(255,255,255));
    pDC→SelectObject(pen);
    pDC→FillRect(CRect(0, 0, width, height), &brush);
}
void CDraggingView::OnLButtonDown(UINT nFlags, CPoint point)
{
    // TODO: 在此添加消息处理程序代码和/或调用默认值
    CView::OnLButtonDown(nFlags, point);
    m_StartPoint = point;
    m_MouseIsDown = true;
}
void CDraggingView::OnLButtonUp(UINT nFlags, CPoint point)
{
    // TODO: 在此添加消息处理程序代码和/或调用默认值
    CView::OnLButtonUp(nFlags, point);
    DrawGriph(m_StartPoint, point);
    m_MouseIsDown = false;
}
void CDraggingView::OnMouseMove(UINT nFlags, CPoint point)
{
    // TODO: 在此添加消息处理程序代码和/或调用默认值
    CView::OnMouseMove(nFlags, point);
    if (m_MouseIsDown)
    {
        DrawGriph(m_StartPoint, point);
    }
}
```

习　　题

1. 常见的逻辑输入设备有哪些？每一种逻辑输入设备的功能是什么？
2. 叙述常见输入控制的工作原理。
3. 设计一个程序，该程序允许用户使用鼠标以交互的方式绘制直线段和圆。

第 6 章　图 形 裁 剪

客观世界是丰富多彩、风光无限的。我们看到的景物就像透过窗口看到的一样，只是局部有限的范围。像摄影那样，把最美的、最富有代表意义的、最感兴趣的部分景物，通过照相机的取景器从全景中取出，永久地留在相纸上，可以说取景器就是一个“窗口”。

图形的裁剪是计算机图形学领域内较为基础的内容之一。通过裁剪，可以截取落在指定区域内的图形。

本章将分别介绍窗口、视区的基本概念，变换处理以及直线、多边形的裁剪算法和程序。

6.1　窗口到视区变换

6.1.1　坐标系

在几何学中已知，为了用数学描述空间物体的几何形状、大小和方位，必须使用坐标系。实际使用时，在不同的场合总是使用不同的坐标系。在用户设计绘图以及图形应用程序描述绘图对象时，使用对象所在的实际世界坐标系，又称用户坐标系。该坐标系的单位可能取毫米、米、公里等，一般均使用实数，取值范围并无限制。在输出设备方面，往往使用与设备物理参数有关的设备坐标系。图形显示器使用屏幕坐标系，绘图机使用绘图坐标系。它们的坐标单位就是像素或绘图机的步长（即设备分辨率），都是整数，且有固定的取值范围。另外，图形支撑软件为了摆脱对固定物理设备的依赖性，也为了便于在不同应用和不同系统之间交换图形信息，采用一种中间坐标系，它的取值范围为 [0, 1]，称为规格化设备坐标系。下面进一步介绍图形学中需要用到的几种坐标系。

1. 世界坐标系（Word Coordinates）

世界坐标系简称 WC。它是右手三维直角坐标系。有时也称为用户坐标系。通常表示如图 6-1a 所示，它可以是二维的，如图 6-1b 所示。

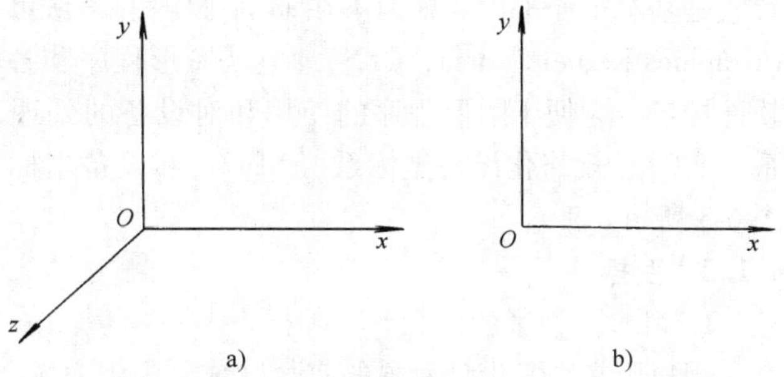

图 6-1　右手直角坐标系

2. 目坐标系（Eye Coodinates）

目坐标系简称 EC。它是左手三维直角坐标系，通过变换可在用户坐标系的任何位置，任何方向定义。建立目坐标系的作用一是用于指定裁剪空间，确定三维立体的哪部分要显示输出；二是通过定义观察（投影）平面，把可显示部分的用户坐标变换成规格化的设备坐标。用户坐标与目坐标之间的关系，如图 6-2 所示。

3. 设备坐标系（Device Coordinates）

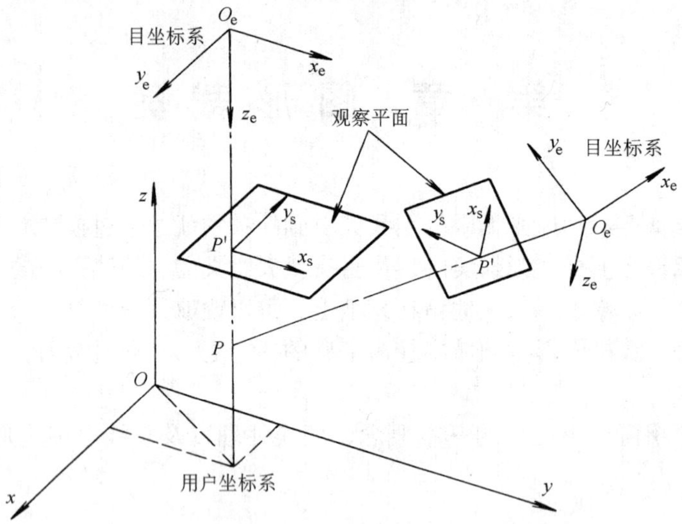

图 6-2 用户坐标系与目坐标系

设备坐标系简称 DC。为了便于输出真实图形，DC 通常采用左手三维直角坐标系。它用来在图形显示器上指定窗口和视区，它必须进行由规格化设备坐标系到物理设备坐标的变换，即变换到屏幕坐标系。

4. 规格化设备坐标系（Normalized Device Coordinates）

规格化设备坐标系简称 NDC。早期的图形程序（或软件包）大多是在用户坐标系（WC）上画图，然后直接映射到设备坐标系（DC）显示输出。这就给设备的更换和软件的移植带来不便。为此在 WC 和 DC 之间定义了一个与设备无关的规格化设备坐标系，它是左手三维直角坐标系，取值范围约定为(0.0，0.0，0.0)~(1.0，1.0，1.0)。用户的绘图数据经过转换成 NDC 中的值，使得图形有了统一的设备空间。这对图形的统一处理带来很大的方便，从而提高图形程序的可移植性。

上面介绍的坐标系均为三维坐标系，但在显示器屏幕或绘图机上，则要求用户定义一个平面，较为简单方便的办法是使 z 坐标轴值取零，因此在三维直角坐标系中，xy 平面也可以看做是基本工作平面。任何不在 xy 平面内的图形可以通过图形变换来处理。国际图形标准（Graphics Kernel System，GKS），它是图形程序和各种图形输入、输出设备之间的一个标准软件接口。为便于图形程序的使用和对设备的处理，GKS 设置了三种坐标系，即世界坐标系（WC）、规格化设备坐标系（NDC）和设备坐标系（DC），它们之间的转换流水线图如图 6-3 所示。

6.1.2 变换

1. 窗口、视区的概念

用户用来定义设计对象的实数域统称为用户域，也称为用户空间。从理论上说，用户域是连续的、无限的。用户可以在用户域中指定任意的区域 ω，把他感兴趣的这部分区域内的图形输出到屏幕上，通常称这部分区域为窗口区。窗口区一般是矩形区域，可以用其左下角点和右上角点坐标来表示。显然，窗口是用户图形的一部分，而且可以采取措施，嵌套定义窗口。也就是在第一层窗口中再定义第二层窗口，在第 i 层窗口中定义第 $i+1$ 层窗口等。嵌套的层次由图形处理软件规定。

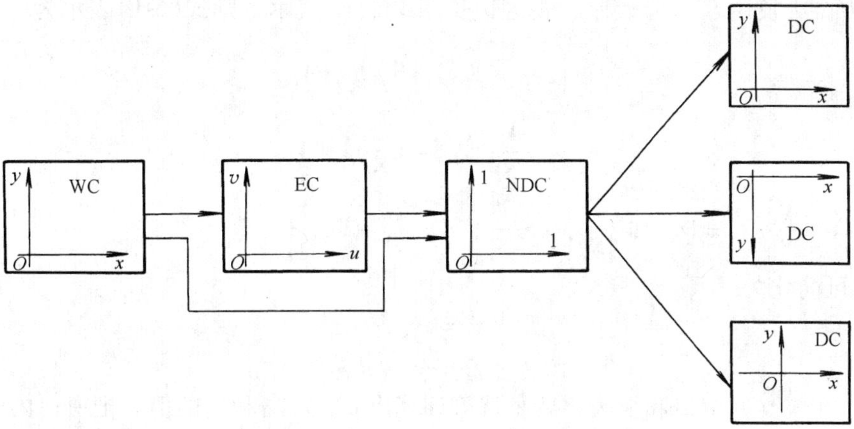

图 6-3 WC、EC、NDC 和 DC 的转换

图形设备上用来输出图形的最大区域称为屏幕域，它是有限的整数域，大小随具体设备而异。任何小于或等于屏幕域的区域都可定义为视区。视区由用户在屏幕域中用设备坐标定义，一般也定义成矩形，大多由其左下角点坐标和右上角点坐标来定义。当然，视区也可以嵌套，嵌套的层次由图形软件决定。

2. 窗口到视区的变换

在用户坐标系中绘制的图形，经开窗裁剪后，图形作为需要显示的内容存储在计算机内存中。但是，该图形的数据并不能直接在显示器屏幕产生图形，因为用户画图可以根据需要和方便，在用户坐标系中，选取不同的度量单位，而显示屏上的图形是以屏幕坐标系，使用整数坐标的像素来度量的。对某种显示器来说，显示数据范围是固定的（例如在 0~1023 之间）。因此，将窗口的原始图形变换到视区时，必须进行由用户坐标系到屏幕坐标系的变换。

在用户坐标系中，窗口的 4 条边线设置为：W_{xl}(左边线)，W_{xr}(右边线)，W_{yb}(底边线)，W_{yt}(顶边线)。度量单位由用户定义。相应的视区的 4 条边线为：V_{xl}(左边线)，V_{xr}(右边线)V_{yb}(底边线)，V_{yt}(顶边线)，度量单位为像素。

变换要求在保持一定比例关系的前提下，把窗口中的点(x_w，y_w)变换到视区(x_s，y_s)上。更明确地说，在窗口中点(x_w，y_w)到左边线的距离与窗口在 x 方向的长度之比，与在视区中相应点(x_s，y_s)到左边线的距离与视区在 x 方向的长度之比，应该是相等的。在 y 方向上同样保持这种比例关系，即

$$\begin{cases} \dfrac{x_w - W_{xl}}{W_{xr} - W_{xl}} = \dfrac{x_s - V_{xl}}{V_{xr} - V_{xl}} \\ \dfrac{y_w - W_{yb}}{W_{yt} - W_{yb}} = \dfrac{y_s - V_{yb}}{V_{yt} - V_{yb}} \end{cases}$$

化简得变换公式为

$$\begin{aligned} x_s &= \frac{V_{xr} - V_{xl}}{W_{xr} - W_{xl}}(x_w - W_{xl}) + V_{xl} \\ y_s &= \frac{V_{yt} - V_{yb}}{W_{yt} - W_{yb}}(y_w - W_{yb}) + V_{yb} \end{aligned} \tag{6-1}$$

如果窗口边长用 S_x、S_y 表示，视区边长用 V_x、V_y 表示，则式(6-1)表示为

$$
\begin{aligned}
x_s &= \frac{V_x}{S_x}(x_w - W_{xl}) + V_{xl} \\
y_s &= \frac{V_y}{S_y}(y_w - W_{yb}) + V_{yb}
\end{aligned}
\tag{6-2}
$$

若令 $a = \frac{V_x}{S_x}$，$b = V_{xl} - W_{xl}\frac{V_x}{S_x}$，$c = \frac{V_y}{S_y}$，$d = V_{yb} - W_{yb}\frac{V_y}{S_y}$

则式(6-2)可简化为

$$
\begin{aligned}
x_s &= ax_w + b \\
y_s &= cy_w + d
\end{aligned}
\tag{6-3}
$$

因此，在定义好窗口和视区之后，就可计算出 a、b、c 和 d 的值。把窗口内的一点坐标转换成屏幕上视区内对应点坐标，只需两次乘法和加法运算。对于一幅图形，则需要把图中每条线的端点都用式(6-3)进行转换，并且相对于视区边界剪取这些线，才能形成屏幕相应视图，如图 6-4 所示。

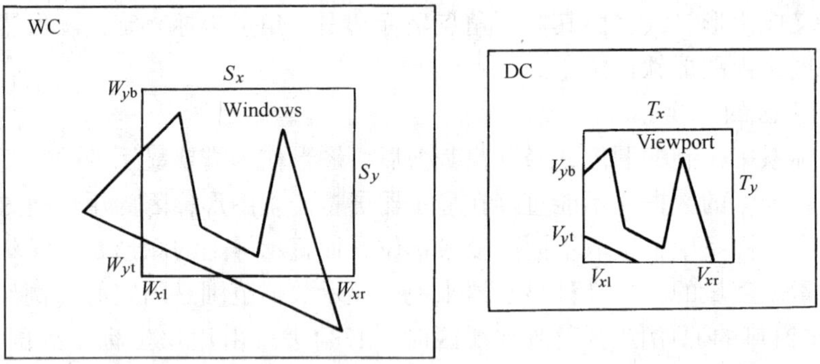

图 6-4 用户图形窗口与屏幕视区的对应关系

3. 窗口—规格化设备坐标—视区变换

考虑到输出设备的分辨率，对不同型号和规格的图形显示器，其分辨率是不一样的。因此，变换时应尽可能使得图形设计程序与设备无关，将视区设置在规格化设备坐标系中。坐标原点在它的左下角，它的 x 与 y 坐标度量范围分别为 0 ~ 1，如图 6-5 所示。

用户设计的图形，它的全部点坐标首先变换到规格化设备坐标系上，它能适应任何一种具体的图形输出设备。

变换公式(6-2)表示如下：

$$x_s = \frac{x_w - W_{xl}}{S_x},\quad y_s = \frac{y_w - W_{yb}}{S_y}$$

由于 $V_x = V_y = 1$，则 $V_{xl} = V_{yb} = 0$。

然后，根据物理输出设备坐标或具体显示器屏幕尺寸和分辨率，再将规格化设备坐标变换到具体视区

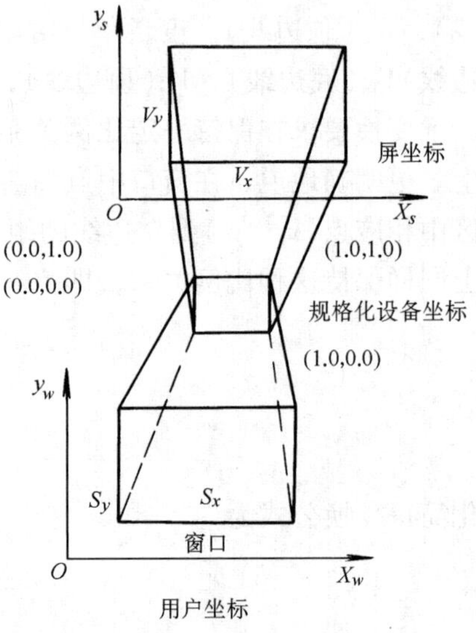

图 6-5 窗口—规格化设备坐标—视区变换

上，显示输出图形。如果在全屏显示情况下，视区原点设计与屏坐标系原点重合，则视区边长即屏长，且假设屏幕为1023像素单位时，则显示点坐标为

$$x_s = \frac{x_w - W_{xl}}{S_x} \times 1023, \quad y_s = \frac{y_w - W_{yb}}{S_y} \times 1023$$

显然对不同屏幕尺寸和分辨率，使用上式要作具体修改。

4. 窗口到视区变换过程

综上所述，用户绘制的二维图形从窗口到视区的变换过程，可归纳成如图6-6所示。

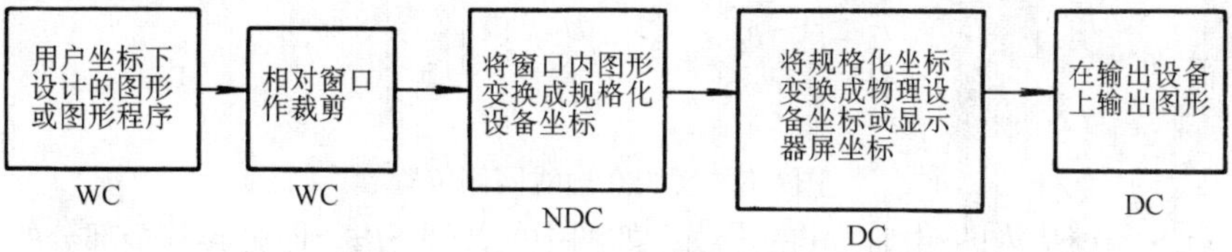

图6-6 窗口—规格化设备坐标—视区变换

6.2 线段裁剪

裁剪是将窗口内的图形正确无误地从整图中分离出来，保留可见的需要的部分，剪去不可见不保留的部分，这样才可大大减少从窗口到视区变换量。通常将窗口以外的图形裁剪掉，选取窗口内的图形线段，这种方法称为裁剪（Clipping）。

裁剪是一种极重要、广泛应用的图形处理技术。裁剪技术的本质问题是对线段或多边形作求交运算，下面将较为详细地介绍直线裁剪和多边形裁剪的算法和程序。

6.2.1 标号法

在直线的裁剪算法中，需要判断直线相对于窗口的位置关系。针对不同的情况，采取不同的办法概述如下：

对整段直线位于窗口内全部保留；对整段直线位于窗口外全部舍弃；对于部分位于窗口内而部分位于窗口外的直线段，则需计算出该直线与窗口边线的交点，作为直线的分段点，保留位于窗口内的部分线段，舍弃其余部分线段，如图6-7所示。

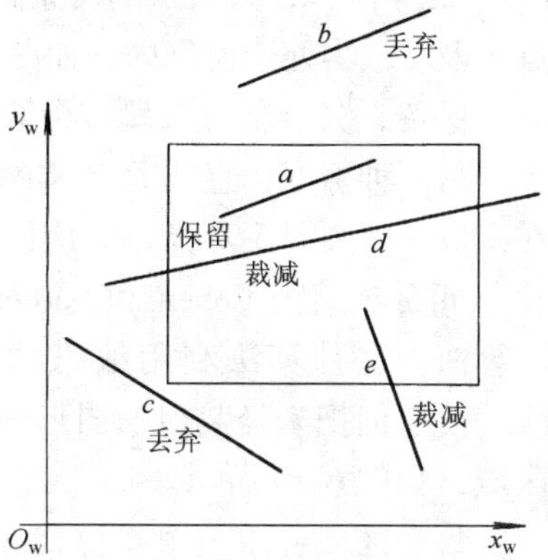

图6-7 直线在窗口不同位置的处理办法

对于凸多边形来说，一条直线段由它的两个端点来惟一地确定。因此，可以根据直线两个端点位置，来判断该直线相对于窗口位置关系，并找出直线上可见部分线段的端点。

设直线的两个端点为 P_1 和 P_2，两端点相对于窗口的位置有如下4种情况：

1）两端点均在窗口边线外同侧位置，如图6-8a所示，可立即判断直线 P_1P_2 全部在窗口之外，应该舍弃。

2）两端点均在窗口内，如图6-8b所示，可立即判断直线 P_1P_2 全部在窗口内，应该保留。

3）两个端点中，一个端点在窗口内，另一个端点在窗口外，如图6-9a所示，对于这种情况，直线 P_1P_2 与窗口的边线相交，应计算出交点 S 作为直线的可见和不可见部分的分段

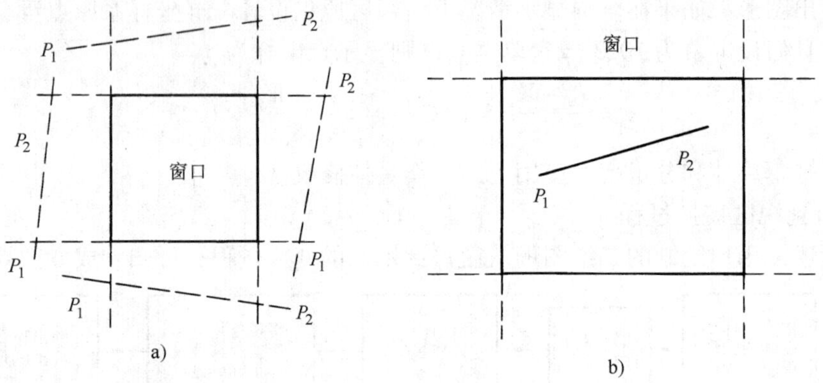

图 6-8 直线在边线同侧位置

点。保留交点 S 与窗口内的端点之间的连线，如图中的线段 SP_2，而舍弃其余部分的线段 SP_1。

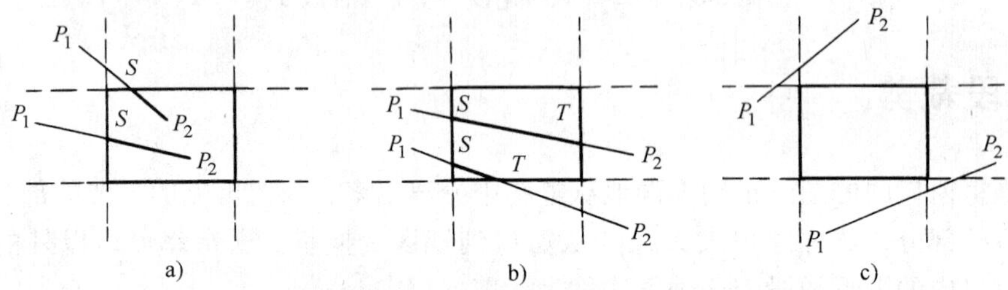

图 6-9 直线与边线相交的位置

4）两个端点均不在窗口内，但不是处于窗口边线外同侧位置，在这种情况下，直线 P_1P_2 贯穿窗口，与窗口的两条边线相交，有两个交点 S 及 T，均处于窗口内，如图 6-9b 所示。线段 ST 应该保留，其余部分线段应舍弃。

另一种情况，直线 P_1P_2 与窗口边线所有交点均在窗口外，如图 6-9c 所示，应该全部舍弃。

下面介绍由 Cohen 和 Sutherland 设计的直线裁剪算法。这种算法利用编码的方法，延长窗口边线，使它们把未经裁剪的图形所占的空间分成 9 个区域，如图 6-10 所示。

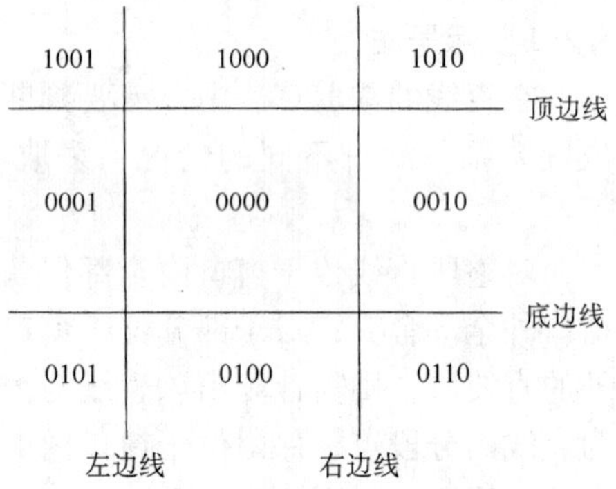

图 6-10 窗口代码表示

每个区域各用一个 4 位代码来表示，代码中每一位分别为“0”和“1”，是按照窗口边线来确定的。端点在窗口左边线之左，各区域第一位（自右向左）置“1”，其余各区域第一位置“0”。端点在窗口右边线之右，各区域第二位置“1”，其余各区域第二位置“0”。端点在窗口底边线之下，各区域第三位置“1”，其余各区域第三位置“0”。端点在窗口顶边线之上，各区域第四位置“1”，其余各区域第四位置“0”。各区域 4 位代码表示如图 6-10 所示。

根据图形中直线的两端点 P_1、P_2 按其所在的区域赋予相应的代码，以 C_1 和 C_2 表示，然后根据端点代码对直线进行可见或不可见检查和判断。

Cohen-Sutherland 直线裁剪算法的步骤如下：

1）当两端点 P_1（x_1，y_1）和 P_2（x_2，y_2）在区域 0000 中，即满足点的裁剪不等式

$$W_{xl} \leqslant (x_1, x_2) \leqslant W_{xr}$$

$$W_{yb} \leqslant (y_1, y_2) \leqslant W_{yt}$$

则两端点代码 $C_1 = C_2 = 0$，表示均在窗口内，应全部保留。

2）当两个端点在窗口边线外的同侧位置，则它们的4位代码中，有一位相同，同时为"1"，显然两个端点代码的逻辑乘不等于零，即 $C_1 \wedge C_2 \neq 0$。以此检查判断直线在窗口外，应全部舍弃。

3）如果直线两端点不符合上述两种情况，不能简单地全部保留或全部舍弃直线时，则需计算出直线与窗口边线的交点，将直线分段后继续进行检查判断。这样可以逐段地舍弃位于窗口的线段，保留剩在窗口内的线段。

图6-11中直线 P_1P_2，可以在逐次求得交点 E、S 后，将直线分段，然后逐段地舍弃舍弃位于窗口外得线段 P_2E、ES。最后余下的线段 SP_1 完全在窗口内，应该保留。

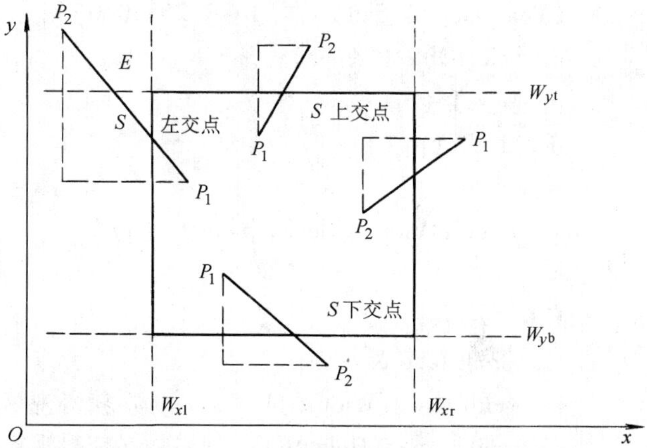

图6-11 直线与窗口边线的交点

下面介绍交点的求法。

设直线的两端点坐标为 P_1（x_1，y_1）和 P_2（x_2，y_2），如图6-12a所示，直线与窗口4条边线的交点坐标，可分别由下列公式确定（利用相似直角三角形比例关系）：

左交点：
$$x = W_{xl},\ y = \frac{y_2 - y_1}{x_2 - x_1}(W_{xl} - x_1) + y_1$$

右交点：
$$x = W_{xr},\ y = \frac{y_2 - y_1}{x_2 - x_1}(W_{xr} - x_1) + y_1$$

下交点：
$$y = W_{yb},\ x = \frac{x_2 - x_1}{y_2 - y_1}(W_{yb} - y_1) + x_1$$

上交点：
$$y = W_{yt},\ x = \frac{x_2 - x_1}{y_2 - y_1}(W_{yt} - y_1) + x_1$$

Cohen-Sutherland 直线裁剪算法的 VC++程序如下：

```
// CLineCutView 消息处理程序
void CLineCutView::DrawRect(void)
{
  CClientDC dc(this);
  for(int i=0; i < 3; i++)
  {
    dc.MoveTo(point[i]);
    dc.LineTo(point[i+1]);
  }
```

```
    dc.MoveTo(point[0]);
    dc.LineTo(point[3]);
}
void CLineCutView::DrawLine(void)
{
    CClientDC dc(this);
    CPen pen(PS_SOLID,1, RGB(255,0,0));
    dc.SelectObject(&pen);
    dc.MoveTo(p[0]);
    dc.LineTo(p[1]);
}
void CLineCutView::CleanWindow(void)
{
    CRect rect;
    GetClientRect(&rect);
    int width = rect.Width();              //获得视窗的宽度
    int height = rect.Height();            //获得视窗的高度
    CDC * pDC = GetDC();                   //获取当前设备
    CPen pen(PS_SOLID,1, RGB(255,255,255));
    CBrush brush(RGB(255,255,255));
    pDC->SelectObject(pen);
    pDC->FillRect(CRect(0, 0, width, height), &brush);
    DrawRect();
}
// 判断点的位置
int CLineCutView::checkPoint(CPoint thePoint)
{
    int result = 0;
    if(thePoint.x < minX)
        result = result | _LEFT;
    if(thePoint.x > maxX)
        result = result | _RIGHT;
    if(thePoint.y < minY)
        result = result | _TOP;
    if(thePoint.y > maxY)
        result = result | _BOTTOM;
    return result;
}
// Cohen-Sutherland 裁剪方法
```

```
void CLineCutView::CohenSutherCut(void)
{
    DrawRect();
    CClientDC dc(this);
    CPen pen(PS_SOLID, 1,RGB(255,0,0));
    int a = checkPoint(p[0]) & 3;
    int b = checkPoint(p[1]) & 3;
    int x = 0;
    int y = 0;
    dc.SelectObject(pen);
    if(checkPoint(p[0])! = 0 && checkPoint(p[1])! = 0)
    {
        if((checkPoint(p[0]) & 3) && (checkPoint(p[1]) & 3) &&((checkPoint(p[0])
& 3)! = checkPoint(p[1]) & 3))
        {
            if((checkPoint(p[0]) & 3) == 1)
            {
                x = minX;
            }
            if((checkPoint(p[0]) & 3) == 2)
            {
                x = maxX;
            }
            y = p[1].y - ((p[1].x - x) * (p[1].y - p[0].y))/(p[1].x - p[0].x);
            p[0] = CPoint(x, y);
            if((checkPoint(p[1]) & 3) == 1)
            {
                x = minX;
            }
            if((checkPoint(p[1]) & 3) == 2)
            {
                x = maxX;
            }
            y = p[0].y - ((p[0].x - x) * (p[0].y - p[1].y))/(p[0].x - p[1].x);
            p[1] = CPoint(x, y);
        }
        if((checkPoint(p[0]) & 12) && (checkPoint(p[1]) & 12) && ((checkPoint(p
[0]) & 12)! = checkPoint(p[1]) & 12))
        {
```

```
            if((checkPoint(p[0]) & 12)==8)
            {
                y = minY;
            }
            if((checkPoint(p[0]) & 12)==4)
            {
                y = maxY;
            }
            x = p[1].x - ((p[1].y - y) * (p[1].x - p[0].x))/(p[1].y - p[0].y);
            p[0] = CPoint(x, y);
            if((checkPoint(p[1]) & 12)==8)
            {
                y = minY;
            }
            if((checkPoint(p[1]) & 12)==4)
            {
                y = maxY;
            }
            x = p[0].x - ((p[0].y - y) * (p[0].x - p[1].x)) / (p[0].y - p[1].y);
            p[0] = CPoint(x, y);
        }
        DrawLine();
    }
}
```

6.2.2 中点法

这种算法不需要计算直线与窗口边线的交点，它也是利用编码来检测判断线段可见或不可见。如果直线段在窗口的编码区域，不能简单地作出保留，也不能简单地舍弃，在这种情况下，就将直线段中点再分，求出中点。把它分成相等的两部分，检测判断保留部分或舍弃部分。用二分搜索方式一直进行下去，直到原来线段的一段留在窗口内被保留，而另一段被舍弃为止。在图 6-12 中，直线 *AB* 和 *DE* 的中点再分裁剪过程如下：

AB 和 *DE* 中点再分后，*C* 点在窗口内，*F* 点在窗口外，保留 *AC* 线段，舍弃 *FE* 线段。然后再对 *BC* 和 *DF* 线段重复中点再分，保留窗口内舍弃窗口外线段，直到该线段中点与窗口边线距离小于给定的小数 ε（或 1 个像素），则该中点即为窗口内可见线端点。

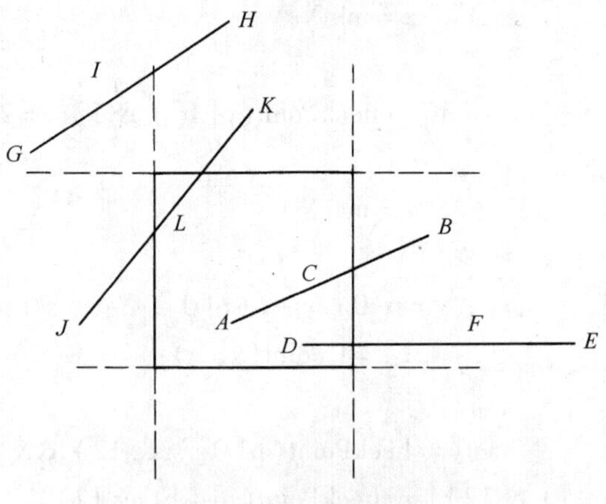

图 6-12　中点再分算法

对于线段 *GH* 和 *JK* 那样的直线，中点再分后，可以很容易判断两部分都舍弃（如 *JL* 和 *IH*）或者都不能舍弃（如 *JL* 和 *LK*）。在后一种情况下，先把 *JL* 线段搁置一下，对 *LK* 线段作进一步的中点再分，直到再分后的中点与窗口边线距离小于1，然后把这个点作为可见线段点保存起来，再对另一线段 *JL* 重复中点再分过程，求出其可见线段点，把这两个线段连线，就是 *JK* 裁剪后的直线段。中点再分的搜索最多经过 10 步就完成。

中点再分直线裁剪算法的 VC + + 程序如下：

```
//CMindPointCutView 消息处理程序
void CMindPointCutView::ShowRect(void)
{
  CClientDC dc(this);
  dc.MoveTo(p_0);
  dc.LineTo(p_1);
  dc.MoveTo(p_1);
  dc.LineTo(p_2);
  dc.MoveTo(p_2);
  dc.LineTo(p_3);
  dc.MoveTo(p_3);
  dc.LineTo(p_0);
}
void CMindPointCutView::OnLButtonUp(UINT nFlags, CPoint point)
{
  //TODO: 在此添加消息处理程序代码和/或调用默认值
  DrawLine(m_OrgPoint, point);
  m_NewPoint = point;
  MindPointCut(m_OrgPoint, m_NewPoint);
  CView::OnLButtonUp(nFlags, point);
}
void CMindPointCutView::OnLButtonDown(UINT nFlags, CPoint point)
{
  //TODO: 在此添加消息处理程序代码和/或调用默认值
  m_OrgPoint = point;
  CView::OnLButtonDown(nFlags, point);
}
void CMindPointCutView::DrawLine(CPoint p0, CPoint p1)
{
  CClientDC dc(this);
  dc.MoveTo(p0);
  dc.LineTo(p1);
}
```

```
void CMindPointCutView::MindPointCut(CPoint Old_p0, CPoint Old_p1)
{
    int x = (Old_p0.x + Old_p1.x)/2;
    int y = (Old_p0.y + Old_p1.y)/2;
    CPoint MidPoint = CPoint(x, y);
    CPoint tempPoint0;
    CPoint tempPoint1;
    if((CheckInBox(Old_p0) && ! CheckInBox(Old_p1)) || (! CheckInBox(Old_p0)
&& CheckInBox(Old_p1)))
    {
        if(CheckInBox(Old_p0) && ! CheckInBox(Old_p1))
        {
            tempPoint0 = Old_p0;
            tempPoint1 = Old_p1;
            m_OrgPoint = Old_p0;
        }
        if(! CheckInBox(Old_p0) && CheckInBox(Old_p1))
        {
            tempPoint0 = Old_p1;
            tempPoint1 = Old_p0;
            m_OrgPoint = Old_p1;
        }
        while(! CheckPointEqual(MidPoint,tempPoint0)
        && ! CheckPointEqual(MidPoint, tempPoint1))
        {
            if(CheckInBox(MidPoint))
            {
                tempPoint0 = MidPoint;
                x = (tempPoint0.x + tempPoint1.x)/2;
                y = (tempPoint0.y + tempPoint1.y)/2;
                MidPoint = CPoint(x, y);
            }
            else
            {
                tempPoint1 = MidPoint;
                x = (tempPoint0.x + tempPoint1.x)/2;
                y = (tempPoint0.y + tempPoint1.y)/2;
                MidPoint = CPoint(x, y);
            }
```

```
    }
    m_NewPoint = MidPoint;
    CleanWindow();
    ShowRect();
    DrawLine(m_OrgPoint, m_NewPoint);
}
if(! CheckInBox(Old_p0) && ! CheckInBox(Old_p1))
{
    if(CheckLineInBox(Old_p0, Old_p1))
    {
        tempPoint0 = Old_p0;
        tempPoint1 = Old_p1;
        while(! CheckInBox(MidPoint))
        {
            if(! CheckLineInBox(tempPoint0, MidPoint))
                tempPoint0 = MidPoint;
            else if(! CheckLineInBox(tempPoint1, MidPoint))
                tempPoint1 = MidPoint;
            else
                break;
            x = (tempPoint0.x + tempPoint1.x)/2;
            y = (tempPoint0.y + tempPoint1.y)/2;
            MidPoint = CPoint(x, y);
        }
        m_OrgPoint = tempPoint0;
        m_NewPoint = tempPoint1;
        Old_p0 = m_OrgPoint;
        Old_p1 = MidPoint;
        x = (Old_p0.x + Old_p1.x)/2;
        y = (Old_p0.y + Old_p1.y)/2;
        MidPoint = CPoint(x, y);
        CPoint tmp = MidPoint;
        if(CheckInBox(Old_p0) && ! CheckInBox(Old_p1))
        {
            tempPoint0 = Old_p0;
            tempPoint1 = Old_p1;
        }
        if(! CheckInBox(Old_p0) && CheckInBox(Old_p1))
        {
```

```
        tempPoint0 = Old_p1;
        tempPoint1 = Old_p0;
    }
while(! CheckPointEqual(MidPoint, tempPoint0) && ! CheckPointEqual(MidPoint, temp-
Point1))
    {
        if(CheckInBox(MidPoint))
        {
            tempPoint0 = MidPoint;
            x = (tempPoint0.x + tempPoint1.x)/2;
            y = (tempPoint0.y + tempPoint1.y)/2;
            MidPoint = CPoint(x, y);
        }
        else
        {
            tempPoint1 = MidPoint;
            x = (tempPoint0.x + tempPoint1.x)/2;
            y = (tempPoint0.y + tempPoint1.y)/2;
            MidPoint = CPoint(x, y);
        }
    }
    m_OrgPoint = MidPoint;
    Old_p0 = m_NewPoint;
    Old_p1 = tmp;
    x = (Old_p0.x + Old_p1.x)/2;
    y = (Old_p0.y + Old_p1.y)/2;
    MidPoint = CPoint(x, y);
    if(CheckInBox(Old_p0) && ! CheckInBox(Old_p1))
    {
        tempPoint0 = Old_p0;
        tempPoint1 = Old_p1;
    }
    if(! CheckInBox(Old_p0) && CheckInBox(Old_p1))
    {
        tempPoint0 = Old_p1;
        tempPoint1 = Old_p0;
    }
while(! CheckPointEqual(MidPoint,tempPoint0)
&& ! CheckPointEqual(MidPoint, tempPoint1))
```

```
            {
                if( CheckInBox( MidPoint) )
                {
                    tempPoint0 = MidPoint;
                    x = ( tempPoint0. x + tempPoint1. x)/2;
                    y = ( tempPoint0. y + tempPoint1. y)/2;
                    MidPoint = CPoint( x, y);
                }
                else
                {
                    tempPoint1 = MidPoint;
                    x = ( tempPoint0. x + tempPoint1. x)/2;
                    y = ( tempPoint0. y + tempPoint1. y)/2;
                    MidPoint = CPoint( x, y);
                }
            }
            m_NewPoint = MidPoint;
            CleanWindow( );
            ShowRect( );
            DrawLine( m_OrgPoint, m_NewPoint);
        }
    }
    else
    {
        CleanWindow( );
        ShowRect( );
        DrawLine( m_OrgPoint, m_NewPoint);
    }
}
bool CMindPointCutView: :CheckInBox( CPoint point)
{
    return (point. x >= 100 && point. x <= 400 && point. y >= 100 && point. y <= 400);
}
bool CMindPointCutView: :CheckPointEqual( CPoint point0, CPoint point1)
{
    return ( point0. x == point1. x && point0. y == point1. y);
}
void CMindPointCutView: :CleanWindow( void)
{
```

```
    CRect rect;
    GetClientRect(&rect);
    int width = rect.Width();                    //获得视窗的宽度
    int height = rect.Height();                  //获得视窗的高度
    CDC * pDC = GetDC();                         //获取当前设备
    CPen pen(PS_SOLID,1, RGB(255,255,255));
    CBrush brush(RGB(255,255,255));
    pDC->SelectObject(pen);
    pDC->FillRect(CRect(0, 0, width, height), &brush);
}
bool CMindPointCutView::CheckLineInBox(CPoint point0, CPoint point1)
{
    if(point0.x == point1.x)
    {
        return (point0.x >= 100 && point0.x <= 400);
    }
    else if(point0.y == point1.y)
    {
        return (point0.y >= 100 && point0.y <= 400);
    }
    else
    {
        int y1 = (point1.y - point0.y) * (100 - point0.x)/(point1.x - point0.x) + point0.y;
        int y2 = (point1.y - point0.y) * (400 - point0.x)/(point1.x - point0.x) + point0.y;
        int x1 = (point1.x - point0.x) * (100 - point0.y)/(point1.y - point0.y) + point0.x;
        int x2 = (point1.x - point0.x) * (400 - point0.y)/(point1.y - point0.y) + point0.x;
        int minX = point0.x > point1.x? point1.x : point0.x;
        int maxX = point0.x > point1.x? point0.x : point1.x;
        int minY = point0.y > point1.y? point1.y : point0.y;
        int maxY = point0.y > point1.y? point0.y : point1.y;
        return((y1 > 100 && y1 < 400 && y1 > minY && y1 < maxY) || (y2 > 100 && y2 < 400
&& y2 > minY && y2 < maxY) || (x1 > 100 && x1 > 400 && x1 > minX && x1 < maxX) || (x2 >
100 && x2 < 400 && x2 > minX && x2 < maxX));
    }
    return false;
}
```

6.3 多边形裁剪

前面讨论了直线段的裁剪。对于一个画线多边形，可将多边形分解为一条一条的线段进行裁剪，如果使用这种方法分别裁剪直线，则裁剪后的图形往往不再是封闭的多边形，如图6-13所示。

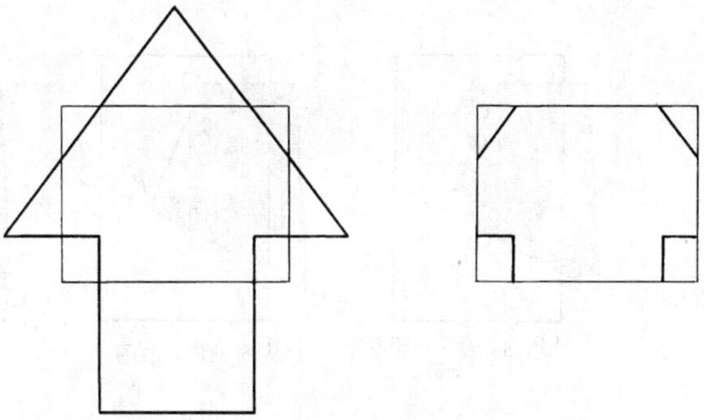

图6-13　按直线段裁剪

在光栅图形显示中，多边形作为一个完整的图形，图形显示常常不光是轮廓线，而是一些色彩区域，要求裁剪后得到的图形仍然是封闭图形，即在裁剪中还需加上适当的窗口边界线段，使图形封闭起来。如图6-14中，需将 ab、cd、ef、gh 等线段加入裁剪后的多边形。

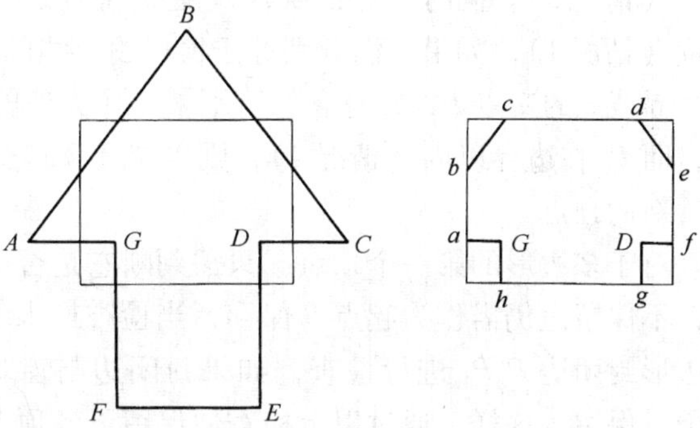

图6-14　多边形裁剪

逐次多边形裁剪 Sutherland – Hodgman 算法的基本思想以窗口的4条边界线单一逐次对多边形进行裁剪，可以先将多边形按照窗口的一条边界进行剪取，然后再将裁剪后所得的多边形（或几个多边形），按照窗口的第二条边界进行剪取，用这种逐次剪取的办法进行，直到按照窗口所有的4条边界剪取完毕，最后便可得到剪取后的多边形。用这种方法对图6-14中所示的多边形进行裁剪，图6-15a、b、c和d分别表示窗口的左边界、上边界、右边界和下边界剪取后得到的多边形。多边形被窗口裁剪的顺序无关紧要。

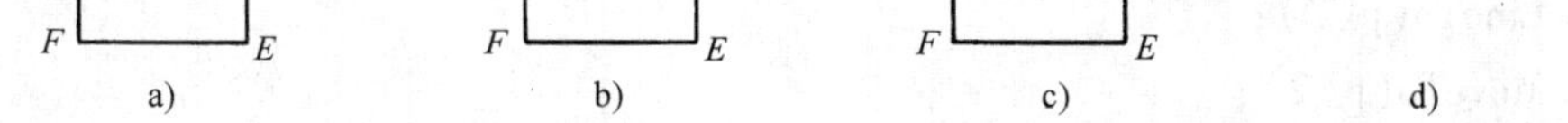

图6-15　逐次多边形裁剪过程

设多边形的顶点为 P_1、P_2、P_3、…、P_{n-2}、P_{n-1}。多边形的 n 条边线为 P_1 至 P_2、P_2 至 P_3、…、P_{n-2} 至 P_{n-1}、P_{n-1} 至 P_n、P_n 至 P_1，其中 P_n 至 P_1 连线为多边形的封闭边。

多边形被裁剪后得到一个（或几个）新的多边形，其顶点为 Q_1、Q_2、Q_3、…、Q_{n-1}、Q_n。裁剪算法就是求得这些新的顶点，包括窗口的角点。算法的过程是：逐次按照窗口的一条边界 e 对多边形顶点 P_i（$i=1, 2, 3, \cdots, n$）进行检查。有4种可能的情况需要考虑分析，如图6-16所示。

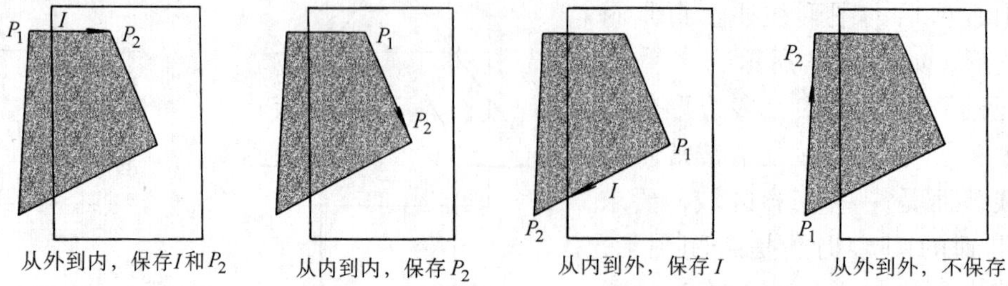

图 6-16　多边形裁剪的 4 种情况

如果顶点 P_i 在一条边界 e 以内（情况 1），则保留该顶点作为剪取后新的顶点；反之则舍弃（情况 3）。同时，对于顶点 P_i 还需检查是否与前一个顶点 P_{i-1} 处于窗口边界 e 的同侧位置（情况 1）；如果它们分别处于窗口边界线的两侧（情况 2），则应计算 $P_{i-1}P_i$ 连线与窗口边界线 e 的交点 I_i，并将它保留下来，作为裁剪后新的顶点。显然，当顶点 P_{i-1} 在边界以外，而 P_i 在边界以内（情况 4），则也应计算其交点 I_i，并将它保留下来。P_i 与 I_i 都作为裁剪后新的顶点。

对于多边形的第一个顶点，只需判断它是否可见，如果可见则保留作为起点 S；若不可见，不保留但仍需作为起点 S 保存，当检查最末一个顶点 P_n 时，除了上述情况外，还需对多边形封闭边 P_nP_1 进行检查，如果封闭边与窗口边界线 e 相交，则应计算出这个交点 I_i，并予以保留。这样，通过以上检查便保留下各顶点及角点。然后将 Q_1、Q_2、Q_2、…、Q_{n-1}、Q_n 显示输出。在这些点之间依次连成直线，即可得到裁剪后新的多边形。

多边形裁剪 VC++程序如下：

```
//CPolygonCutView 消息处理程序
void CPolygonCutView::ShowRect(void)
{
  CClientDC dc(this);
  dc.MoveTo(p_0);
  dc.LineTo(p_1);
  dc.MoveTo(p_1);
  dc.LineTo(p_2);
  dc.MoveTo(p_2);
  dc.LineTo(p_3);
  dc.MoveTo(p_3);
  dc.LineTo(p_0);
}
void CPolygonCutView::DrawPolygon(void)
{
  CClientDC dc(this);
  for (int i=0; i<5; i++)
```

```
    {
      dc.MoveTo(PolygonPoint[i]);
      dc.LineTo(PolygonPoint[i+1]);
    }
    dc.MoveTo(PolygonPoint[4]);
    dc.LineTo(PolygonPoint[0]);
  }
  void CPolygonCutView::Cut(void)
  {
    CleanWindow();
    for(int i=0; i<4; i++)
    {
      CutLine(PolygonPoint[i], PolygonPoint[i+1]);
    }
    CutLine(PolygonPoint[4], PolygonPoint[0]);
  }
  void CPolygonCutView::CutLine(CPoint Old_p0, CPoint Old_p1)
  {
    CPoint m_OrgPoint = Old_p0;
    CPoint m_NewPoint = Old_p1;
    int x = (Old_p0.x + Old_p1.x)/2;
    int y = (Old_p0.y + Old_p1.y)/2;
    CPoint MidPoint = CPoint(x, y);
    CPoint tempPoint0;
    CPoint tempPoint1;
    CClientDC dc(this);
    CPen *pen = new CPen(PS_SOLID, 1, RGB(255, 0, 0));
    dc.SelectObject(pen);
    if((CheckInBox(Old_p0) && ! CheckInBox(Old_p1))||(! CheckInBox(Old_p0) &&
CheckInBox(Old_p1)))
    {
      if(CheckInBox(Old_p0) && ! CheckInBox(Old_p1))
      {
        tempPoint0 = Old_p0;
        tempPoint1 = Old_p1;
        m_OrgPoint = Old_p0;
      }
      if(! CheckInBox(Old_p0) && CheckInBox(Old_p1))
      {
```

```
        tempPoint0 = Old_p1;
        tempPoint1 = Old_p0;
        m_OrgPoint = Old_p1;
    }
while(! CheckPointEqual(MidPoint,tempPoint0)
&& ! CheckPointEqual(MidPoint, tempPoint1))
    {
        if(CheckInBox(MidPoint))
        {
            tempPoint0 = MidPoint;
            x = (tempPoint0.x + tempPoint1.x)/2;
            y = (tempPoint0.y + tempPoint1.y)/2;
            MidPoint = CPoint(x, y);
        }
        else
        {
            tempPoint1 = MidPoint;
            x = (tempPoint0.x + tempPoint1.x)/2;
            y = (tempPoint0.y + tempPoint1.y)/2;
            MidPoint = CPoint(x, y);
        }
    }
    m_NewPoint = MidPoint;
    ShowRect();
    dc.MoveTo(m_OrgPoint);
    dc.LineTo(m_NewPoint);
}
if(! CheckInBox(Old_p0) && ! CheckInBox(Old_p1))
{
    if(CheckLineInBox(Old_p0, Old_p1))
    {
        tempPoint0 = Old_p0;
        tempPoint1 = Old_p1;
        while(! CheckInBox(MidPoint))
        {
            if(! CheckLineInBox(tempPoint0, MidPoint))
                tempPoint0 = MidPoint;
            else if(! CheckLineInBox(tempPoint1, MidPoint))
                tempPoint1 = MidPoint;
```

```
    else
      break;
    x = (tempPoint0.x + tempPoint1.x)/2;
    y = (tempPoint0.y + tempPoint1.y)/2;
    MidPoint = CPoint(x, y);
  }
  m_OrgPoint = tempPoint0;
  m_NewPoint = tempPoint1;
  Old_p0 = m_OrgPoint;
  Old_p1 = MidPoint;
  x = (Old_p0.x + Old_p1.x)/2;
  y = (Old_p0.y + Old_p1.y)/2;
  MidPoint = CPoint(x, y);
  CPoint tmp = MidPoint;
  if(CheckInBox(Old_p0) && ! CheckInBox(Old_p1))
  {
    tempPoint0 = Old_p0;
    tempPoint1 = Old_p1;
  }
  if(! CheckInBox(Old_p0) && CheckInBox(Old_p1))
  {
    tempPoint0 = Old_p1;
    tempPoint1 = Old_p0;
  }
  while(! CheckPointEqual(MidPoint,tempPoint0)
  && ! CheckPointEqual(MidPoint, tempPoint1))
  {
    if(CheckInBox(MidPoint))
    {
      tempPoint0 = MidPoint;
      x = (tempPoint0.x + tempPoint1.x)/2;
      y = (tempPoint0.y + tempPoint1.y)/2;
      MidPoint = CPoint(x, y);
    }
    else
    {
      tempPoint1 = MidPoint;
      x = (tempPoint0.x + tempPoint1.x)/2;
      y = (tempPoint0.y + tempPoint1.y)/2;
```

```
        MidPoint = CPoint(x, y);
      }
    }
    m_OrgPoint = MidPoint;
    Old_p0 = m_NewPoint;
    Old_p1 = tmp;
    x = (Old_p0.x + Old_p1.x)/2;
    y = (Old_p0.y + Old_p1.y)/2;
    MidPoint = CPoint(x, y);
    if(CheckInBox(Old_p0) && ! CheckInBox(Old_p1))
    {
      tempPoint0 = Old_p0;
      tempPoint1 = Old_p1;
    }
    if(! CheckInBox(Old_p0) && CheckInBox(Old_p1))
    {
      tempPoint0 = Old_p1;
      tempPoint1 = Old_p0;
    }
    while(! CheckPointEqual(MidPoint,tempPoint0)
    && ! CheckPointEqual(MidPoint, tempPoint1))
    {
      if(CheckInBox(MidPoint))
      {
        tempPoint0 = MidPoint;
        x = (tempPoint0.x + tempPoint1.x)/2;
        y = (tempPoint0.y + tempPoint1.y)/2;
        MidPoint = CPoint(x, y);
      }
      else
      {
        tempPoint1 = MidPoint;
        x = (tempPoint0.x + tempPoint1.x)/2;
        y = (tempPoint0.y + tempPoint1.y)/2;
        MidPoint = CPoint(x, y);
      }
    }
    m_NewPoint = MidPoint;
    ShowRect();
```

```
            dc.MoveTo(m_OrgPoint);
            dc.LineTo(m_NewPoint);
        }
    }
    else
    {
        ShowRect();
        dc.MoveTo(m_OrgPoint);
        dc.LineTo(m_NewPoint);
    }
}
bool CPolygonCutView::CheckInBox(CPoint point)
{
    return (point.x >= 100 && point.x <= 400 && point.y >= 100 && point.y <= 400);
}
bool CPolygonCutView::CheckPointEqual(CPoint point0, CPoint point1)
{
    return (point0.x == point1.x && point0.y == point1.y);
}
void CPolygonCutView::CleanWindow(void)
{
    CRect rect;
    GetClientRect(&rect);
    int width = rect.Width();             // 获得视窗的宽度
    int height = rect.Height();           // 获得视窗的高度
    CDC * pDC = GetDC();                  // 获取当前设备
    CPen pen(PS_SOLID,1, RGB(255,255,255));
    CBrush brush(RGB(255,255,255));
    pDC->SelectObject(pen);
    pDC->FillRect(CRect(0, 0, width, height), &brush);
}
bool CPolygonCutView::CheckLineInBox(CPoint point0, CPoint point1)
{
    if(point0.x == point1.x)
    {
        return(point0.x >= 100 && point0.x <= 400);
    }
    else if(point0.y == point1.y)
    {
```

```
        return( point0. y >= 100 && point0. y <= 400);
    }
    else
    {
        int y1 = ( point1. y - point0. y) * (100 - point0. x)/( point1. x - point0. x) + point0. y;
        int y2 = ( point1. y - point0. y) * (400 - point0. x)/( point1. x - point0. x) + point0. y;
        int x1 = ( point1. x - point0. x) * (100 - point0. y)/( point1. y - point0. y) + point0. x;
        int x2 = ( point1. x - point0. x) * (400 - point0. y)/( point1. y - point0. y) + point0. x;
        int minX = point0. x > point1. x? point1. x : point0. x;
        int maxX = point0. x > point1. x? point0. x : point1. x;
        int minY = point0. y > point1. y? point1. y : point0. y;
        int maxY = point0. y > point1. y? point0. y : point1. y;
        return( ( y1 > 100 && y1 < 400 && y1 > minY && y1 < maxY) || ( y2 > 100 && y2 < 400
&& y2 > minY && y2 < maxY)
            || (x1 > 100 && x1 > 400 && x1 > minX && x1 < maxX) || ( x2 > 100 && x2 < 400
&& x2 > minX && x2 < maxX) );
    }
    return false;
}
void CPolygonCutView::OnMenucut()
{
    // TODO: 在此添加命令处理程序代码
    Cut();
}
```

多边形裁剪的算法很多，有兴趣的读者可以参考有关文献，在此不再多述。

习　题

1. 已知窗口中三角形 *ABC* 的坐标，通过窗口 - 视区变换后，试求在视区内三角形 *abc* 的坐标。（已知窗口左上角坐标为（20，20），右下角坐标为（100，100），视区左上角坐标为（20，20），右下角坐标为（60，60），三角形 *ABC* 坐标为（40，40）、（60，80）、（80，40））。

2. Cohen - Sutherland 直线裁剪与中点再分直线裁剪方法有什么不同?

3. 对于编码裁剪算法与中点分割裁剪算法，讨论一下一条等长的直线段，哪种分布（以直线端点的外部码与窗口的交点为特征），其裁剪的时间最长。

4. 调试书中实现线段裁剪的中点分割算法。

5. 编写一程序实现逐次多边形裁剪算法。

6. 将逐次多边形裁剪算法扩充成能输出裁剪窗口内部和外部所有子多边形的算法。

第 7 章　曲线和曲面

曲线和曲面是计算机图形学中研究的重要内容之一，它们在实际工作中有广泛的应用。特别是在汽车、轮船和飞机的外形设计上。近年来，关于曲线和曲面的研究文章、专著层出不穷。本章将简单介绍曲线和曲面的概念和特征。

7.1　Bézier 曲线曲面

曲线拟合通常是根据一系列实测数据的有序型值点，建立一个数学表达式，使该式能定义一条曲线。该曲线既能反映原型值点所代表的曲线性质和形状，又能满足工程上实际生产的要求。从数学观点来看，曲线拟合可分为两个问题；当需要所定义的曲线必须通过已知的各型值点时，这是插值问题；当不要求曲线通过各型值点，而仅要求其在允许范围内逼近原型值点所代表的曲线，并能反映原曲线的正确趋势，这是拟合问题。曲线的拟合方法很多，下面介绍工程上应用较为流行的两种方法。

7.1.1　Bézier 曲线

Bézier 曲线是由法国人 Bézier 于 20 世纪 70 年代初为解决汽车外型设计而提出的一种新的参数表示方法，这种方法的特点是：控制点的输入与曲线输出之间的关系明确，使设计人员比较直观地估计给定条件与设计出的曲线之间的关系。当设计人员（用户）使用交互手段改变输入控制点，就能很方便地在屏幕上改变拟合曲线的形状与代表它的多项式的次数以迎合设计要求。此外，这一方法使用的数学工具也比较简单，容易掌握，便于在计算机上实现。

Bézier 曲线的形状是由一组多边折线的顶点唯一地定义出来，该多边折线称为特征多边形。在特征多边形各顶点中，只有起点和终点在 Bézier 曲线上，即特征多边形的第一条边线和最后一条边线，表示曲线在起点和终点处的切线方向。由 4 个控制点形成三次 Bézier 曲线，曲线的形状依附于该特征多边形的形状。如果改变多边形顶点位置，也就改变了曲线形状，如图 7-1 所示。

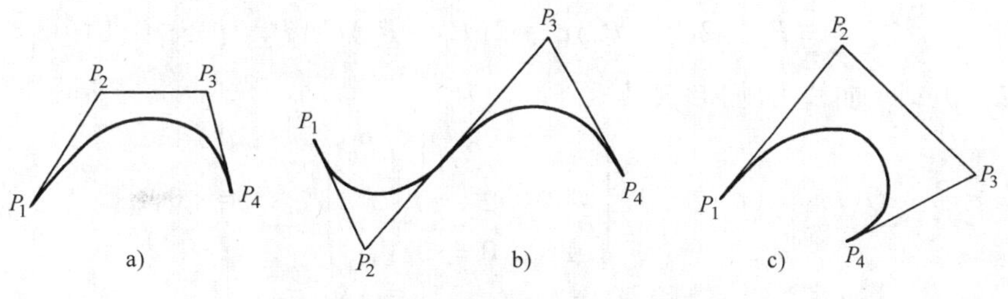

图 7-1　特征多边形和 Bézier 曲线

Bézier 曲线分为开放型和封闭型两类：首尾控制点不相同为开放型，如图 7-1 所示；首尾控制点相同为封闭型，如图 7-2 所示。

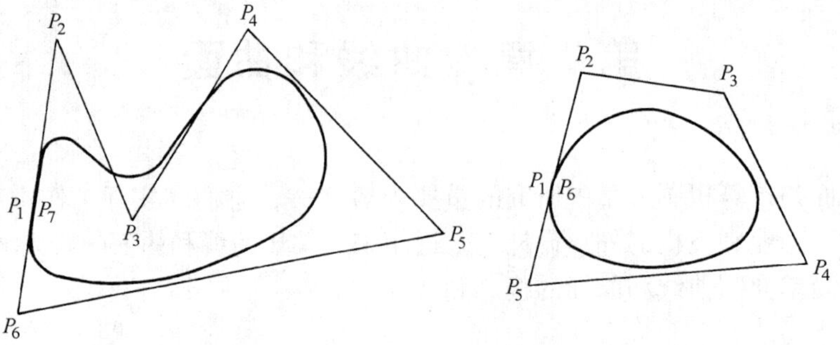

图 7-2　封闭型 Bézier 曲线

1. Bézier 曲线的定义

通常由特征多边形的 $n+1$ 个顶点定义 n 次多项式。在初始点和终止点之间构造多项式的插补函数。曲线参数方程如下：

$$p(t) = \sum_{i=0}^{n} P_i B_{i,n}(t) \tag{7-1}$$

其中，参数 t 的取值范围为[0,1]；i 是有序集，它从 0 到 n，表示顶点顺序号，取整数值；n 是多项式的次数；P_i 是特征多边形第 i 个顶点的坐标(x_i, y_i)；$B_{i,n}(t)$是古典伯恩斯坦(Bernstein)多项式，称为基函数，也就是 Bézier 曲线特征多边形各顶点之间的插补函数。

$$B_{i,n}(t) = C_n^i t^i (1-t)^{n-i} \tag{7-2}$$

式中，$C_n^i = \dfrac{n!}{i!\ (n-i)!}$。

由式(7-1)及式(7-2)可推出一次、二次及三次 Bézier 曲线的数学表示式。

1）一次 Bézier 曲线　$n=1$，一次多项式，有两个控制点，则

$$Q(t) = \sum_{i=0}^{1} P_i B_{i,1}(t) = (1-t)P_0 + tP_1 \quad t \in [0,1] \tag{7-3}$$

这说明，一次 Bézier 曲线是连接起点 P_0 和终点 P_1 的直线段。

2）二次 Bézier 曲线　$n=2$，二次多项式，有 3 个控制点，则

$$\begin{aligned} Q(t) &= \sum_{i=0}^{2} P_i B_{i,2}(t) = (1-t)^2 P_0 + 2t(1-t)P_1 + t^2 P_2 \\ &= (P_2 - 2P_1 + P_0)t^2 + 2(P_1 - P_0)t + P_0 \quad t \in [0,1] \end{aligned} \tag{7-4}$$

说明二次 Bézier 曲线为抛物线，其矩阵形式为

$$Q(t) = (t^2 \quad t \quad 1)\begin{pmatrix} 1 & -2 & 1 \\ -2 & 2 & 0 \\ 1 & 0 & 0 \end{pmatrix}\begin{pmatrix} P_0 \\ P_1 \\ P_2 \end{pmatrix} \quad t \in [0,1]$$

3）三次 Bézier 曲线　$n=3$，三次多项式，有 4 个控制点，则有

$$Q(t) = \sum_{i=0}^{3} P_i B_{i,3}(t)$$

$$= (1-t)^3P_0 + 3t(1-t)^2P_1 + 3t^2(1-t)P_2 + t^3P_3 \qquad t \in [0,1] \qquad (7\text{-}5)$$

式(7-5)称为三次 Bézier 曲线的调和函数，构成如图 7-3 所示的 4 条曲线。这 4 条曲线均是三次曲线，形成 Bézier 曲线的一组基。任何三次 Bézier 曲线都是这 4 条曲线的线性组合。

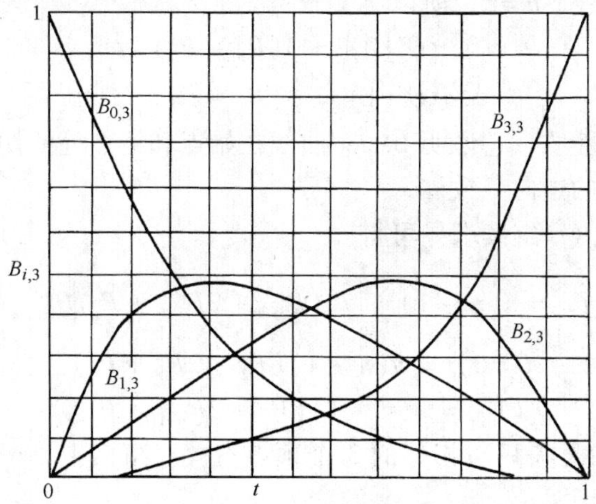

图 7-3　三次 Bézier 曲线的调和函数

2. Bézier 曲线的性质

(1) 端点性质

1) 曲线端点位置矢量　由式(7-1)可得出 Bézier 曲线两端点的值:

当 $t=0$ 时, $Q(0) = \sum_{i=0}^{n} P_iB_{i,n}(0) = P_0B_{0,n}(0) + P_1B_{1,n}(0) + \cdots + P_nB_{n,n}(0) = P_0$

当 $t=1$ 时, $Q(1) = \sum_{i=0}^{n} P_iB_{i,n}(1) = P_0B_{0,n}(1) + P_1B_{1,n}(1) + \cdots + P_nB_{n,n}(1) = P_n$

这说明，Bézier 曲线通过特征多边形的起点和终点。

2) 切矢量　将式(7-2)对参数 t 求导，得

$$\begin{aligned} B'_{i,n}(t) &= \frac{n!}{i!(n-i)!}[it^{i-1}(1-t)^{n-i} - (n-i)(1-t)^{n-i-1}t^i] \\ &= \frac{n(n-1)!}{(i-1)![(n-1)-(i-1)]!}t^{i-1}(1-t)^{(n-1)-(i-1)} \\ &\quad - \frac{n(n-1)!}{i![(n-1)-i]!}t^i(1-t)^{(n-1)-i} \\ &= n[B_{i-1,n-1}(t) - B_{i,n-1}(t)] \end{aligned}$$

对式(7-1)求导可得

$$\begin{aligned} Q'(t) &= n\sum_{i=0}^{n} P_i[B_{i-1,n-1}(t) - B_{i,n-1}(t)] \\ &= n[(P_1-P_0)B_{0,n-1}(t) + (P_2-P_1)B_{1,n-1}(t) + \cdots + (P_n-P_{n-1})B_{n-1,n-1}(t)] \\ &= n\sum_{i=1}^{n}(P_i - P_{i-1})B_{i-1,n-1}(t) \end{aligned}$$

在起始点，$t=0$，$B_{0,n-1}(0)=1$，其余项均为 0，故有

$$Q'(0) = n(P_1 - P_0) \tag{7-6}$$

在终止点，$t=1$，$B_{n-1,n-1}(1)=1$，其余项均为0，故有

$$Q'(1) = n(P_n - P_{n-1}) \tag{7-7}$$

对于三次 Bézier 曲线，$n=3$，所以

$$\begin{cases} Q'(0) = 3(P_1 - P_0) \\ Q'(1) = 3(P_3 - P_2) \end{cases}$$

这是一个很重要的性质，它说明 Bézier 曲线在始点和终点处的切线方向与特征多边形的第一条边及最后一条边的走向一致。

3）二阶导矢　对 $Q(t)$ 继续求导可得

$$Q''(t) = n(n-1)\sum_{i=0}^{n-2} P_i(P_{i+2} - 2P_{i+1} + P_i)B_{i,n-2}(t) \tag{7-8}$$

当 $t=0$ 时，　　$Q''(0) = n(n-1)(P_2 - 2P_1 + P_0)$

当 $t=1$ 时，　　$Q''(1) = n(n-1)(P_n - 2P_{n-1} + P_{n-2})$

式(7-8)表明，二阶导矢只与相邻的3个顶点有关。事实上，r 阶导矢只与（$r+1$）个相邻点有关，与更远点无关。

（2）对称性　假如保持 n 次 Bézier 曲线诸顶点的位置不变，而把次序颠倒过来，即下标为 i 的点改为下标为 $n-i$ 的点，则此时曲线仍不变，只不过曲线的走向相反而已。这一性质可证明如下：

由伯恩斯坦多项式可以导出：

$$B_{i,n}(t) = \frac{n!}{i!(n-i)!}t^i(1-t)^{n-i} = B_{n-i,n}(1-t)$$

记次序颠倒以后的顶点为 P_i^*，则有

$$P_i^* = P_{n-i} \quad i = 0,1,2,\cdots,n$$

此时，设新的 Bézier 曲线为 $Q^*(t)$，则

$$Q^*(t) = \sum_{i=0}^{n} P_i^* B_{i,n}(t) = \sum_{i=0}^{n} P_{n-i}B_{i,n}(t)$$

令 $n-i=k$，则 $i=n-k$，且 $i=0$ 时，$k=n$ 及 $i=n$，$k=0$，所以

$$Q^*(t) = \sum_{k=n}^{0} P_k B_{n-k,n}(t)$$

再将 k 换成 i，则

$$Q^*(t) = \sum_{i=n}^{0} P_i B_{n-i,n}(t)$$

又因为　　$B_{i,n}(t) = B_{n-i,n}(1-t)$

所以　　$B_{i,n}(1-t) = B_{n-i,n}(t)$

$$Q^*(t) = \sum_{i=n}^{0} P_i B_{i,n}(1-t) = \sum_{i=0}^{n} P_i B_{i,n}(1-t) = Q(1-t)$$

（3）凸包性

$$\sum_{i=0}^{n} B_{i,n}(t) = \sum_{i=0}^{n} \frac{n!}{i!(n-i)!}t^i(1-t)^{n-i} = [(1-t)+t]^n \equiv 1$$

这一结果告诉我们，当 t 在[0，1]区间变化时，对于任一 t 值，伯恩斯坦多项式各项之

和均为1，且有

$$B_{i,n}(t) = \frac{n!}{i!(n-i)!}t^i(1-t)^{n-i} \geqslant 0$$

因此，$B_{i,n}(t)$构成了 Bézier 曲线的权函数。对于某一 t 值，$Q(t)$是特征多边形各顶点$P_i(i=0, 1, 2, \cdots, n)$的加权平均，权因子依次是 $B_{i,n}(t)$，且均为正数。在几何图形上，这意味着 Bézier 曲线各点均应落在特征多边形各顶点构成的凸包之中，此处凸包是指包含所有顶点的最小凸多边形。用数学归纳法可证明这一结论。

(4) 几何不变性　曲线的形状仅与特征多边形各顶点的相对位置有关，而与坐标系的选择无关。

3. Bézier 曲线的递推算法

计算 Bézier 曲线上的点，可以用 Bézier 曲线方程直接计算，但使用 de Casteljau 提出的递推算法则要简单得多。

如图 7-4 所示，设 P_0、P_0^2、P_2，是一条抛物线上顺序不同的3 个点，过 P_0 和 P_2 点的两条切线交于 P_1 点，在 P_0^2 点的切线分别交 P_0P_1 和 P_2P_1 于 P_0^1 和 P_1^1，则如下比例成立:

$$\frac{P_0P_0^1}{P_0^1P_1} = \frac{P_1P_1^1}{P_1^1P_2} = \frac{P_0^1P_0^2}{P_0^2P_1^1}$$

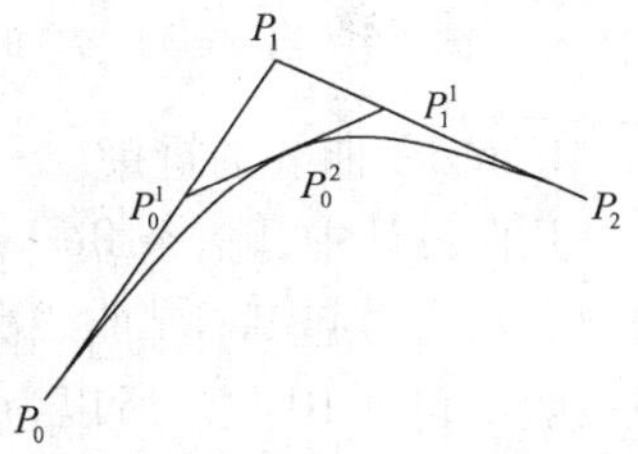

图 7-4　抛物线三切线定理

这是所谓抛物线的三切线定理。当 P_0、P_2 固定，引入参数 t，令上述比值为 t: $(1-t)$，即有

$$P_0^1 = (1-t)P_0 + tP_1 \tag{7-9}$$

$$P_1^1 = (1-t)P_1 + tP_2 \tag{7-10}$$

$$P_0^2 = (1-t)P_0^1 + tP_1^2 \tag{7-11}$$

t 从 0 变到 1，式(7-9)、式(7-10)就分别表示控制多边形的第一、二条边，它们是两条一次 Bézier 曲线。将式(7-9)、式(7-10)代入式(7-11)得

$$P_0^2 = (1-t)^2P_0^1 + 2t(1-t)P_1 + t^2P_2$$

当 t 在 0 ~ 1 之间变化时，它表示了由三个顶点 P_0、P_1、P_2 定义的一条二次 Bézier 曲线，并且表明这条二次 Bézier 曲线 P_0^2 可以定义为分别由前两个顶点（P_0，P_1）和后两个顶点（P_1，P_2）决定的一次 Bézier 曲线的线性组合。依次类推，由 4 个控制点定义的三次 Bézier 曲线 P_0^3 可被定义为由（P_0，P_1，P_2）和（P_1，P_2，P_3）确定的两条二次 Bézier 曲线的线性组合；由（$n+1$）个控制点 P_i（$i = 0, 1, \cdots, n$）定义的 n 次 Bézier 曲线 P_0^n 可被定义为分别由前、后 n 个控制点定义的两条（$n-1$）次 Bézier 曲线 P_0^{n-1} 与 P_0^{n-1} 的线性组合

$$P_0^n = (1-t)P_0^{n-1} + tP_1^{n-1} \quad t \in [0,1]$$

由此得到 Bézier 曲线的递推计算公式

$$P_i^k = \begin{cases} P_i & k = 0 \\ (1-t)P_i^{k-1} + tP_{i+1}^{k-1} & k = 1,2,\cdots,n, i = 0,1,\cdots,n-k \end{cases} \tag{7-12}$$

这便是非常著名的 de Casteljau 算法。用这一递推公式，在给定参数下，求 Bézier 曲线上的一点 $P(t)$非常有效。式(7-12)中，$P_i^0 = P_i$ 是定义 Bézier 曲线的控制点，P_0^n 即为曲线$P(t)$上具有参数 t 的点。de Casteljau 算法稳定可靠、直接简便，可以编出十分简捷的程序，是计算 Bézier 曲线的基本算法和标准算法。

当 $n=3$ 时，de Casteljau 算法递推出的 P_i^l 呈三角形，对应结果如图 7-5 所示。从左向右递推，最右边点 P_0^3 即为曲线上的点。

这一算法可用简单的几何作图来实现，给定参数 $t\in[0,1]$，就把定义域分成长度为 $t:(1-t)$ 的两段；依次对原始控制多边形每一边执行同样的定比分割，所得分点就是第一级递推生成的中间顶点 $P_i^1(i=0,1,\cdots,n-1)$；对这些中间点构成的控制多边形再执行同样的定比分割，得第二级中间顶点 $P_i^2(i=0,1,\cdots,n-2)$。重复进行下去，直到 n 级递推得到一个中间顶点 P_0^n 即为所求曲线上的点 $P(t)$。图 7-6 表示用几何作图法求一条三次 Bézier 曲线上 $t=1/3$ 的点。

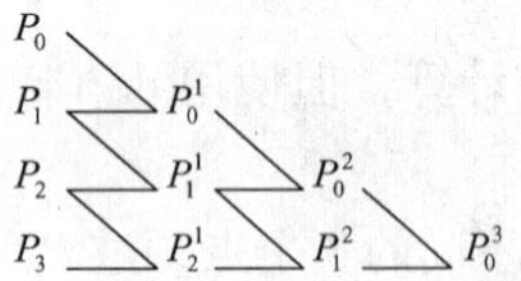

图 7-5　当 $n=3$ 时 P_i^n 的递推关系

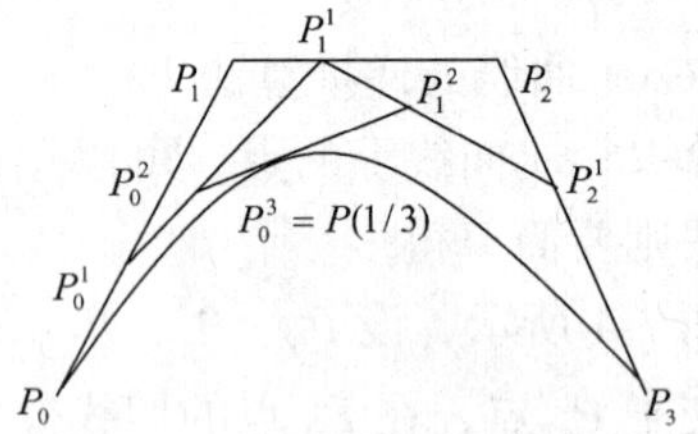

图 7-6　Bézier 曲线的几何作图法

4. Bézier 曲线的拼接

几何设计中，一条 Bézier 曲线往往难以描述复杂的曲线形状。这是由于增加特征多边形的顶点数会引起 Bézier 曲线次数的提高，而高次多项式又会带来计算上的困难，故实际使用中一般不超过 10 次。所以为了表达复杂的曲线，通常采用分段设计，然后将各段曲线相互连接起来，并在连接处保持一定的连续条件。下面讨论两段 Bézier 曲线达到不同阶几何连续的条件。

曲线间连接的光滑度的度量有两种：一种是函数的可微性，使得组合函数曲线在连接处具有直到 n 阶连续导矢，即 n 阶连续可微，这类光滑度称为 C^n 或 n 阶参数连续性；另一种称为几何连续性，组合曲线在连接处满足不同于 C^n 的某一组约束条件，称为具有 n 阶几何连续性，记为 G^n。C^n 连续包含在 G^n 连续之中。

给定两条 Bézier 曲线 $P(t)$ 和 $Q(t)$，相应控制点为 P_i $(i=0,1,\cdots,n-1)$ 和 Q_i $(i=0,1,\cdots,n-1)$，且令 $a_i=P_i-P_{i-1}$，$b_j=Q_j-Q_{j-1}$，如图 7-7 所示，现在讨论如何把两条曲线光滑地连接起来。

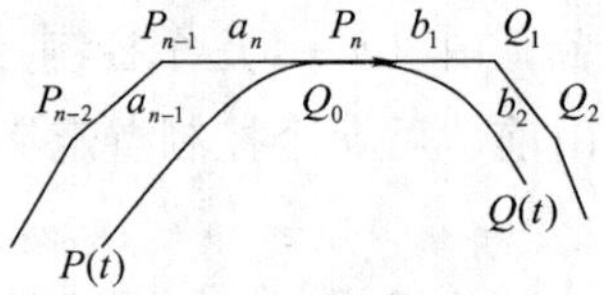

图 7-7　Bézier 曲线的拼接

由曲线的连续性可知：

1）使 $P(t)$ 和 $Q(t)$ 达到 G^0 连续的充要条件是 $P_n=Q_0$。

2）使 $P(t)$ 和 $Q(t)$ 达到 G^1 连续的充要条件是 P_{n-1}、$P_n=Q_0$、Q_1 三点共线，即 $b_1=\alpha a_n(\alpha>0)$。

3）使 $P(t)$ 和 $Q(t)$ 达到 G^2 连续的充要条件是在 G^1 连续的条件下，满足方程

$$Q''(0)=\alpha^2P''(1)+\beta P'(1)。$$

将 $Q''(0)$、$P''(1)$ 和 $P'(1)$、$Q_0=P_n$、$Q_1-Q_0=\alpha(P_n-P_{n-1})$ 代入并整理，可以得到

$$Q_2=\left(\alpha^2+2\alpha+\frac{\beta}{n-1}+1\right)P_n-\left(2\alpha^2+2\alpha+\frac{\beta}{n-1}\right)P_{n-1}+\alpha^2P_{n-2}\qquad(7\text{-}13)$$

选择 α 和 β 的值，可以利用式(7-13)确定曲线段 $Q(t)$ 的特征多边形顶点 Q_2，而顶点

Q_0、Q_1 已被 G^1 连续条件所确定；要达到 G^2 连续的话，只剩下顶点 Q_2 可以自由选取。

如果从式(7-13)的两边都减去 P_n，则等式右边可以表示为$(P_n - P_{n-1})$和$(P_{n-1} - P_{n-2})$的线性组合，即

$$Q_2 - P_n = \left(\alpha^2 + 2\alpha + \frac{\beta}{n-1}\right)(P_n - P_{n-1}) - \alpha^2(P_{n-1} - P_{n-2})$$

这表明 P_{n-2}、P_{n-1}、$P_n = Q_0$、Q_1 和 Q_2 这 5 点共面。事实上，在接合点两条曲线段的曲率相等，主法线方向一致，还可以断定 P_{n-2}和 Q_2 位于 $P_{n-1}Q_1$ 直线的同一侧。

5. Bézier 曲线的升阶与降阶

(1) Bézier 曲线的升阶　升阶是指保持 Bézier 曲线的形状与定向不变，增加定义它的控制顶点数，也即提高该 Bézier 曲线的次数。增加了控制顶点数，不仅增加了对曲线进行形状控制的灵活性，还在构造曲面方面有着重要的应用。对于一些由曲线生成曲面的算法，要求那些曲线必须是同次的，应用升阶的方法可以把低于高次数的曲线提升到最高次数，使所有曲线具有相同的次数。

曲线升阶后，原控制顶点会发生变化。下面来计算曲线提升一阶后的新的控制点。

设给定原始控制顶点 P_0，P_1，…，P_n，定义了一条 n 次 Bézier 曲线，即

$$Q(t) = \sum_{i=0}^{n} P_i B_{i,n}(t) \quad t \in [0,1]$$

增加一个顶点后，仍定义同一条曲线的新控制顶点为 P_0^*，P_1^*，…，P_{n+1}^*，则有

$$\sum_{i=0}^{n} C_n^i P_i t^i (1-t)^{n-i} = \sum_{i=0}^{n+1} C_{n+1}^i P_i^* t^i (1-t)^{n+1-i} \tag{7-14}$$

对式(7-14)左边乘以 $[t + (1-t)]$，得到

$$\sum_{i=0}^{n} C_n^i P_i [t^i (1-t)^{n+1-i} + t^{i+1}(1-t)^{n-i}] = \sum_{i=0}^{n+1} C_{n+1}^i P_i^* t^i (1-t)^{n+1-i} \tag{7-15}$$

比较式(7-15)两边 $t^i(1-t)^{n+1-i}$项的系数，得到

$$P_i^* C_{n+1}^i = P_i C_n^i + P_{i-1} C_n^{i-1}$$

化简即得

$$P_i^* = \frac{i}{n+1} P_{i-1} + \left(1 - \frac{i}{n+1}\right) P_i \qquad (i = 0,1,\cdots,n+1) \tag{7-16}$$

式中，$P_{-1} = P_{n+1} = 0$。

式(7-16)说明：

1）新的控制顶点 P_i^*，是以参数值$\frac{i}{n+1}$按分段线性插值从原始特征多边形得到的。

2）升阶后的新特征多边形在原始特征多边形的凸包内。

3）特征多边形更靠近曲线。

三次 Bézier 曲线的升阶实例如图 7-8 所示。

(2) Bézier 曲线的降阶　降阶是升阶的逆过程。给定一条有原始控制顶点 P_i（$i=0$，1，…，n）定义的 n 次 Bézier 曲线，要求找到一条由新控制顶点 P_i^*（$i=0$，1，…，$n-1$）定义的 $n-1$ 次 Bézier 曲线来逼近原始曲线。

假定 P_i 是由 P_i^* 升阶得到的，则由公式有

$$P_i = \frac{n-i}{n}P_i^* + \frac{i}{n}P_{i-1}^* \tag{7-17}$$

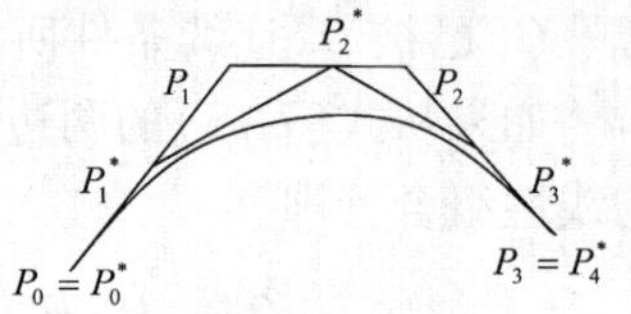

图 7-8 曲线升阶

从式(7-17)可以导出两个递推公式：

$$P_i^* = \frac{nP_i - iP_{i-1}^*}{n-i} \quad i = 0,1,\cdots,n-1 \tag{7-18}$$

$$P_{i-1}^* = \frac{nP_i - (n-i)P_i^*}{i} \quad i = n,n-1,\cdots,1 \tag{7-19}$$

其中，式(7-18)在靠近 P_0 处趋向生成较好的逼近，而式(7-19)在靠近 P_n 处趋向生成较好的逼近。

7.1.2 Bézier 曲线的绘制

根据式(7-1)、式(7-2)就可绘制 Bézier 曲线，但是为了得到满意的效果，要反复调整，修改控制点。一般过程先按设计要求用手勾出一条曲线的草图，然后选定曲线上的几个控制点，绘制 Bézier 曲线。看是否相符合，再调整控制点，修改与手工所作的曲线差异，再按修改后的控制点画 Bézier 曲线，反复进行，有时还需增加控制点，直到符合要求为止。上述过程在计算机上进行交互式的绘图是很方便的。

对于两段 Bézier 曲线的拼接，如果它们间有一个公共点，如图 7-9 所示，P_3、P_4、P_5 在一条直线上，在公共点处的一阶导数连续，因而两段 Bézier 曲线的拼接处比较光滑。

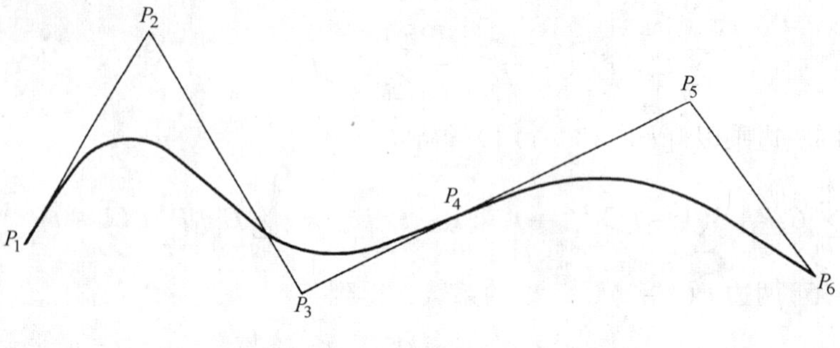

图 7-9 Bézier 曲线的拼接

绘制 Bézier 曲线的 VC++程序如下：

```
class BezierMath
{
public:
    BezierMath(void);
    ~BezierMath(void);
    //一次 Bézier 曲线的数学算式,传来的是两个点,再加一个 t
    CPoint Bezier(CPoint point_0, CPoint point_1, double t);
    CPoint Bezier(CPoint point_0, CPoint point_1, CPoint point_2, double t);
    CPoint Bezier(CPoint point_0, CPoint point_1, CPoint point_2, CPoint point_3, double t);
};
//一次 Bézier 曲线的数学算式,传来的是两个点,再加一个 t
```

```
CPoint BezierMath::Bezier(CPoint point_0, CPoint point_1, double t)
{
   double dx =0.0;
   double dy =0.0;
   dx = (1 -t) * point_0.x + t * point_1.x;
   dy = (1 -t) * point_0.y + t * point_1.y;
   CPoint tempPoint((int)dx, (int)dy);
   return tempPoint;
}
CPoint BezierMath::Bezier(CPoint point_0, CPoint point_1, CPoint point_2, double t)
{
   double dx =0.0;
   double dy =0.0;
   dx = (point_2.x -2 * point_1.x + point_0.x) * (t * t) +
     2 * (point_1.x - point_0.x) * t + point_0.x;
   dy = (point_2.y -2 * point_1.y + point_0.y) * (t * t) +
     2 * (point_1.y - point_0.y) * t + point_0.y;
   CPoint tempPoint((int)dx, (int)dy );
   return tempPoint;
}
CPoint BezierMath::Bezier(CPoint point_0, CPoint point_1, CPoint point_2, CPoint point_
3, double t)
{
   double dx =0.0;
   double dy =0.0;
   dx = (1 -t) * (1 -t) * (1 -t) * point_0.x +
     3 * t * (1 -t) * (1 -t) * point_1.x +
     3 * t * t * (1 -t) * point_2.x + t * t * t * point_3.x;
   dy = (1 -t) * (1 -t) * (1 -t) * point_0.y +
     3 * t * (1 -t) * (1 -t) * point_1.y +
     3 * t * t * (1 -t) * point_2.y + t * t * t * point_3.y;
   CPoint tempPoint((int)dx, (int)dy);
   return tempPoint;
}
// CBezierView 消息处理程序
void CBezierView::DrawOneBezier(void)
{
   CleanWindow();
   double t =0.0;
```

```
    double dt = 0.5;
    //double temp = sqrt((point_0))
    BezierMath Bezier;
    CDC * pDC = GetDC();                    //获得 DC
    CPoint tempPoint = point_1;
    CPoint oldPoint = point_0;
    while( t <= 1)
    {
      tempPoint = Bezier.Bezier(point_0, point_1, t);
      pDC -> MoveTo(oldPoint);
      pDC -> LineTo(tempPoint);
      oldPoint = tempPoint;
      t += dt;
    }
}

//
void CBezierView::DrawTwoBezier(void)
{
    CleanWindow();
    double t = 0.0;
    double dt = 0.001;
    //double temp = sqrt((point_0))
    BezierMath Bezier;
    CDC * pDC = GetDC();                    //获得 DC
    CPoint tempPoint = point_1;
    CPoint oldPoint = point_0;
    while(t <= 1)
    {
      tempPoint = bezier.Bezier(point_0, point_1, point_2, t);
      pDC -> MoveTo(oldPoint);
      pDC -> LineTo(tempPoint);
      oldPoint = tempPoint;
      t += dt;
    }
}
void CBezierView::DrawThreeBezier(void)
{
    CleanWindow();
```

```
    double t = 0.0;
    double dt = 0.02;
    //double temp = sqrt((point_0))
    BezierMath bezier;
    CDC * pDC = GetDC();                    //获得 DC
    CPoint tempPoint = point_1;
    CPoint oldPoint = point_0;
    while(t <= 1)
    {
        tempPoint = bezier.Bezier(point_0, point_1, point_2, point_3, t);
        pDC -> MoveTo(oldPoint);
        pDC -> LineTo(tempPoint);
        oldPoint = tempPoint;
        t + = dt;
    }
}
void CBezierView::CleanWindow(void)
{
    CRect rect;
    GetClientRect(&rect);
    int width = rect.Width();               //获得视窗的宽度
    int height = rect.Height();             //获得视窗的高度
    CDC * pDC  = GetDC();                   //获取当前设备
    CPen pen(PS_SOLID,1, RGB(255,255,255));
    CBrush brush(RGB(255,255,255));
    pDC -> SelectObject(pen);
    pDC -> FillRect(CRect(0, 0, width, height), &brush);
}
```

本程序可用来绘制任意个控制点的 Bézier 曲线，当用户输入控制点的坐标位置后，屏幕显示特征多边形，并生成逼近它的 Bézier 曲线。如果用户要进行修改，则输入修改顶点序号和新的坐标位置，程序按修改后的控制点绘制 Bézier 曲线。用户可反复调整、修改直到满意，打印输出。

7.1.3 Bézier 曲面

基于 Bézier 曲线的讨论，我们可以方便地给出 Bézier 曲面的定义及其性质，在 Bézier 曲线中介绍的一些算法也很容易扩展到 Bézier 曲面的情况。

设 $P_{ij}(i=0,\ 1,\ \cdots,\ n;\ j=0,\ 1,\ \cdots,\ m)$ 为 $(n+1)(m+1)$ 个空间点列，则 $m\times n$ 次 Bézier 曲面定义为

$$S(u,w) = \sum_{i=0}^{m}\sum_{j=0}^{n} B_{i,m}(u)B_{j,n}(w)P_{ij} \qquad u,w \in [0,1] \tag{7-20}$$

式中，$B_{i,m}(u)=C_m^i u^i(1-u)^{m-i}$，$B_{j,n}(w)=C_n^j w^i(1-w)^{n-j}$是 Bernstein 基函数。依次用线段连接点列 $P_{ij}(i=0,1,\cdots,n;\ j=0,1,\cdots,m)$ 中相邻两点所形成的空间网格，称之为特征网格。

Bézier 曲面的矩阵表示是

$$S(u,w)=(B_{0,3}(u)\quad B_{1,3}(u)\quad B_{2,3}(u)\quad B_{3,3}(u))\begin{pmatrix}P_{00} & P_{01} & \cdots & P_{0m}\\ P_{10} & P_{11} & \cdots & P_{1m}\\ \cdots & \cdots & \cdots & \cdots\\ P_{n0} & P_{n1} & \cdots & P_{nm}w\end{pmatrix}\begin{pmatrix}B_{0,m}(w)\\ B_{1,m}(w)\\ \cdots\\ B_{n,m}()\end{pmatrix} \tag{7-21}$$

在一般实际应用中 n、m 小于4。

（1）双线性 Bézier 曲面

当 $m=n=1$ 时

$$S(u,w)=\sum_{i=0}^{1}\sum_{j=0}^{1}B_{i,1}(u)B_{j,1}(w)P_{ij}\qquad u,w\in[0,1]$$

定义一张双线性 Bézier 曲面。已知4个角点后，则

$$S(u,w)=(1-w)(1-u)P_{00}+(1-u)wP_{01}+u(1-w)P_{10}+uwP_{11}$$

（2）双二次 Bézier 曲面

当 $m=n=2$ 时

$$S(u,w)=\sum_{i=0}^{2}\sum_{j=0}^{2}B_{i,2}(u)B_{j,2}(w)P_{ij}\qquad u,w\in[0,1] \tag{7-22}$$

由此式(7-22)定义的曲面，其边界曲线及参数坐标曲线均为抛物线。

（3）双三次 Bézier 曲面

$$S(u,w)=\sum_{i=0}^{3}\sum_{j=0}^{3}B_{i,3}(u)B_{j,3}(w)P_{ij}\qquad u,w\in[0,1]$$

$$S(u,w)=(B_{0,3}(u)\quad B_{1,3}(u)\quad B_{2,3}(u)\quad B_{3,3}(u))\begin{pmatrix}P_{00} & P_{01} & P_{02} & P_{03}\\ P_{10} & P_{11} & P_{12} & P_{13}\\ P_{20} & P_{21} & P_{22} & P_{23}\\ P_{30} & P_{31} & P_{32} & P_{33}\end{pmatrix}\begin{pmatrix}B_{0,3}(w)\\ B_{1,3}(w)\\ B_{2,3}(w)\\ B_{3,3}(w)\end{pmatrix}$$

其矩阵表示为 $S(u,w)=\boldsymbol{UMBM}^T\boldsymbol{W}^T$

其中

$$\boldsymbol{U}=(u^3\quad u^2\quad u\quad 1),\boldsymbol{W}=(w^3\quad w^2\quad w\quad 1)$$

$$\boldsymbol{M}=\begin{pmatrix}-1 & 3 & -3 & 1\\ 3 & -6 & 3 & 0\\ -3 & 3 & 0 & 0\\ 1 & 0 & 0 & 0\end{pmatrix}$$

7.2 B样条

7.2.1 B样条（Bspline）曲线

以Bernstein调和函数构造的Bézier曲线有许多优越性，但有两点不足之处：

1）不能作局部修改，即改变某一控制点，对整个曲线都有影响。

2）n 较大时，特征多边形边数较多，则对曲线的控制减弱。

其原因是调和函数 $B_{i,n}(t)$ 在 $0 \leqslant t \leqslant 1$ 的整个区间内均不为零。1972年，莱森费尔德（Riesenfeld）等人开拓性发展了Bézier曲线，把舍恩伯格（Schoenbberg）提出的B样条基底函数用于曲线定义，B样条曲线避免了上述问题。由 $n+1$ 个控制点 P_0、P_1、…、P_n确定的B样条曲线由下式来给出

$$B(u) = \sum_{i=0}^{n} P_i N_{i,k}(u) \tag{7-23}$$

这里多项式基函数的阶由一个通常与控制点个数无关的参数 k 来控制确定。确定时使用了下列递推关系式：

$$\begin{cases} N_{i,k}(u) = 1 & \text{当 } t_i \leqslant u \leqslant t_{i+1} \\ N_{i,k}(u) = 0 & \text{其他情况} \end{cases}$$

$$N_{i,k}(u) = \frac{(u - t_i) N_{i,k-1}(u)}{t_{i+k-1} - t_i} + \frac{(t_{i+k+1} - u) N_{i+1,k-1}(u)}{t_{i+k} - t_{i+1}} \tag{7-24}$$

这里 $\{t_i\}$（$i=0, 1, \cdots, n+k$）是一个非递减序列，称为节点，t_i并不局限于［0，1］区间。

7.2.2 均匀B样条

在式(7-24)中，如果参数 u 的每一区间是等长的，即 $t_{i+1} - t_i = \Delta t$（$i=0, 1, 2, \cdots, n+k-1$）那么，我们可获得一条均匀B样条曲线。反之，如果 t_i 的分布不等矩，我们便获得非均匀B样条曲线。

对于均匀B样条曲线，当 $k-1 \leqslant i \leqslant n$ 时，式(7-24)可写成：

$$N_{i,k}^{(u)} = (u^{k-1} \quad u^{k-2} \quad \cdots \quad u \quad 1) \frac{1}{(k-1)!} \boldsymbol{M}_k \tag{7-25}$$

式中，$\boldsymbol{M}_k$是一个 k 阶常数矩阵，下面通过 $k=3$ 来证明这一点。

设 $k=3$，$n \geqslant 5$，$t_i = i - k + 1 = i - 2$，则当 $k-1 \leqslant i \leqslant n$ 时，使用式(7-24)，我们有：

$$N_{i,1}(u) = \begin{cases} 1 & i-2 \leqslant u \leqslant i-1 \\ 0 & \text{其他} \end{cases}$$

$$N_{i+1,1}(u) = \begin{cases} 1 & i-1 \leqslant u \leqslant i \\ 0 & \text{其他} \end{cases}$$

$$N_{i+2,1}(u) = \begin{cases} 1 & i \leqslant u \leqslant i+1 \\ 0 & \text{其他} \end{cases}$$

$$N_{i+3,1}(u) = \begin{cases} 1 & i+1 \leqslant u \leqslant i+2 \\ 0 & \text{其他} \end{cases}$$

$$N_{i+4,1}(u) = \begin{cases} 1 & i+2 \leqslant u \leqslant i+3 \\ 0 & \text{其他} \end{cases}$$

进一步

$$N_{i,2}(u) = (u-i+2)N_{i,1}(u) + (i-u)N_{i+1,1}(u)$$
$$N_{i+1,2}(u) = (u-i+1)N_{i+1,1}(u) + (i+1-u)N_{i+2,1}(u)$$
$$N_{i+2,2}(u) = (u-i)N_{i+2,1}(u) + (i+2-u)N_{i+3,1}(u)$$
$$N_{i+3,2}(u) = (u-i-1)N_{i+3,1}(u) + (i+3-u)N_{i+4,1}(u)$$

最后

$$N_{i,3}(u) = \frac{1}{2}[(u-i+2)^2N_{i,1}(u) + (u-i+2)(i-u)N_{i+1,1}(u) + (i+1-u)(u-i+1)N_{i+1,1}(u) + (i+1-u)^2N_{i+2,1}(u)$$

$$N_{i+1,3}(u) = \frac{1}{2}[(u-i+1)^2N_{i+1,1}(u) + (u-i+1)(i+1-u)N_{i+2,1}(u) + (i+2-u)(u-i)N_{i+2,1}(u) + (i+2-u)^2N_{i+3,1}(u)$$

$$N_{i+2,3}(u) = \frac{1}{2}[(u-i)^2N_{i+2,1}(u) + (u-i)(i+2-u)N_{i+3,1}(u) + (i+3-u)(u-i-1)N_{i+3,1}(u) + (i+3-u)^2N_{i+3,1}(u)$$

由于当 $i \leqslant u \leqslant i+1$ 时仅有 $N_{i+2,1}(u)=1$，所以这时

$$N_{i,3}(u) = \frac{1}{2}(i+1-u)^2$$

$$N_{i+1,3}(u) = \frac{1}{2}[(u-i+1)(i+1-u) + (i+2-u)(u-i)]$$

$$N_{i+2,3}(u) = \frac{1}{2}(u-i)^2$$

而 $N_{i,3}(u)=0 \quad j<i$ 或 $j>i+2$，于是

$$B(u) = \frac{1}{2}\{(i+1-u)^2P_i + [(u-i+1)(i+1-u) + (i+2-u)(u-i)]P_{i+1} + (u-i)^2P_{i+2}\} \quad i \leqslant u \leqslant i+1 \quad 2 \leqslant i \leqslant n \tag{7-26}$$

如果用 $u+i$ 来替换式(7-26)中的 u，则得第 i 段曲线

$$B_i(u) = \frac{1}{2}[(1-u)^2P_i + (-2u^2+2u+1)P_{i+1} + u^2P_{i+2}] \quad 0 \leqslant u \leqslant 1 \quad 2 \leqslant u \leqslant n$$

再以 $i-1$ 代替上式右边之 i，此时第 i 段曲线为

$$B_i(u) = (u^2 \quad u \quad 1)\frac{1}{2}\begin{pmatrix} 1 & -2 & 1 \\ -2 & 2 & 0 \\ 1 & 1 & 0 \end{pmatrix}\begin{pmatrix} P_{i-1} \\ P_i \\ P_{i+1} \end{pmatrix} \quad 1 \leqslant i \leqslant n-1$$

令

$$U_3 = (u^2 \quad u \quad 1), \boldsymbol{M}_3 = \frac{1}{2}\begin{pmatrix} 1 & -2 & 1 \\ -2 & 2 & 0 \\ 1 & 1 & 0 \end{pmatrix}$$

则

$$P_i(u) = \boldsymbol{U}_3\boldsymbol{M}_3\begin{pmatrix} P_{i-1} \\ P_i \\ P_{i+1} \end{pmatrix}$$

当 $n=5$ 时

$$B_1(u)=\boldsymbol{U}_3\boldsymbol{M}_3\begin{pmatrix}P_0\\P_1\\P_2\end{pmatrix}\qquad B_2(u)=\boldsymbol{U}_3\boldsymbol{M}_3\begin{pmatrix}P_1\\P_2\\P_3\end{pmatrix}$$

$$B_3(u)=\boldsymbol{U}_3\boldsymbol{M}_3\begin{pmatrix}P_2\\P_3\\P_4\end{pmatrix}\qquad B_4(u)=\boldsymbol{U}_3\boldsymbol{M}_3\begin{pmatrix}P_3\\P_4\\P_5\end{pmatrix}$$

同样，对于 $k=4$ 我们可以推出

$$B_i(u)=(u^3\quad u^2\quad u\quad 1)\frac{1}{6}\begin{pmatrix}-1&3&-3&1\\3&-6&3&0\\-3&0&3&0\\1&4&1&0\end{pmatrix}\begin{pmatrix}P_{i-1}\\P_i\\P_{i+1}\\P_{i+2}\end{pmatrix}\quad 1\leqslant i\leqslant n-2 \qquad (7\text{-}27)$$

令
$$\boldsymbol{U}_4=(u^3\quad u^2\quad u\quad 1),\boldsymbol{M}_4=\frac{1}{6}\begin{pmatrix}-1&3&-3&1\\3&-6&3&0\\-3&0&3&0\\1&4&1&0\end{pmatrix}$$

则

$$B_i(u)=\boldsymbol{U}_4\boldsymbol{M}_4\begin{pmatrix}P_{i-1}\\P_i\\P_{i+1}\\P_{i+2}\end{pmatrix}$$

当 $n=5$ 时

$$B_1(u)=\boldsymbol{U}_4\boldsymbol{M}_4\begin{pmatrix}P_0\\P_1\\P_2\\P_3\end{pmatrix}$$

$$B_2(u)=\boldsymbol{U}_4\boldsymbol{M}_4\begin{pmatrix}P_1\\P_2\\P_3\\P_4\end{pmatrix}$$

$$B_3(u)=\boldsymbol{U}_4\boldsymbol{M}_4\begin{pmatrix}P_2\\P_3\\P_4\\P_5\end{pmatrix}$$

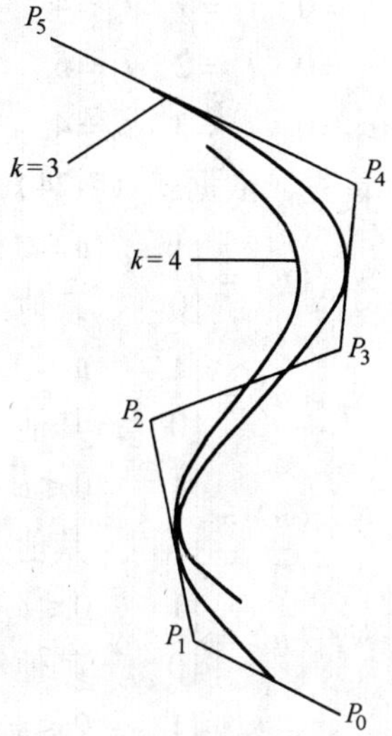

图 7-10 给出 $n=5$、$k=3$ 和 $n=5$、$k=4$ 的均匀周期性 B 样条曲线

像上面这样，每一段都使用同样的计算方法的 B 样条曲线称为周期性 B 样条曲线。图 7-10 给出 $n=5$、$k=3$ 和 $n=5$、$k=4$ 的两条均匀周期性 B 样条曲线。

7.2.3 均匀非周期性 B 样条曲线

上一节给出了一种均匀周期性 B 样条曲线，图 7-11 给出了 $k=3$ 和 $k=4$ 的周期性基函数的图。

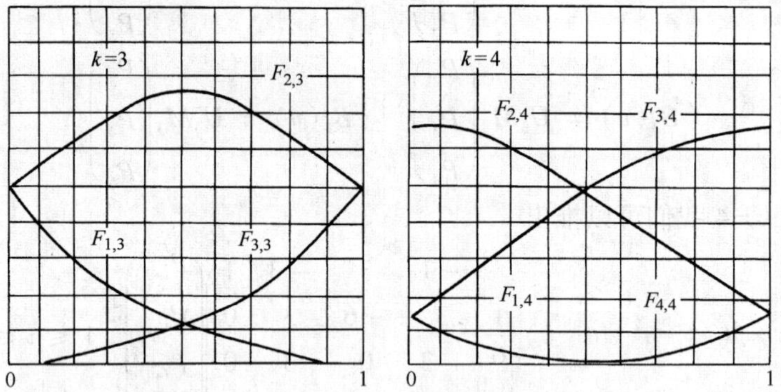

图 7-11 $K=3$、$K=4$ 的周期性基函数图形

如果这样定义节点 t_i（$0 \leqslant i \leqslant n+k$）

$$\begin{cases} t_i = 0 & \text{当 } i < k \\ t_i = i-k+1 & \text{当 } k \leqslant i \leqslant n \\ t_i = n-k+2 & \text{当 } i > n \end{cases}$$

那么，我们可以获得一种均匀非周期 B 样条曲线。

以 $n=5$、$k=3$ 为例，有 $0 \leqslant u \leqslant 4$

$t_0=0 \quad t_3=1 \quad t_6=4$

$t_1=0 \quad t_4=2 \quad t_7=5$

$t_2=0 \quad t_5=3 \quad t_8=4$

首先，依据式（7-24）有

$$N_{0,1}(u)=\begin{cases}1 & u=0\\0 & \text{其他}\end{cases}$$

$$N_{1,1}(u)=\begin{cases}1 & u=0\\0 & \text{其他}\end{cases}$$

$$N_{2,1}(u)=\begin{cases}1 & 0 \leqslant u<1\\0 & \text{其他}\end{cases}$$

$$N_{3,1}(u)=\begin{cases}1 & 0 \leqslant u<2\\0 & \text{其他}\end{cases}$$

$$N_{4,1}(u)=\begin{cases}1 & 2 \leqslant u<3\\0 & \text{其他}\end{cases}$$

$$N_{5,1}(u)=\begin{cases}1 & 3 \leqslant u<4\\0 & \text{其他}\end{cases}$$

接着

$N_{0,1}(u)=0$

$N_{1,2}(u)=(1-u)N_{2,1}(u)$

$N_{2,2}(u)=uN_{2,1}(u)+(2-u)N_{3,1}(u)$

$N_{3,2}(u)=(u-1)N_{3,1}(u)+(3-u)N_{4,1}(u)$

$N_{4,2}(u)=(u-2)N_{4,1}(u)+(4-u)N_{5,1}(u)$

$N_{5,2}(u)=(u-3)N_{5,1}(u)$

最后

$N_{0,3}(u)=(1-u)^2N_{2,1}(u)$

$N_{1,3}(u)=\frac{1}{2}[(4-3u)N_{2,1}(u)+(2-u)^2N_{3,1}(u)]$

$N_{2,3}(u)=\frac{1}{2}[u^2N_{2,1}(u)+(-2u^2+6u-3)N_{3,1}(u)+(3-u^2)N_{4,1}(u)]$

$N_{3,3}(u)=\frac{1}{2}[(u-1)^2N_{3,1}(u)+(-2u^2+10u-11)N_{4,1}(u)+(4-u)^2N_{5,1}(u)]$

$N_{4,3}(u)=\frac{1}{2}[(u-2)^2N_{4,1}(u)+(-3u^2+20u-32)N_{5,1}(u)]$

$N_{5,3}(u)=(u-3)^2N_{5,1}(u)$

图 7-12 给出了上述 6 个基函数的图形，整个 B 样条曲线由下列 4 段曲线组成：

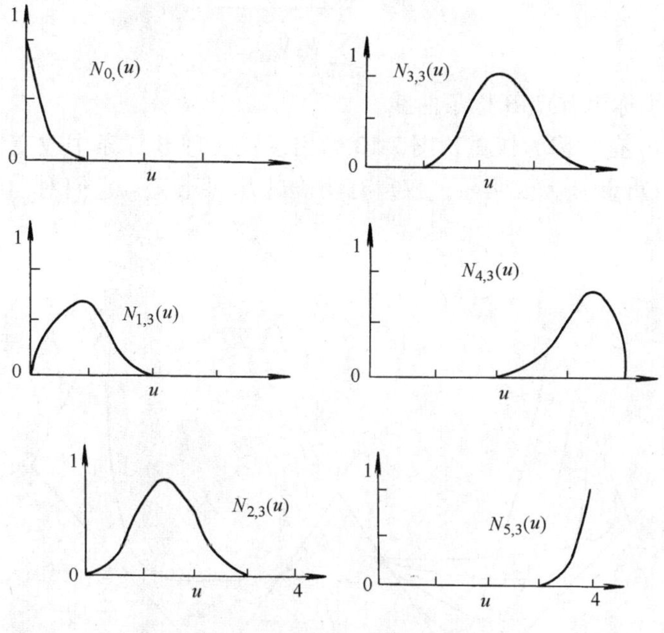

图 7-12　$k=3$ 的非周期性基函数图形

$B_1(u)=(1-u)^2+\frac{1}{2}u(4-3u)P_1+\frac{1}{2}u^2P_2 \quad 0\leqslant u<1$

$B_2(u)=\frac{1}{2}(2-u)^2P_1+\frac{1}{2}(-2u^2+6u-3)P_2+\frac{1}{2}(u-1)^2P_3 \quad 1\leqslant u<2$

$B_3(u)=\frac{1}{2}(3-u)^2P_2+\frac{1}{2}(-2u^2+10u-11)P_3+\frac{1}{2}(u-2)^2P_4 \quad 2\leqslant u<3$

$$B_4(u)=\frac{1}{2}(4-u)^2P_3+\frac{1}{2}(-3u^2+20u-32)P_4+(u-3)^2P_5 \quad 3\leqslant u<4$$

7.3 Nurbs 曲线

前面讨论的B样条方法不能精确地表示二次曲线如圆、椭圆以及球面等曲面。使用有理B样条则可以解决这一问题。前面给出的均匀和非均匀B样条是本节讨论的非均匀有理B样条的一个子集。

7.3.1 有理B样条曲线

Tiller在1983年将式(7-23)推广到四维齐次坐标空间，从而引出了有理B样条曲线。设在四维空间中式(7-23)表示为

$$B_h(u)=\sum_{i=0}^{n}P_{h_i}N_{i,k}(u) \tag{7-28}$$

式中，P_{h_i}是齐次空间中的控制点。如果$P_{h_i}=(hx_i, hy_i, hz_i, h)$，那么它在三维空间中的曲线由下式给出：

$$r(u)=\frac{\sum_{i=0}^{n}h_iP_iN_{i,k}(u)}{\sum_{i=0}^{n}h_iN_{i,k}(u)} \tag{7-29}$$

式(7-29)给出的曲线称为有理B样条曲线。

式(7-29)中的h_i有时称为权重，图7-13给出了在有理B样条中改变权重h_i所产生的作用(图中被改项为权重W_1)。很明显，权重有明确的几何意义，它们对曲线的推拉作用很明显。

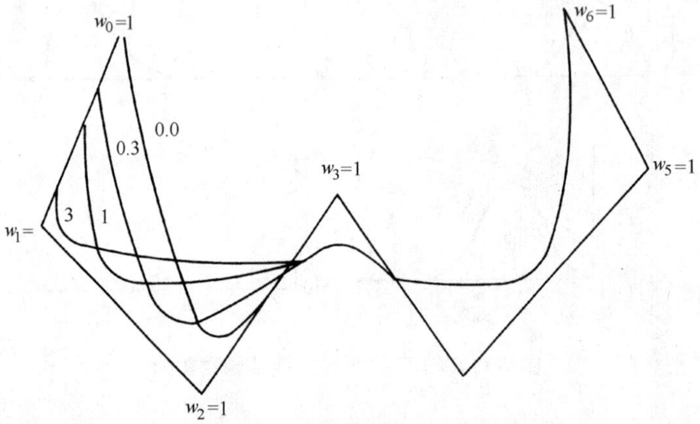

图7-13 有理三次B样条曲线中改变权重W_1的作用

7.3.2 非均匀有理B样条曲线

如果式(7-24)中的基函数$N_{i,k}(u)$是均匀的，即节点是均匀分布的，则$P(u)$称为均匀有理B样条曲线。如果基函数是非均匀的，那么$P(u)$称为非均匀有理B样条曲线(NURBS)。

基函数的均匀分布，即节点 t_i 的均匀选择，使生成曲线有一些局限性。比如节点区间对应的曲线长不等。基函数的非均匀分布即 t_i 的非均匀选择可改变这一情况。我们可适当选择 t_i，使对应曲线等长或接近等长，从而给出较好的控制，如图 7-14 所示。

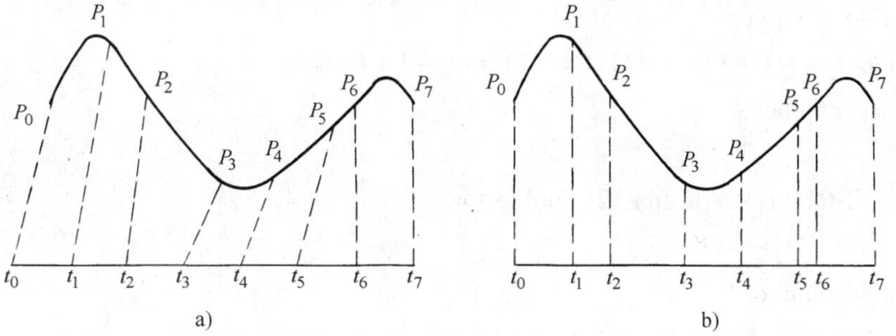

图 7-14　节点均匀选择和非均匀选择

a) t_i 均匀选择　b) t_i 非均匀选择

非均匀有理 B 样条有以下一些特点：

1）B 样条的所有优点都在非均匀有理 B 样条中保留。

2）透视不变性　控制点经过透视变换后生成的曲线或曲面与先生成曲线或曲面再变换是等价的。

3）球面等的精确表示　其他 B 样条方法只能近似地表示球面等形状，而 NURBS 不仅可表示自由曲线和曲面，还可以精确地表示球面等形状。

4）更多的形状控制自由度　NURBS 给出更多的控制形状的自由度可用来生成各种形状。

下面列出生成 B 样条曲线的 VC++程序：

```
#pragma once
class CBMath
{
public:
   CBMath(void);
   ~CBMath(void);
   double getBuffer_1(double t);
   double getBuffer_2(double t);
   double getBuffer_3(double t);
   double getBuffer_4(double t);
};
#include "StdAfx.h"
#include "BMath.h"
CBMath::CBMath(void)
{
}
CBMath::~CBMath(void)
```

```
{
}
double CBMath::getBuffer_1(double t)
{
  double number;
  number = -1 * (t * t * t) +3 * (t * t) -3 * t +1;
  return number;
}
double CBMath::getBuffer_2(double t)
{
  double number;
  number =3 * (t * t * t) -6 * (t * t) +4;
  return number;
}
double CBMath::getBuffer_3(double t)
{
  double number;
  number = -3 * (t * t * t) +3 * (t * t) +3 * t +1;
  return number;
}
double CBMath::getBuffer_4(double t)
{
  double number;
  number = (t  * t  * t);
  return number;
}
//在 CB_YangView 类中添加如下函数
// CB_YangView 消息处理程序
void CB_YangView::Draw(CPoint p0, CPoint p1, CPoint p2, CPoint p3)
{
  CClientDC dc(this);
  CBMath my;
  double x =0.0;
  double y =0.0;
  double t =0;
  for(t; t < = 1.0; t + = 0.0035)
  {
    x = (my.getBuffer_1(t) * p0.x + my.getBuffer_2(t) * p1.x
       + my.getBuffer_3(t) * p2.x + my.getBuffer_4(t) * p3.x)/6.0;
```

```
        y = (my.getBuffer_1(t) * p0.y + my.getBuffer_2(t) * p1.y
            + my.getBuffer_3(t) * p2.y + my.getBuffer_4(t) * p3.y)/6.0;
        dc.SetPixel((int)x, (int)y, RGB(0,255,0));
    }
}
void CB_YangView::DrawLine(void)
{
    CClientDC dc(this);
    int i=0;
    for(i=0; i < 3; i++)
    {
        dc.MoveTo(p[i]);
        dc.LineTo(p[i+1]);
    }
}
```

习　题

1. Bézier 曲线具有哪些特性？试用 n 的归纳法证明其凸包性。

2. 给定 4 点 $P_1(0,0,0)$、$P_2(1,1,1)$、$P_3(2,-1,-1)$、$P_4(3,0,0)$，用其作为特征多边形来构造一条三次 Bézier 曲线，并计算参数为 0、1/3、2/3、1 时的值。

3. 已知由 $P_1(0,0,0)$、$P_2(2,2,-2)$、$P_3(2,-1,-1)$、$P_4(4,0,0)$、$Q_1(4,0,0)$、$Q_2(6,-2,1)$、$Q_3(8,-3,2)$、$Q_4(10,0,1)$ 确定的两段三次 Bézier 曲线，试求其在 $P_4(Q_1)$ 处达 C^1 连续的条件。

4. 把上题定义的二段三次 Bézier 曲线经过一次分割后，试求它们相应特征多边形的顶点坐标序列。

5. 试用第 3 题的顶点生成三次 B 样条曲线。比较其结果和三次 Bézier 曲线有何不同？

第 8 章　可见面判断算法

对于一个不透明的三维物体而言，选择不同的视点观看物体时，由于物体表面之间的遮盖关系，所以我们无法看到物体上所有的线和面。正确判断哪些线和面是可见的，哪些线和面是不可见的，对正确和真实地绘制三维物体是至关重要的。如图 8-1 所示，如果不去掉（消隐）不可见的线段，将会产生图形理解上的二义性。

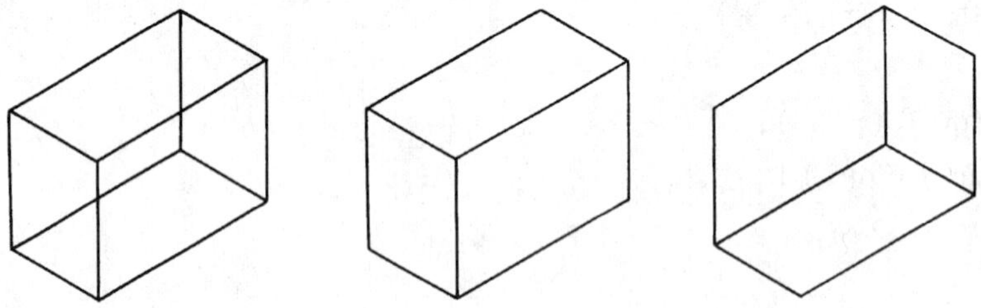

图 8-1　三维图形理解的二义性

在确定了视点（观察点）之后，我们就可以确定物体上哪些线和面是可见的，哪些面和线是不可见的。其算法称为可见面判断算法。将物体上不可见的线和面去掉（或绘制成虚线）的算法称为消隐算法。严格地讲，可见面判断算法和消隐算法是不同的。但实际的效果，两者却是相同的，所以我们并不刻意区分消隐算法和可见面判断算法。

根据物体表示方法的不同，可见面判断算法可分为物空间（Object Space）算法和像空间（Image Space）算法。对于物空间算法而言，确定物体上哪些面是可见的，哪些面是不可见的，要在物体所处的三维空间中分析比较各物体（各部分）之间的遮盖关系。而对于像空间算法，则是通过分析比较物体投影后的每个像素点深度，来确定哪些面是可见的，哪些面是不可见的。

几乎所有的可见面判断算法都涉及排序问题。将物体上所有的点、线和面按照距视点的远近进行排序。一般而言，离视点较远的物体，越有可能被离视点较近的物体完全或部分遮盖。消隐算法的效率在很大程度上取决于排序的效率。通常情况下，可以利用连贯性（相邻的点、线和区域有相似的属性）来提高排序的效率。

8.1　多面体的消隐

为简单起见，这里只讨论多面体的消隐。由于曲面可以用多面体来逼近，所以曲面的消隐最终也可以归结为多面体的消隐。多面体是由若干个平面多边形围成的立体，通常分为凸多面体和凹多面体。对于凸多面体来说，连接形体上不同表面的任意两点的线段完全位于形体的内部。

在确定了视点之后，如果场景中只有单一的多面体，或多面体之间不存在遮挡关系，则对于凸多面体而言，各平面要么完全可见，要么完全不可见。但对于凹多面体而言，情况会复杂些，可能会出现部分可见、部分不可见的平面。如果场景中的多面体之间存在遮挡关系，情况就会更复杂，除了多面体自身的可见面判断之外，还有检测与其他多面体之间的遮挡关系，以便确定哪些部分可见，哪些部分不可见。

8.1.1　凸多面体的消隐

对于单一凸多面体而言，可见面的判断最简单。我们知道多面体是由若干多边形围成的立体，每个多边形可以看做是一个平面。假设某平面的方程为

$$Ax + By + Cz + D = 0 \tag{8-1}$$

对于空间中任意一点（x，y，z），若

$$Ax + By + Cz + D < 0 \tag{8-2}$$

则称该点位于平面的“内”侧。如果将该点作为视点，则由于视点位于平面内侧，无法看到平面的外侧（正面），我们称该平面为后向面。

可以通过向量来简化后向面的判断，如图 8-2 所示。其中，$\boldsymbol{N}$ 为平面的外法矢量，$\boldsymbol{V}$ 为从视点发出的视向量。若

$$\boldsymbol{V} \cdot \boldsymbol{N} = |\boldsymbol{V}| \cdot |\boldsymbol{N}| \cdot \cos\theta \geqslant 0 \tag{8-3}$$

说明两个矢量的夹角小于 90°，在这种情况下，平面的正面是看不到的。即该平面是后向面，如图 8-2所示的阴影部分。

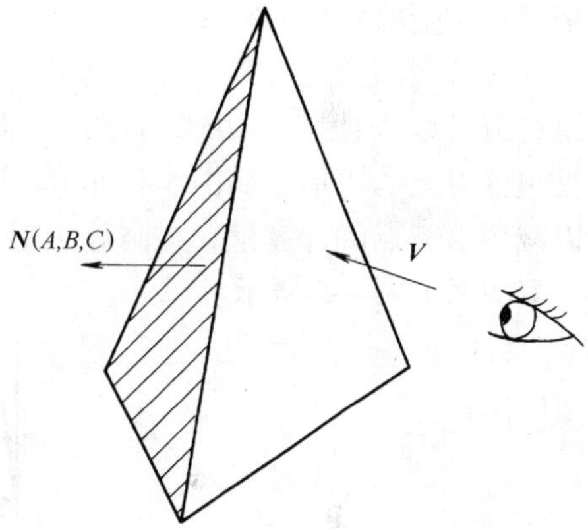

图 8-2　后向面的判断

特别的，如果视向量平行于 z 轴，即 $\boldsymbol{V}=(0, 0, k)$，则根据矢量的点乘定义可得

$$\boldsymbol{V} \cdot \boldsymbol{N} = kC \geqslant 0 \tag{8-4}$$

如果取视矢量的方向与 z 轴的正向反向（即 $k<0$），则有

$$C \leqslant 0 \tag{8-5}$$

即可以根据平面法向量的参数 C 的符号来确定后向面。

通过上述讨论，对于每个多面体，只需检查每个平面方程的参数 C，就可以很快找出所有的后向面。由于后向面实际上就是不可见面（隐藏面），而隐藏线是相邻隐藏面的交线，所以可以很容易地进行消隐处理。但这种情形只适用于单个多面体或多面体之间没有遮挡关系。如果多面体之间存在遮挡关系，则前向面（非后向面）也有可能完全或部分不可见，这就需要作进一步的判断，但后向面的判断至少可以减小一半的工作量。

8.1.2　凹多面体的消隐

由于凹多面体存在部分遮盖的情况，不能简单用上述方法判断隐藏面。如图 8-3 所示，在该多面体中，平面 $ABCDE$、$ABJF$、$BCIJ$ 和 $DEGH$ 为前向面；平面 $AFGE$、$DCIH$ 和 $FJIHG$ 为后向面。但在前向面 $DEGH$ 中有部分表面不可见。

究竟表面中的哪些部分可见，哪些部分不可见，可以通过一个简单的办法测试：将棱边的两个端点与视点相连，如果连线与多面体的面不相交，则说明该棱边可见；如果两条连线都与多面体相交，则该棱边不可见；如果有一条连线与多面体相交，而另一条不相交，则该棱边部分可见，部分不可见。

对于最后这种情形，可以求出该棱边的中点，再将视点与中点相连，如果连线不与平面

相交，则棱边被分为两半，一半可见，一半不完全可见。再继续对分不完全可见的一半。如果连线与平面相交，棱边同样被分为两半，一半不可见，一半不完全可见，还是对分不完全可见的那一半。直到不完全可见的部分不可再分（长度小于一个像素），则该分点就是棱边可见部分和不可见部分的分界点。这样，平面中可见的部分和不可见的部分就可以确定下来。

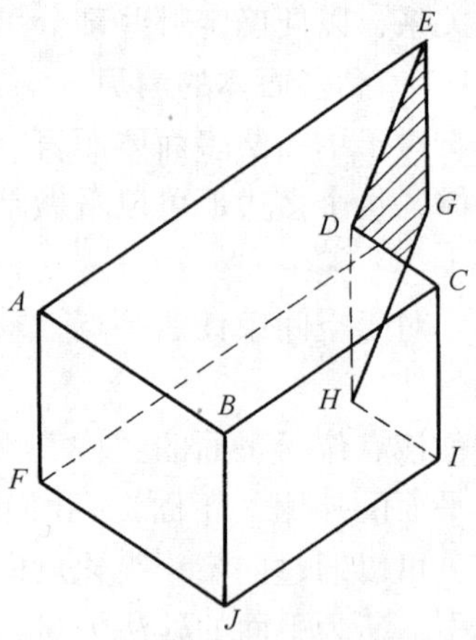

图 8-3 凹多面体可见面的判断

当多面体较复杂时，上述求交点的计算量相当大。这是因为每一条与视点的连线要与场景中的所有多面体的每一个平面进行求交计算。然而，在一些具体应用中，许多求交运算是无意义的。

上述面消隐是在物空间中进行的，但在多数情况下，消隐算法是在像空间中实现的。下面给出一种利用包围盒来提高求交的效率的方法。

所谓包围盒通常是界定物体边界的矩形。对于线段来说，就是以线段为对角线的矩形，而对于其他对象来说，是包围对象的矩形，如图 8-4 所示。通过判断包围盒的位置关系，排除明显不相交的对象，以减少求交点的计算量，提高算法的效率。以线段求交为例，包围平面上两条线段的包围盒位置关系如图 8-5 所示。

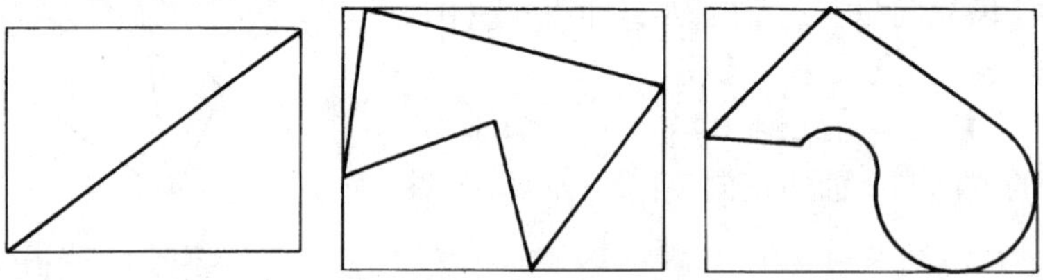

图 8-4 包围盒

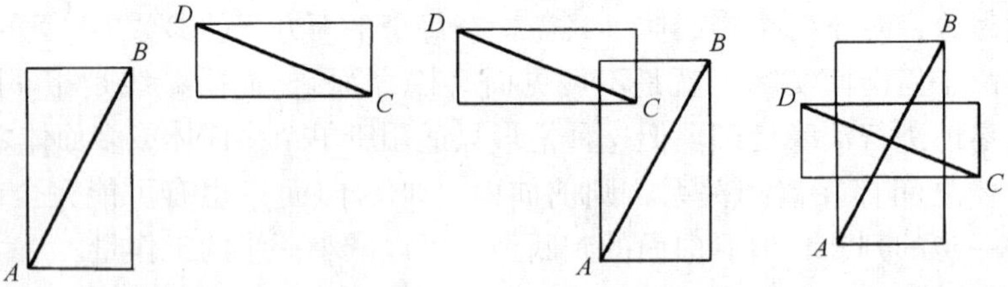

图 8-5 包围盒的位置关系

假设线段端点坐标为（x_i，y_i）（$i=1$，2），则包围盒可以用下面 4 个参数确定：

$$x_{\min} = \min(x_1, x_2) \qquad y_{\min} = \min(y_1, y_2)$$
$$x_{\max} = \max(x_1, x_2) \qquad y_{\max} = \max(y_1, y_2)$$

当两个包围盒的参数为

$$x_{\min i}, y_{\min i}, x_{\max i}, y_{\max i} \quad i = 1,2$$

如果

$$x_{\min 1} > x_{\max 2} \quad 或 \quad y_{\min 1} > y_{\max 2} \quad 或 \quad x_{\min 2} > x_{\max 1} \quad 或 \quad y_{\min 2} > y_{\max 1} \tag{8-6}$$

说明两个包围盒根本不相交，这样被其包围的两条线段自然不会相交。但式（8-6）仅仅是一个充分条件，也就是说不满足上述条件的两个包围盒中的线段可能相交，也可能不相交，如图 8-5 所示。但利用式（8-6）仍可以快速排除明显不相交的线段，减少计算量。

8.2 Z 缓冲区消隐算法

8.2.1 基本思想

Z 缓冲区算法又称深度存储算法，是最简单的面消隐算法之一。Z 缓冲区算法是帧缓冲区概念的简单推广。帧缓冲区用来存储像空间中每一个像素的光亮度，而用 Z 缓冲区存储像空间中每一个像素所对应的深度即 Z 坐标。这正是 Z 缓冲区算法名称的来历。

该算法的主要思想是，对投影平面上每个像素所对应表面的 z 值进行比较，保留离视点最近的 z 值，如图 8-6 所示。

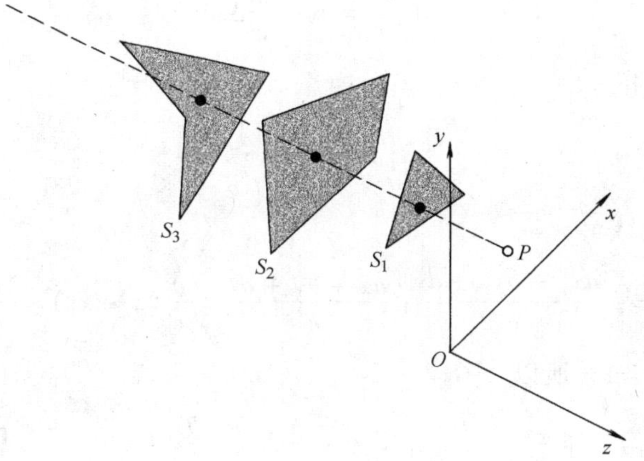

图 8-6 Z 缓冲区算法示意

Z 缓冲区算法步骤如下：

```
  帧缓冲区初始值置为背景色；
  Z 缓冲区各元素初始值置为最小 z 值；
  For(每个多边形的投影)
    For(每条扫描线位于多边形投影内的部分)
      For(多边形投影内的每个像素)
        计算多边形在像素 z(x, y)处的深度值；
        if z(x, y) > Zbuffer(x, y) then
        计算像素 z(x, y)处的光强度；
        将像素的光强度写入帧缓冲区；
        将 z(x, y)写入 Z 缓冲区；
      endif
    next 像素
  next 扫描线
next 多边形
```

显示帧缓冲区

Z缓冲区算法的最大优点是简单，并且适用于多个物体的复杂场景。但由于Z缓冲区算法需要占用大量的存储单元，所以算法的效率并不高，这是它的主要缺点。不过随着存储器价格的降低，使得不占用主存的专用Z缓冲区成为可能。

8.2.2 深度的计算

设平面的方程为

$$ax + by + cz + d = 0$$

故

$$z = -\frac{ax + by + d}{c} \quad c \neq 0$$

对于同一条扫描线，由于 y 是常数，所以扫描线上像素 $x_1 = x + \Delta x$ 的深度值为

$$z_1 - z = -\frac{ax_1 + d}{c} + \frac{ax + d}{c} = \frac{a(x - x_1)}{c}$$

$$z_1 = z - \frac{a}{c}\Delta x$$

由于 $\Delta x = 1$，所以

$$z_1 = z - \frac{a}{c}$$

对于相邻的扫描线

$$z_1 - z = -\frac{ax_1 + by_1 + d}{c} + \frac{ax + by + d}{c} = \frac{a}{c}(x - x_1) + \frac{b}{c}(y - y_1)$$

由于 $\Delta y = y_1 - y = 1$，所以

$$z_1 = z - \frac{a}{c}\Delta x - \frac{b}{c}$$

8.2.3 扫描线深度算法

因为Z缓冲区算法最大的缺点是要占用大量的存储空间，为了减少存储空间的占用，考虑一种特殊情况，即只记录当前扫描线上所有像素的光亮度和深度。这样帧缓冲区和Z缓冲区的大小为1×水平显示分辨率×深度。该算法原理简单，对于每一条扫描线，帧缓冲区取背景色作为初始值，Z缓冲区的初始值为最小 z 值。求出扫描线与每个多边形投影的交点。这些交点是成对出现的。逐个考察扫描线上一对交点之间的所有像素，将每个像素的深度值与Z缓冲区中该像素的深度值进行比较。若像素的深度值大于Z缓冲区中的原有值，则将该像素的属性值写入帧缓冲区，同时替换Z缓冲区中的深度值。当所有多边形处理完成之后，扫描线帧缓冲区中的内容就是该扫描线的消隐结果。若每一条扫描线对所有多边形都进行检查，则效率很低。可以采用分类表和活性边表来提高效率。

具体步骤如下：

1. 数据准备

1）求出与每一多边形相交的最高扫描线。

2）将多边形置入对应扫描线的分类表中。

3）将每一多边形的边表、所在平面方程系数、穿越多边形的扫描线条数和多边形属性存入链表。

2. 消除隐藏面

显示帧缓冲区初始化。

对每一条扫描线

1）帧缓冲区按背景色初始化。

2）Z缓冲区按最小 z 值初始化。

3）检查分类表中是否有新的多边形。若有，则将新的多边形加入到活性多边形表中。

4）检查活性多边形表中是否有新的多边形。如有，将新的多边形边配对置入活性边表中。

5）在多边形边对中，如果其中一边已退出活性边表，则检查该多边形是否仍在活性边表中。若仍在，则重新配置此边对。否则将边对中的另一边从活性边表中删去。

活性边表中含有如下信息：

x_l 多边形边与扫描线的左交点；

Δx_l 从当前扫描线到下一条扫描线之间 x_l 的增量；

Δy_l 穿过左面边的扫描线条数；

x_r 多边形边与扫描线的右交点；

Δx_r 从当前扫描线到下一条扫描线之间 x_r 的增量；

Δy_r 穿过右面边的扫描线条数；

z_l 左交点对于像素的深度；

Δz_x 沿扫描线 z 的增量，$\Delta z_x = a/c$ （$c \neq 0$）；

Δz_y 从当前扫描线到下一条扫描线之间 z 的增量，$\Delta z_y = b/c$ （$b \neq 0$）。

将扫描线帧缓冲区中的内容写入显示帧缓冲区。

3. 更新活性边表

在每个多边形边对中，Δy_l 和 Δy_r 各减1，若 Δy_l 或 Δy_r 小于0，则从活性边表中删去该边，并设置标志。

计算新的 x 截距：

$$x_{lnew} = x_{lold} + \Delta x_l$$

$$x_{rnew} = x_{rold} + \Delta x_r$$

计算深度：

$$z_{lnew} = z_{lold} - \Delta z_x \Delta x - \Delta z_y$$

检查并更新活性多边形表。若在任一多边形中 $\Delta y < 0$，则从表中删去该多边形。

8.3 Warnock 算法

8.3.1 基本思想

在现实中，人们观看物体时，一般会忽略大量简单、重复的信息，而是会将目光集中到物体中与众不同的细节上。比如，一张餐桌上的一个盛水果的盘子，由于餐桌的颜色和纹理一目了然，所以，我们会将注意力放到盛水果的盘子上。它在什么位置上？是什么形状的？是什么材料做的？盘里盛的是什么样的水果？水果是什么颜色的？它们是什么形状的？可以看出，目标越来越小，分辨得越来越细致。

Warnock 算法的思想基于上述事实。它利用区域的连贯性，即在相邻区域中像素的属性是类似的。该算法首先考虑像空间中的一个窗口，判断窗口是否为空，或窗口所含信息简单到可以立即显示（比如窗口中只有一个像素）；否则，分割该窗口，直到分割后的子窗口所含信息可以立即显示，或子窗口的尺寸达到给定分辨率为止。

图 8-7 给出了像空间中 Warnock 算法最简单的实现过程。

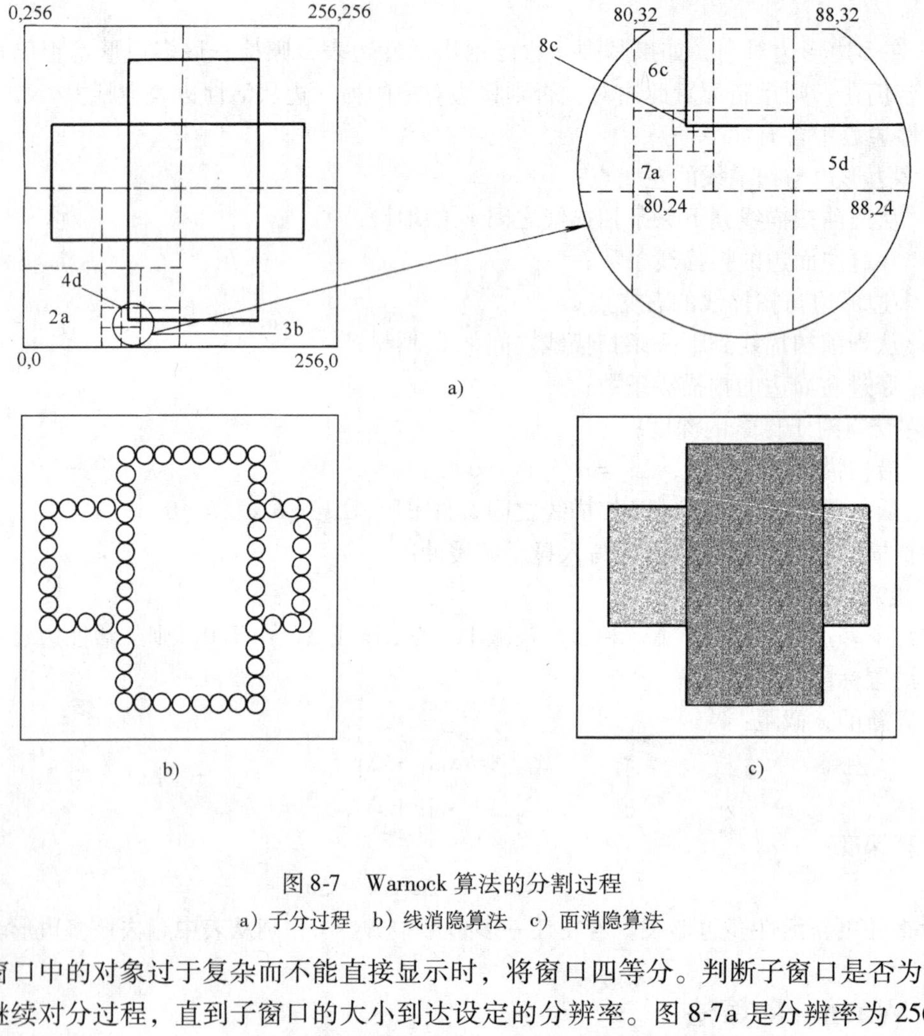

图 8-7　Warnock 算法的分割过程

a）子分过程　b）线消隐算法　c）面消隐算法

当窗口中的对象过于复杂而不能直接显示时，将窗口四等分。判断子窗口是否为空。若非空，继续对分过程，直到子窗口的大小到达设定的分辨率。图 8-7a 是分辨率为 256 × 256 像素的窗口。由于 $2^8=256$，所以最多需要 8 次分割就可以达到显示分辨率。

假设按左下、右下、左上、右上的顺序依次考虑各子窗口，可知窗口 1a 的各子窗口 2a、4a、4b、4c、5a、5b、7a、7c、7c、8a、8b 为空，该子窗口的属性置为背景色。

子窗口 8c 是第一个含图形对象的窗口。若进行线消隐，需要判断可见线是否通过将该窗口。如果通过，则该窗口的属性设置为前景色，否则，将其属性设置为背景色。对于子窗口 8d 而言，由于没有边通过该窗口，所以其属性也是背景色。若进行面消隐，需要判断该窗口是否被画面中某一多边形所包围。如果是，则在包围该窗口的所有多边形中判断谁离视点最近，并将窗口的属性设置为该多边形的属性。如果包含该窗口的多边形不存在，则该窗口为空，将其属性置为背景色。图 8-7b 和图 8-7c 说明了线消隐和面消隐的差别。

8.3.2　四叉树结构

Warnock 算法的分割过程可以用树形结构描述，根节点为显示窗口，子节点对应分割后的子窗口，并将子窗口的编号、位置（左下角坐标）和大小（边长）标出，如图 8-8 所示。

在树的每一分割层上，分割生成的子窗口按 abcd 顺序从左至右依次进行处理。每层的活化节点（即将处理的含图形信息的节点）的路径用粗线表示。遍历所有节点，若窗口为空，则将其置为背景色；若窗口非空，则进一步地分割，直到达到分辨率要求。

8.3.3　包围盒分割算法

上述分割方法虽然可行，但由于分割的次数过多，因此效率不高。下面给出另一种分割的方法，可以明显提高算法的效率。

利用多边形包围盒分割的方法比用固定的分割方法分割的次数要少，如图 8-9 所示。该算法可递归地用于被整个地包含在一个窗口或子窗口中的任一多边形。若窗口中只有一个多边形，且该多边形完全包含在该窗口内，则可以直接显示该多边形而无需再进行分割。这种分割算法在处理简单的图形对象时比较合适，它可以减少分割的次数。但如果图形对象比较复杂，则该算法通常不再具备优势。

多边形与窗口的位置关系有下面 4 种，如图 8-10 所示。

1）分离：多边形完全在窗口之外。

2）内含：多边形完全在窗口之内。

3）相交：多边形与窗口相交。

4）包围：多边形包含整个窗口。

包围盒分割算法可以简单地描述为：对每一个窗口，

1）若场景中所有多边形均与该窗口分离，则窗口为空，将其属性置为背景色。

2）若窗口中只包含一个多边形，则窗口中多边形外的区域属性为背景色，而多边形内则置为前景色。

3）若窗口与一个多边形相交，则窗口中多边形外的区域置为背景色，相交的多边形位于窗口内的区域置为前景色。

4）若窗口为一个多边形所包围，且窗口内无其他多边形，则窗口的属性置为前景色。

5）若窗口为多于一个多边形所包围，则需判断哪个多边形离视点最近，将窗口的属性置为该多边形的属性。否则，分割窗口。

8.3.4　Warnock 算法举例

给定下面三个多边形：

1：(10，3，20)，(20，28，20)，(22，28，20)，(22，3，20)；

2：(5，12，10)，(5，20，10)，(27，20，10)，(27，12，20)；

3：(15，15，25)，(25，25，5)，(30，10，5)。

按简单 Warnock 算法，采用 32×32 像素分辨率进行显示。前两个多边形为垂直于 z 轴的矩形，分别交 z 轴于 20 和 10。第三个多边形为一个贯穿前两个矩形的三角形。图 8-11a 为三维空间的视图，图 8-11b 为二维空间的消隐图，其视点位于 z 轴正向无穷远处。

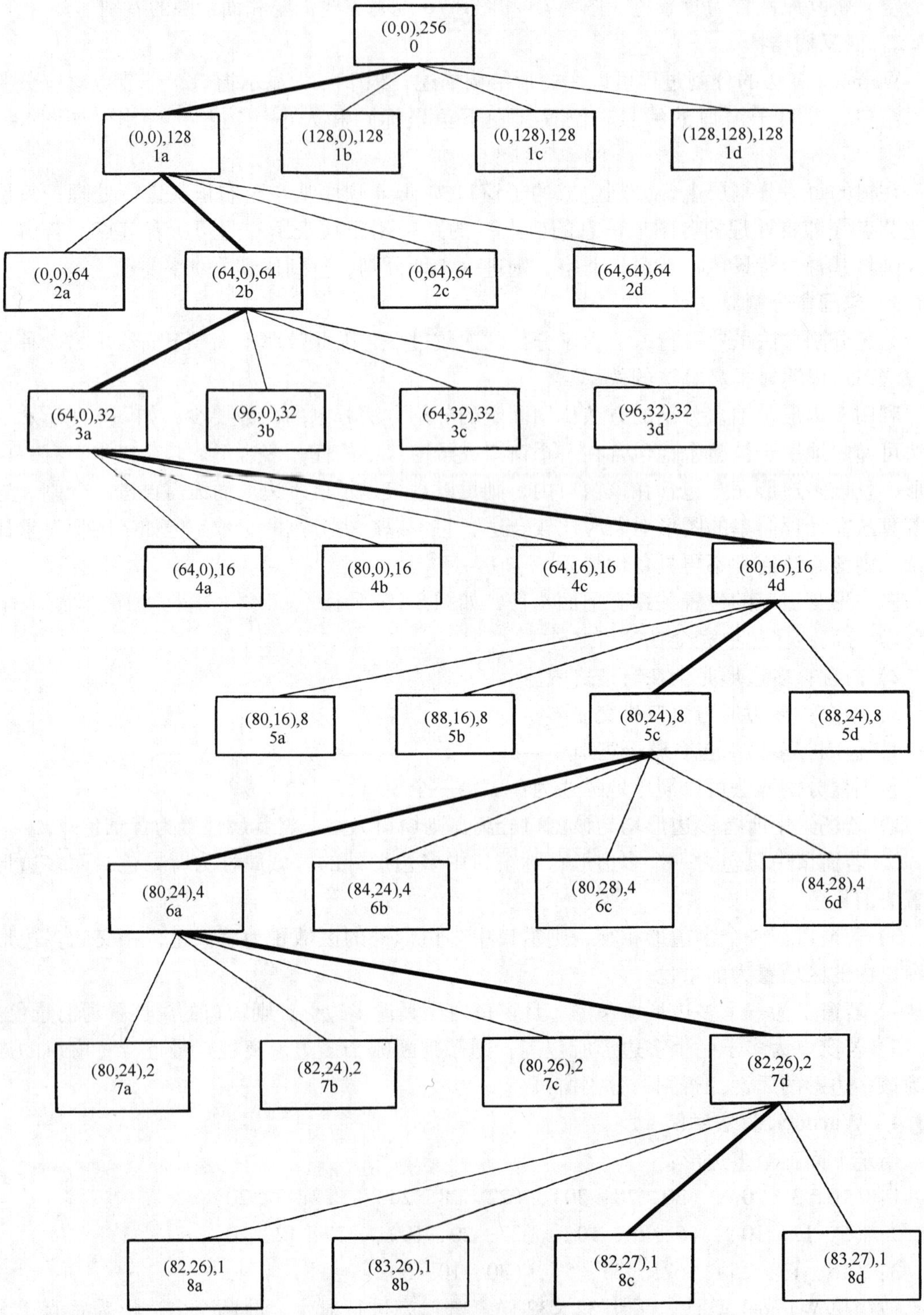
(0,0),256
0
(0,0),128
1a
(128,0),128
1b
(0,128),128
1c
(128,128),128
1d
(0,0),64
2a
(64,0),64
2b
(0,64),64
2c
(64,64),64
2d
(64,0),32
3a
(96,0),32
3b
(64,32),32
3c
(96,32),32
3d
(64,0),16
4a
(80,0),16
4b
(64,16),16
4c
(80,16),16
4d
(80,16),8
5a
(88,16),8
5b
(80,24),8
5c
(88,24),8
5d
(80,24),4
6a
(84,24),4
6b
(80,28),4
6c
(84,28),4
6d
(80,24),2
7a
(82,24),2
7b
(80,26),2
7c
(82,26),2
7d
(82,26),1
8a
(83,26),1
8b
(82,27),1
8c
(83,27),1
8d

图 8-8 窗口四叉树结构

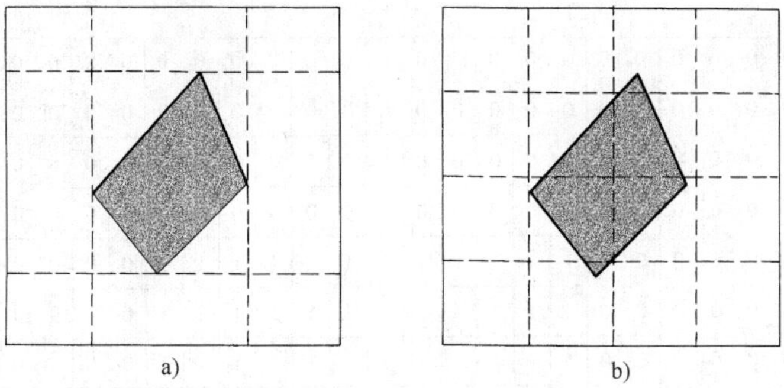

图 8-9 两种分割方法的比较
a）包围盒分割 b）固定分割

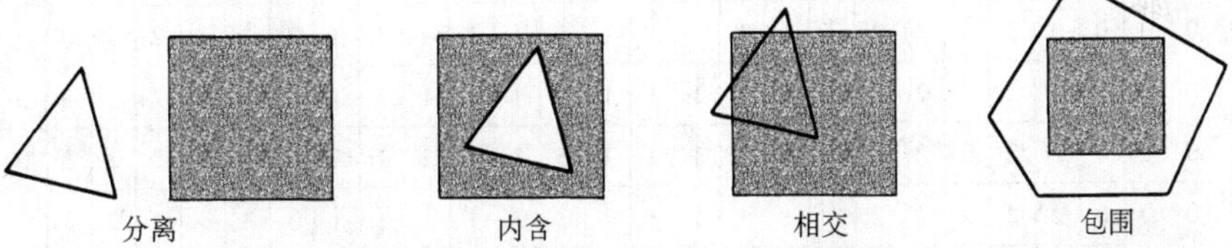

图 8-10 多边形与窗口的关系

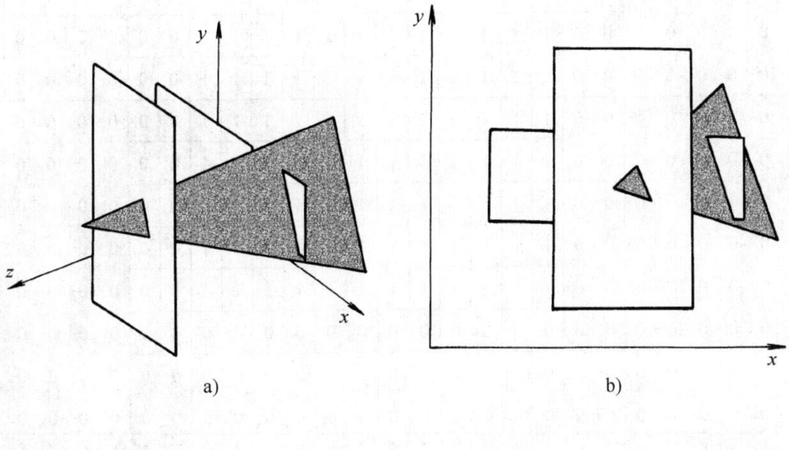

图 8-11 Warnock 消隐举例
a）三维空间视图 b）二维空间视图

图 8-12 表示的是算法完成后帧缓冲区的内容，各单元的数码与前面所给出的多边形序号一致。

	0	0	0	0	0	0	0	0	0	0	0	0	0	0	0	0	0	0	0	0	0	0	0	0	0	0	0	0	0	0	0	0
1	0	0	0	0	0	0	0	0	0	0	0	0	0	0	0	0	0	0	0	0	0	0	0	0	0	0	0	0	0	0	0	0
30	0	0	0	0	0	0	0	0	0	0	0	0	0	0	0	0	0	0	0	0	0	0	0	0	0	0	0	0	0	0	0	0
9	0	0	0	0	0	0	0	0	0	0	0	0	0	0	0	0	0	0	0	0	0	0	0	0	0	0	0	0	0	0	0	0
8	0	0	0	0	0	0	0	0	0	0	1	1	1	1	1	1	1	1	1	1	1	1	0	0	0	0	0	0	0	0	0	0
7	0	0	0	0	0	0	0	0	0	0	1	1	1	1	1	1	1	1	1	1	1	1	0	0	0	0	0	0	0	0	0	0
6	0	0	0	0	0	0	0	0	0	0	1	1	1	1	1	1	1	1	1	1	1	1	0	0	0	0	0	0	0	0	0	0
5	0	0	0	0	0	0	0	0	0	0	1	1	1	1	1	1	1	1	1	1	1	1	0	0	3	0	0	0	0	0	0	0
4	0	0	0	0	0	0	0	0	0	0	1	1	1	1	1	1	1	1	1	1	1	1	3	3	3	3	0	0	0	0	0	0
3	0	0	0	0	0	0	0	0	0	0	1	1	1	1	1	1	1	1	1	1	1	1	3	3	3	3	0	0	0	0	0	0
2	0	0	0	0	0	0	0	0	0	0	1	1	1	1	1	1	1	1	1	1	1	1	3	3	3	3	0	0	0	0	0	0
1	0	0	0	0	0	0	0	0	0	0	1	1	1	1	1	1	1	1	1	1	1	1	3	3	3	3	3	0	0	0	0	0
20	0	0	0	0	0	2	2	2	2	2	1	1	1	1	1	1	1	1	1	1	1	1	3	2	2	2	2	0	0	0	0	0
9	0	0	0	0	0	2	2	2	2	2	1	1	1	1	1	1	1	1	1	1	1	1	3	3	2	2	2	0	0	0	0	0
8	0	0	0	0	0	2	2	2	2	2	1	1	1	1	1	1	1	1	1	1	1	1	3	3	2	2	2	3	0	0	0	0
7	0	0	0	0	0	2	2	2	2	2	1	1	1	1	1	1	3	3	1	1	1	1	3	3	2	2	2	3	0	0	0	0
6	0	0	0	0	0	2	2	2	2	2	1	1	1	1	1	3	3	3	1	1	1	1	3	3	3	2	2	3	0	0	0	0
5	0	0	0	0	0	2	2	2	2	2	1	1	1	1	1	1	3	3	1	1	1	1	3	3	3	2	2	3	3	0	0	0
4	0	0	0	0	0	2	2	2	2	2	1	1	1	1	1	1	1	1	1	1	1	1	3	3	3	2	2	3	3	0	0	0
3	0	0	0	0	0	2	2	2	2	2	1	1	1	1	1	1	1	1	1	1	1	1	3	3	3	3	2	3	3	0	0	0
2	0	0	0	0	0	0	0	0	0	0	1	1	1	1	1	1	1	1	1	1	1	1	0	0	0	3	3	3	3	3	0	0
1	0	0	0	0	0	0	0	0	0	0	1	1	1	1	1	1	1	1	1	1	1	1	0	0	0	0	0	0	3	3	0	0
10	0	0	0	0	0	0	0	0	0	0	1	1	1	1	1	1	1	1	1	1	1	1	0	0	0	0	0	0	0	0	0	0
9	0	0	0	0	0	0	0	0	0	0	1	1	1	1	1	1	1	1	1	1	1	1	0	0	0	0	0	0	0	0	0	0
8	0	0	0	0	0	0	0	0	0	0	1	1	1	1	1	1	1	1	1	1	1	1	0	0	0	0	0	0	0	0	0	0
7	0	0	0	0	0	0	0	0	0	0	1	1	1	1	1	1	1	1	1	1	1	1	0	0	0	0	0	0	0	0	0	0
6	0	0	0	0	0	0	0	0	0	0	1	1	1	1	1	1	1	1	1	1	1	1	0	0	0	0	0	0	0	0	0	0
5	0	0	0	0	0	0	0	0	0	0	1	1	1	1	1	1	1	1	1	1	1	1	0	0	0	0	0	0	0	0	0	0
4	0	0	0	0	0	0	0	0	0	0	1	1	1	1	1	1	1	1	1	1	1	1	0	0	0	0	0	0	0	0	0	0
3	0	0	0	0	0	0	0	0	0	0	0	0	0	0	0	0	0	0	0	0	0	0	0	0	0	0	0	0	0	0	0	0
2	0	0	0	0	0	0	0	0	0	0	0	0	0	0	0	0	0	0	0	0	0	0	0	0	0	0	0	0	0	0	0	0
1	0	0	0	0	0	0	0	0	0	0	0	0	0	0	0	0	0	0	0	0	0	0	0	0	0	0	0	0	0	0	0	0
0	1	2	3	4	5	6	7	8	9		1	2	3	4	5	6	7	8	9		1	2	3	4	5	6	7	8	9		1	
0										10										20										30		

图 8-12　帧缓冲区内容

算法从显示窗口左下角开始直到窗口的右上角结束，方形边界线勾画出算法运行的每一步中窗口的大小。例如位于左下角的 8 ×8 窗口无需进一步分割即可显示。图形中显示出三角形部分地为第二个矩形所遮挡。它穿过该矩形后部分可见，然后又被第一个矩形所遮挡，穿过矩形后其顶部仍可见。

8.4 消隐算法程序

下面给出一个完整的 VC + +语言消隐算法程序。

```
//CWarnockView 消息处理程序
void CWarnockView::Project(float X, float Y, float Z)          //此函数求点的平行
                                                                 投影和透视投影坐
                                                                 标值
{
  XObs = -X * Aux1 + Y * Aux3;
  YObs = -X * Aux5 - Y * Aux6 + Z * Aux4;                       //求透视投影坐标值
  ZObs = -X * Aux7 - Y * Aux8 - Z * Aux2 + Rol;
  XProj = DE * XObs/ZObs;
  YProj = DE * YObs/ZObs;
}
void CWarnockView::WLineTo(float X, float Y, float Z,CDC * pDC)  //用三维点坐标直接
                                                                 从当前点画线到一
                                                                 点的函数
{
  Project(X, Y, Z);                                              // 将三维点作投影
  XScreen = floor(0.5 + XProj * Scale + 150);                    // 圆整
  YScreen = floor(0.5 + 100 - YProj);                            // 圆整
  pDC->LineTo(XScreen, YScreen);                                 // 画线到一点
}
void CWarnockView::WMoveTo(float X, float Y, float Z,CDC * pDC)  //三维坐标下直接将
                                                                 当前点移动到某点
                                                                 的函数
{
  Project(X, Y, Z);                                              // 将三维点作投影
  XScreen = floor(0.5 + XProj * Scale + 150);                    // 圆整
  YScreen = floor(0.5 + 100 - YProj);                            // 圆整
  pDC->MoveTo(XScreen, YScreen);                                 //移动到某点
}
void CWarnockView::ReadVertics()                                 //此函数用来给数组
                                                                 St 的元素赋顶点坐
```

```
                                                        标值
{
  St[1][1]=40; St[1][2]=154; St[1][3]=-20;
  St[2][1]=40; St[2][2]=154; St[2][3]=0;
  St[3][1]=40; St[3][2]=46; St[3][3]=0;
  St[4][1]=40; St[4][2]=46; St[4][3]=-20;
  St[5][1]=-40; St[5][2]=46; St[5][3]=-20;
  St[6][1]=-40; St[6][2]=154; St[6][3]=-20;
  St[7][1]=-40; St[7][2]=154; St[7][3]=0;
  St[8][1]=0; St[8][2]=134; St[8][3]=40;
  St[9][1]=0; St[9][2]=66; St[9][3]=40;
  St[10][1]=-40; St[10][2]=46; St[10][3]=0;
}
void CWarnockView::ReadFaces()              //此函数给数组 Fc
                                                的元素赋表面有
                                                关的数据值
{
  NF = 9;
  Fc[1][0]=4; Fc[1][1]=1; Fc[1][2]=2; Fc[1][3]=3; Fc[1][4]=4;
  Fc[2][0]=4; Fc[2][1]=1; Fc[2][2]=6; Fc[2][3]=7; Fc[2][4]=2;
  Fc[3][0]=3; Fc[3][1]=2; Fc[3][2]=7; Fc[3][3]=8;
  Fc[4][0]=4; Fc[4][1]=2; Fc[4][2]=8; Fc[4][3]=9; Fc[4][4]=3;
  Fc[5][0]=4; Fc[5][1]=1; Fc[5][2]=4; Fc[5][3]=5; Fc[5][4]=6;
  Fc[6][0]=4; Fc[6][1]=7; Fc[6][2]=10; Fc[6][3]=9; Fc[6][4]=8;
  Fc[7][0]=3; Fc[7][1]=3; Fc[7][2]=9; Fc[7][3]=10;
  Fc[8][0]=4; Fc[8][1]=10; Fc[8][2]=5; Fc[8][3]=4; Fc[8][4]=3;
  Fc[9][0]=4; Fc[9][1]=5; Fc[9][2]=10; Fc[9][3]=7; Fc[9][4]=6;
}
void CWarnockView::VisionVector(int St1)    //此函数用于求观察
                                                方向矢量 St1 is the
                                                first point of a face.
{
  v1 = O1 - St[St1][1];
  v2 = O2 - St[St1][2];
  v3 = O3 - St[St1][3];
}
void CWarnockView::NormalVector(int St1, int St2, int St3)   //此函数用于表面三
                                                个顶点调用求该表
                                                面的法矢
```

```
    // St_i is the i_th point of a face.
{
    float P1, P2, P3, Q1, Q2, Q3;                          // 求一个向量
    P1 = St[St2][1] - St[St1][1];
    P2 = St[St2][2] - St[St1][2];
    P3 = St[St2][3] - St[St1][3];                          // 求另一个向量
    Q1 = St[St3][1] - St[St1][1];
    Q2 = St[St3][2] - St[St1][2];
    Q3 = St[St3][3] - St[St1][3];                          //用向量积求法向量
    n1 = P2 * Q3 - Q2 * P3;
    n2 = P3 * Q1 - Q3 * P1;
    n3 = P1 * Q2 - Q1 * P2;
}
float CWarnockView::ScaleProduct(float v1, float v2, float v3,
    float n1, float n2, float n3)                          //此函数用于求观察
                                                             方向矢量与表面法
                                                             矢的数量积
{
    float SProduct;
    SProduct = v1 * n1 + v2 * n2 + v3 * n3;
    return(SProduct);
}
void CWarnockView::DrawFace(CDC * pDC)                     //画出立体上的平面
{
    int S, NS, No;
    float X, Y, Z, X0, Y0, Z0;
    NS = Fc[F][0];
    for(S = 1;S <= NS;S++)
    {
        No = Fc[F][S];
        X = St[No][1];
        Y = St[No][2];
        Z = St[No][3];
        if(S == 1){
            WMoveTo(X, Y, Z,pDC);
            X0 = X;
            Y0 = Y;
            Z0 = Z;
        }
```

```
    else WLineTo(X, Y, Z,pDC);
  }
  WLineTo(X0, Y0, Z0,pDC);
}
void CWarnockView::DrawObject()                          //此函数用于绘出消
                                                           隐立体图
{ int St1, St2, St3;
CDC * pDC = GetDC();
CPen pen1(PS_SOLID,1,(COLORREF)1),pen2(PS_DOT,1,(COLORREF)1);
CPen  * pOldPen = pDC - > SelectObject(&pen1);
for(F = 1;F < = NF;F + +)
{  St1 = Fc[F][1]; St2 = Fc[F][2]; St3 = Fc[F][3];
  VisionVector(St1);                                      //求观察方向矢量
  NormalVector(St1, St2, St3);                            //求表面法矢
  if(ScaleProduct(v1,v2,v3,n1,n2,n3) >0)                  //判断数量积正否
  {
    pDC - > SelectObject(&pen1);
    DrawFace(pDC);                                        //数量积大于零,表
                                                            面可见,画出此表
                                                            面
  }
  else;
}
pDC - > SelectObject(pOldPen);
ReleaseDC(pDC);
}
void CWarnockView::VisionPoint()                         //此函数用于给出视
                                                           点位置
{
  // 投影时初始值即正弦值和余弦值及其乘积的计算、赋值
  float Th, Ph;
  Th =3.1415926  *  Theta/180;
  Ph =3.1415926  *  Phi/180;
  Aux1 = sin(Th);
  Aux2 = sin(Ph);
  Aux3 = cos(Th);
  Aux4 = cos(Ph);
  Aux5 = Aux3 * Aux2;
  Aux6 = Aux1 * Aux2;
```

```
    Aux7 = Aux3 * Aux4;
    Aux8 = Aux1 * Aux4;                                        //给出视点位置
    O1 = Rol * Aux7;
    O2 = Rol * Aux8;
    O3 = Rol * Aux2;
}
void CWarnockView::Mydraw()
{
    RedrawWindow();
    ReadVertics();
    ReadFaces();                                               //绘出透视投影下的
                                                                 凸多面体图形
    VisionPoint();                                             // 给出视点位置
    DrawObject();                                              // 画出立体的图形
}
// CWarnockView message handlers
void CWarnockView::OnTumianti()
{
    Rol =600.0;
    S =1;
    Theta =60;
    Phi =135;
    DE =1000;
    Mydraw();
    CDC * pDC = GetDC();
    pDC - > TextOut(10,10,"按下键盘上的"上"、"下"、"左"、"右"箭头可从各方位观看图
形");
    ReleaseDC(pDC);
}
void CWarnockView::OnYuanjin()
{
    // TODO: Add your command handler code here
    RedrawWindow();
    CClientDC * pdc = new CClientDC(this);
    CPen * pen1 = new CPen(PS_SOLID,1,RGB(0,0XFF,0));
    CPen * pen2 = new CPen(PS_SOLID,1,RGB(255,0,0));
    CPen * OldPen = pdc - > SelectObject(pen1);
    CBrush brush;
    brush. CreateSolidBrush(RGB(0,0,0));
```

```
CBrush * oldbrush = (CBrush * )pdc - > SelectObject(&brush);
int flag,col,r,ww,k1,k2,r1,r2,n,d,m,p,osw,osh,left,top;
int xs1,xs2,xs3,xs4,ys1,ys2,ys3,ys4,i,j,lastp;
double x,y,z,cx,cy,cz,thx,th1,th3,yw,zw,xw,thy,th,th2;
double PI,ed,od,eh,zzw,ppw;
double xs[50][17],zs[50][17],ys[50][17],zc[50][17],x1,y1;
int zz[850],pp[850];
r1 =100;
r2 =40;
k1 =20;
k2 =16;
ed =1500;
eh =0;
od =0;
n =0;
PI =3.14159;
th3 =1;
thx =0.9;                                          //计算顶点坐标值
for(d = -1;d < =1;d + =2){
  for(th1 =0; th1 < =2 * PI +0.1; th1 + =2 * PI/k1)
  {
    n =n +1;
    m =0;
    for(th2 =0; th2 < =2 * PI +0.1; th2 + =2 * PI/k2)
    {
      m =m +1;
      x =r1 +r2 * cos(th2);
      y =r2 * sin(th2);
      z =0;
      thy =th1;
      zw =z;
      xw =x;
      x =zw * cos(thy) - xw * sin(thy);
      z =zw * sin(thy) +xw * cos(thy);
      x =x +r1/2 * d;
      if(d = =1)
      {
        yw =y;
        zw =z;
```

```
          y = yw * cos(PI/2) - zw * sin(PI/2);
          z = yw * sin(PI/2) + zw * cos(PI/2);
        }
        thy = th3;
        zw = z;
        xw = x;
        x = zw * cos(thy) - xw * sin(thy);
        z = zw * sin(thy) + xw * cos(thy);
        yw = y;
        zw = z;
        y = yw * cos(thx) - zw * sin(thx);
        z = yw * sin(thx) + zw * cos(thx);
        x = x * ed/(ed - od - z);
        y = (y * ed - eh * (od + z))/(ed - od - z);
        xs[n][m] = x;
        ys[n][m] = y;
        zs[n][m] = z;
      }
      flag = 0;
    }
    flag = 0;
  }
  p = 0;
  for(n = 1; n < = k1; n + = 1)
  {
    for(m = 1; m < = k2; m + = 1)
    {
      zc[n][m] = int((zs[n][m] + zs[n + 1][m  + 1])/2);
      zz[p] = zc[n][m];
      pp[p] = p;
      p = p + 1;
    }
  }
  lastp = p - 1;                                        //排序
  for(i = 2; i < = lastp; i + = 1)
  {
    for(j = i - 1; j > = 0; j + = - 1)
    {
      if(zz[j] > zz[j + 1])
```

```
            {
              zzw = zz[j];
              zz[j] = zz[j+1];
              zz[j+1] = zzw;
              ppw = pp[j];
              pp[j] = pp[j+1];
              pp[j+1] = ppw;
            }
        }
    }                                                              //绘图
for(p=0; p<=lastp; p+=1)
{
  n=int(pp[p]/k2)+1;
  m=pp[p]% k2+1;
  if(n!=(k1+1))
  {
    xs1=int(xs[n][m]);
    ys1=int(ys[n][m]);
    xs2=int(xs[n+1][m]);
    ys2=int(ys[n+1][m]);
    xs3=int(xs[n+1][m+1]);
    ys3=int(ys[n+1][m+1]);
    xs4=int(xs[n][m+1]);
    ys4=int(ys[n][m+1]);
  if (abs(ys1*(xs2-xs3)+ys2*(xs3-xs1)+ys3*(xs1-xs2))>80)
    {
      pdc->MoveTo(xs1+320, ys1+200);
      pdc->SelectObject(pen1);
      pdc->LineTo(xs2+320, ys2+200);
      pdc->LineTo(xs3+320, ys3+200);
      pdc->LineTo(xs4+320, ys4+200);
      pdc->LineTo(xs1+320, ys1+200);
      //paint
      x=(xs[n][m]+xs[n+1][m+1])/2;
      y=(ys[n][m]+ys[n+1][m+1])/2;
      x1=int(x+320);
      y1=int(y+200);
      pdc->ExtFloodFill(x1, y1, RGB(0, 255, 0), 0);
    }
```

```
            pdc->MoveTo(xs1+320, ys1+200);
            pdc->SelectObject(pen2);
            pdc->LineTo(xs2+320, ys2+200);
            pdc->LineTo(xs3+320, ys3+200);
            pdc->LineTo(xs4+320, ys4+200);
            pdc->LineTo(xs1+320, ys1+200);
        }
    }
    pdc->SelectObject(OldPen);
    delete pen1;
    delete pen2;
    pdc->DeleteDC();
}
void CWarnockView::OnKeyDown(UINT nChar, UINT nRepCnt, UINT nFlags)
{
    // TODO: 在此添加消息处理程序代码和/或调用默认值
    CView::OnKeyDown(nChar, nRepCnt, nFlags);
    switch(nChar){
    case VK_UP:                //上下左右键选择
        Phi=Phi-IncAng;
        Mydraw();
        break;
    case VK_DOWN:
        Phi=Phi+IncAng;
        Mydraw();
        break;
    case VK_RIGHT:
        Theta=Theta+IncAng;
        Mydraw();
        break;
    case VK_LEFT:
        Theta=Theta-IncAng;
        Mydraw();
        break;
    default:
        break;
    }
}
```

习　题

1. 设计后向面判别程序，使用正平行投影对一个凸多面体进行观察。假设整个物体都在观察屏幕之前，且将其投影到屏幕视区中显示。

2. 设计后向面判别程序，使用透视投影对一个凸多面体进行观察。假设整个物体都在观察屏幕之前，且将其投影到屏幕视区中显示。

3. 编写程序，实现多面体的线框显示，并将隐藏线用虚线表示。

第 9 章 真实感物体绘制

经过消隐处理的物体已能比较好地表现三维物体，但这种物体明显缺乏真实感，如图 9-1 所示。

图 9-1 经过消隐处理的卡车（Autodesk 公司提供）

明显缺乏真实感的主要原因是没有考虑物体在现实中所受到的光照影响。物体在光的照射下，表面会产生明暗、颜色变化和阴影。若能利用物理和数学的原理，计算出物体表面每一点投射到观察者眼中的光亮度和色彩，就能很好地绘制具有相当真实感的三维物体。图 9-1所示卡车经过光照处理后如图 9-2 所示。

图 9-2 经过光照处理的卡车（Autodesk 公司提供）

由于影响物体表面的光照效果的因素很多，如物体的形状、材质、光的物理特性、人们对颜色的生理和心理感知等，特别是人眼感觉颜色的机理十分复杂，物体材质的精确数学描述非常困难，因此要想做到百分之百精确模拟，几乎是不可能的。

但经过近几年的对真实感绘制算法的不断研究和探索，已经可以绘制具有高度真实感的物体，如彩图 7 所示。但真实感物体绘制算法通常都非常复杂，需要大量的计算时间。其计算时间与绘制物体的真实感成正比。

9.1 光照模型

当光线照射到物体表面上时，光线可能被吸收、反射或透射，如图 9-3 所示。其中，被物体吸收的光能转化为热能，被物体反射或透射的光线，进入我们的眼睛，使我们看见物体。

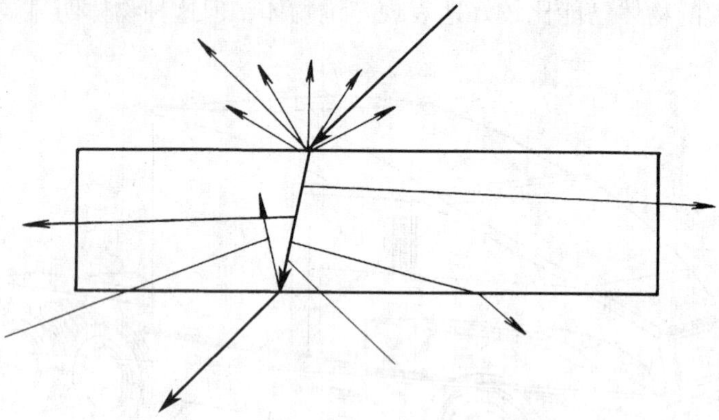

图 9-3 光线照射到物体表面发生的变化

如果入射光全部被物体吸收，则物体不可见，称物体为黑体。我们知道光实际上是具有一定能量的电磁波，人眼所能看见的电磁波长范围为 400 ~ 700nm。波长不同决定着光线的颜色不同。紫色光的波长大约是 400nm，红色光的波长大约是 700nm。

在现实中纯的单色光几乎不存在，我们所见到的大多是混合光。白光是混合了 400 ~ 700nm 所有等量电磁波而形成的。物体的颜色取决于入射光中那些波长的光被反射和透射光，更明确地说，反射光和透射光的强弱决定了物体表面的明暗程度，这些光中所含不同波长的比例决定了物体表面的颜色。而反射光或透射光的强弱及其光谱组成又决定于入射光和物体表面对入射光中不同波长光的吸收程度。由此可知，要精确计算物体表面的反射光和透射光，就需要知道入射光在每一波长上的强弱和物体表面在每一波长上对光的吸收率，也就是要了解入射光的光谱分布和物体表面的反射率及透射率光谱。根据这些光谱就可以计算反射光和透射光的光谱分布，从而得到反射光和透射光的颜色。但这种计算比较复杂，而且在许多情况下，人们并不关心物体表面的颜色。为简单起见，假设入射光为白光，物体表面是不透明的，其颜色可以人为指定。这种光照模型称为简单光照模型。

9.1.1 漫反射（Diffuse）

当光照射到一个表面粗糙的物体上时，反射光会向各个方向散射，这种光线的散射现象称为漫反射，如图 9-4 所示。

通过大量试验，Lambert 得出了漫反射光亮度的计算公式

$$I = k_d I_l \cos\theta \quad 0 \leqslant \theta \leqslant 90° \tag{9-1}$$

式中，I 为表面反射光亮度；k_d 为漫反射系数；I_l 为入射光亮度；θ 为入射光与表面法线的夹角。

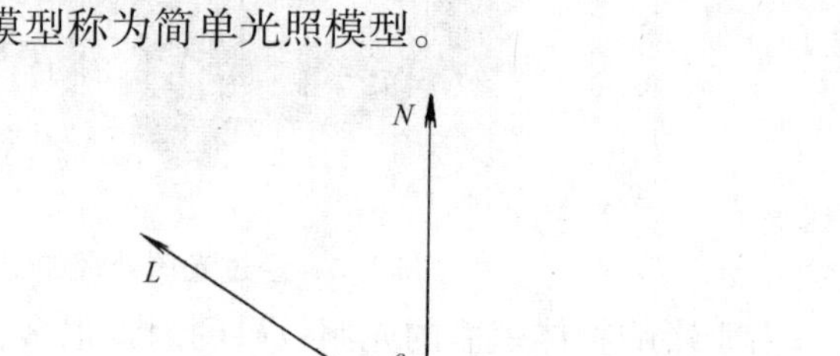

图 9-4 漫反射

从式(9-1)中可以看出，漫反射的光亮度与观察者的位置无关。图9-5表示将漫反射用于球面的情形。由于A点光线的入射角为零，故该处光亮度最大，而B处的光亮度就较弱，C处由于光线的入射角为90°，所以C处的光亮度为0°。

入射光的波长和物体的材质决定漫反射系数，其值在0~1之间。图9-6所示是不同漫反射系数的漫反射光照效果。

可以看出漫反射的物体表面看起来比较暗，这是由于没有考虑环境光的影响。

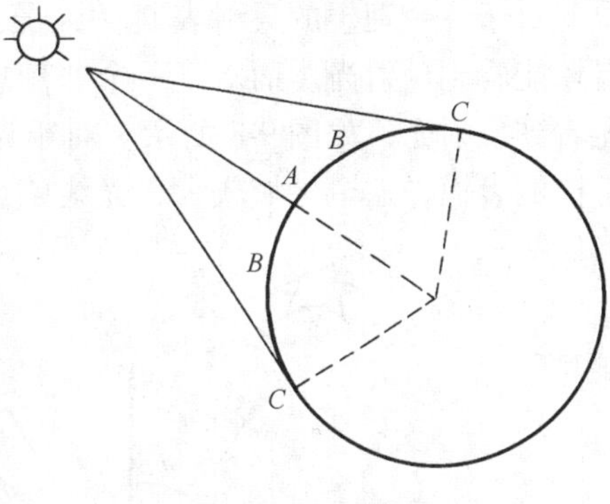

图9-5 漫反射用于球面

图9-6 不同系数的漫反射

9.1.2 环境光（Ambient）

我们知道，一个物体即使不直接被光源照射，只有照亮其周围的物体，那么由于周围物体的光反射作用，人们也能看见该物体。为能模拟这种现象，在简单光照模型中，可以设定一个场景的基准光亮度来表示从不同物体表面所产生的反射光的统一照明。这种光反射称之为环境反射（或背景光）。环境光无方向性，其光亮度表示为

$$I = k_a I_a \tag{9-2}$$

式中，k_a是环境光系数，受物体材质影响，取值在0~1之间；I_a是设定环境光亮度。

对于式(9-1)，考虑环境光的影响，漫反射公式可以完善为

$$I = k_a I_a + k_d I_l \cos\theta \quad 0 \leqslant k_a + k_l \leqslant 1 \tag{9-3}$$

图9-7是考虑环境光的漫反射效果。

图9-7 取不同环境光系数的漫反射

9.1.3 镜面反射（Specular）

当光线照射到表面光滑的物体上时，从某个角度看，物体表面会产生一个亮点（高光区），光线的这种反射称为镜面反射。

对于一个理想的反射表面（镜子），反射角等于入射角，这说明只有在此角度上，观察者才能看到反射光。而对于一个非理想的反射表面，在此角度上下的一个区域内，观察者可能看到反射光，如图 9-8 所示。对于光滑的表面，这个区域较小，即光线会聚性好；而对于粗糙的表面，这个区域较大，光线的会聚性差。

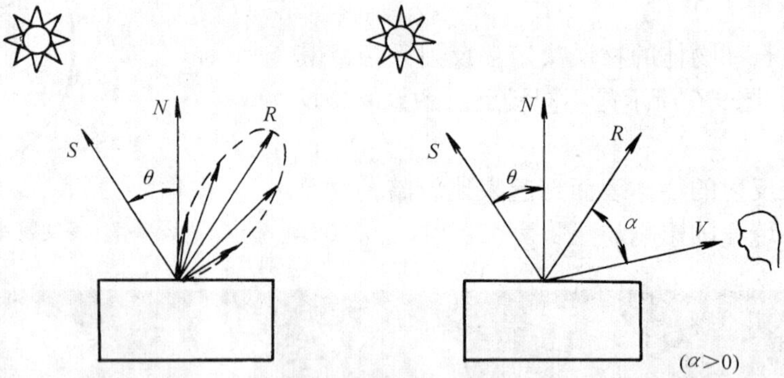

图 9-8 镜面反射

通过试验，Phong 给出了镜面反射的经验公式

$$I = k_s I_l \cos^n \alpha \tag{9-4}$$

式中，k_s 为镜面反射系数；I_l 为入射光亮度；α 为反射光线与视线的夹角；n 为会聚系数。

表面越光滑的物体，n 的取值越大，这和余弦幂函数几何特征相对应，如图 9-9 所示。

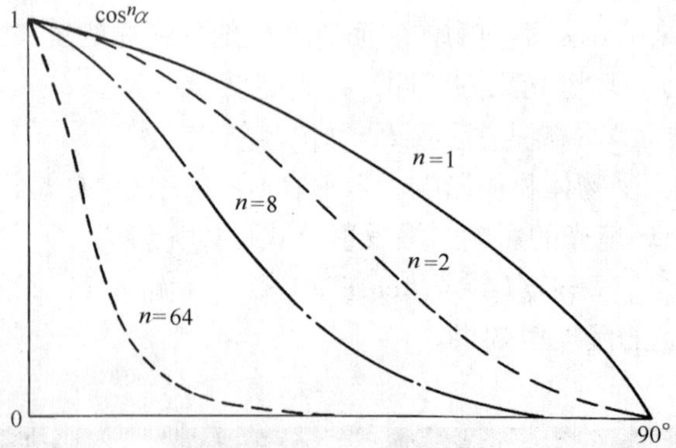

图 9-9 余弦幂函数图像

考虑环境光、漫反射等因素，可以得到一个比较理想的简单光照模型的经验公式

$$I = k_a I_a + k_d I_l \cos\theta + k_s I_l \cos^n \alpha \tag{9-5}$$

图 9-10 表示的是 $I_a = I_l = 1.0$，$k_a = 0.1$，$k_d = 0.45$ 时，球面的不同镜面反射效果。

上述讨论都是针对单一的点光源，可以将其结果推广为多个点光源。除了环境光之外，多光源的光照亮度是每个光源光照亮度的叠加，即

$$I = k_a I_a + \sum_{i=1}^{m} (k_d \cos\theta_i + k_s \cos^n \alpha_i) I_{l_i} \tag{9-6}$$

式中，m 为点光源的个数。

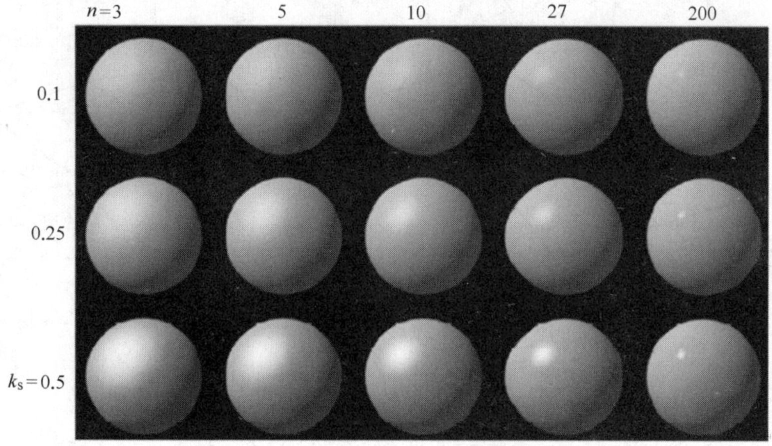

图 9-10　不同镜面会聚和反射系数的镜面反射

9.2　Gouraud 明暗处理

上述光照模型应用于多面体结果是不错的，但对于复杂的曲面，结果就很不理想，如图 9-11 所示的左边球面。这是由于我们通常是用小的多边形来表示曲面，而平面的法线在平面上每一点都是相同的，结果造成相邻多边形的光亮度明显不同，也就是说，曲面上点的光照亮度不连续。

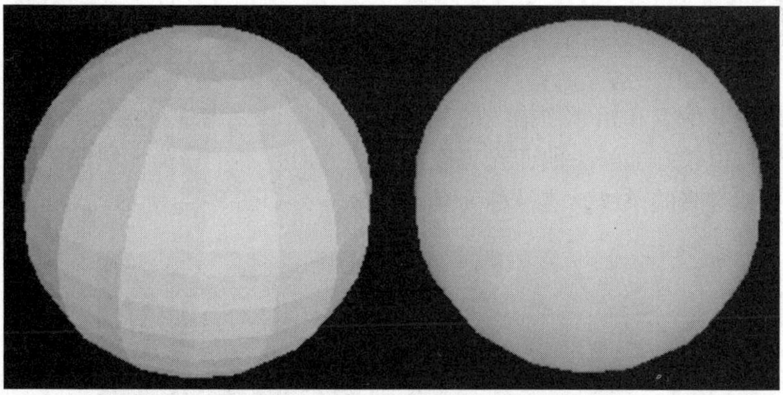

图 9-11　Gouraud 处理效果

1971 年，Gouraud 给出了一种利用线性插值的方法计算光照亮度，可以获得较好光滑效果，如图 9-11 右边球面所示。该方法的主要思想是首先确定每个多边形顶点处的平均单位法线，再对每个顶点根据光照模型公式来计算光照亮度，最后根据顶点的光照亮度进行线性插值来获得多边形上非顶点处的光照亮度。

如图 9-12 所示，多边形顶点处的法线可以由相邻多边形平面的法线确定。

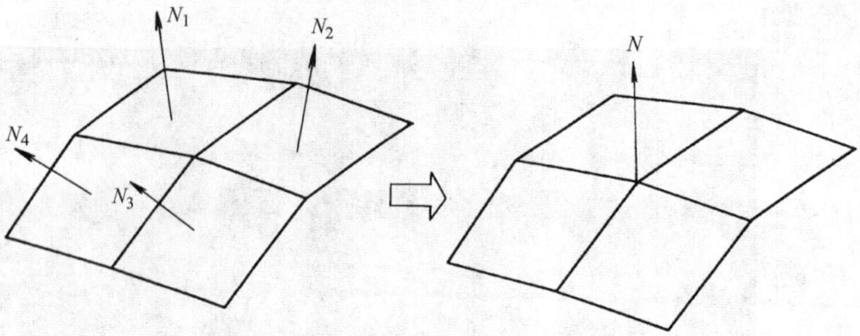

图 9-12 多边形顶点的法线确定

$$N = \frac{N_1 + N_2 + N_3 + N_4}{|N_1 + N_2 + N_3 + N_4|} \tag{9-7}$$

图 9-13 示意了线性插值的做法。

扫描线与 12 边相交于点 4，该点的光亮度可以将点 1 和点 2 的光亮度进行插值计算

$$I_4 = \frac{y_4 - y_2}{y_1 - y_2} I_1 + \frac{y_1 - y_4}{y_1 - y_2} I_2 \tag{9-8}$$

同理，点 5 的光亮度为

$$I_5 = \frac{y_5 - y_2}{y_2 - y_3} I_2 + \frac{y_3 - y_5}{y_2 - y_3} I_3 \tag{9-9}$$

再沿扫描线对点 P 的光亮度进行插值计算

$$I_P = \frac{x_5 - x_P}{x_5 - x_4} I_4 + \frac{x_P - x_4}{x_5 - x_4} I_5 \tag{9-10}$$

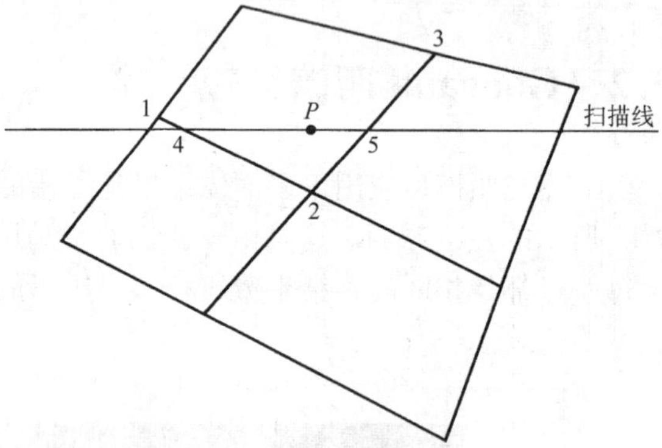

图 9-13 光照亮度的线性插值

对于扫描线上其他点和相邻扫描线的光亮度的计算可以用增量的方法解决。Gouraud 明暗处理方法虽然可以较好地解决曲面光亮度的连续，但并不是完美无缺的。它可能造成物体表面上出现过亮或过暗的条纹，这被称为马赫带效应，如图 9-14 所示。

图 9-14 马赫带效应

如果沿扫描线对法向量作线性插值，然后在每一像素处根据插值所得的法线向量再按光照模型计算点的光亮度，则可以获得更好的效果，这种方法称为 Phong 明暗处理。但这种方

法的计算量很大。图 9-15 是它们之间的效果比较。

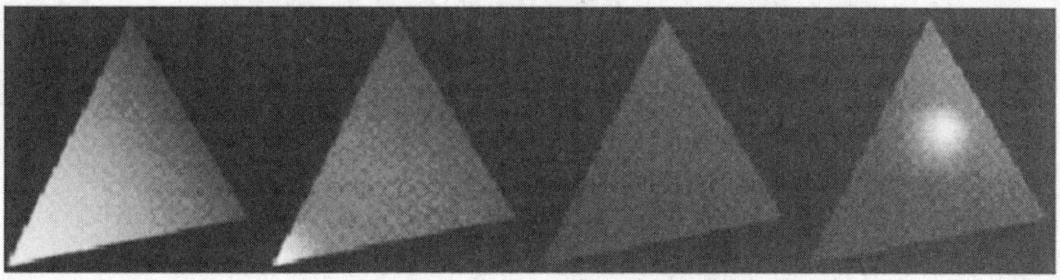

图 9-15 明暗处理效果

9.3 光线跟踪（Ray-Tracing）算法

前面所讲的光照模型中，只考虑了光源照射在物体表面后反射到我们眼中的光亮度。它没有考虑场景中其他物体表面的反射光的作用，这种光照模型称为局部光照模型。由于其自身的局限性，比如没有考虑透射光，结果是无法表现透明的物体，因此局部光照模型很难生成表现复杂场景具有高度真实感的图像。

如果综合考虑场景中环境光、反射光和透射光对物体表面的整体影响，就可以得到具有高度真实感的图像。这种光照模型称为整体（全局）光照模型，如彩图 8 所示。

对于整体光照模型的绘制的算法很多，但都比较复杂，需要大量的计算时间。光线跟踪算法是其中比较简单的，也是真实感绘制的典型算法。它是 1980 年由 Tuner Whitted 在其论文“An Improved Illumination Model for Shaded Display”中提出的。

由于在场景中物体表面反射光和透射光的相互作用，场景中的光线非常多，而且向四周发散，要想跟踪每一条光线是比较困难的。实际上也并不是必要的，因为只有一部分光线穿过投影平面（屏幕）进入我们的视线。因此，我们可以只考虑屏幕上每一个像素，反向跟踪一条由该像素发射到场景中的光线，该像素的光亮度由通过该像素的光线在场景中碰到的所有物体表面反射光亮度累计得到（见图 9-16），即

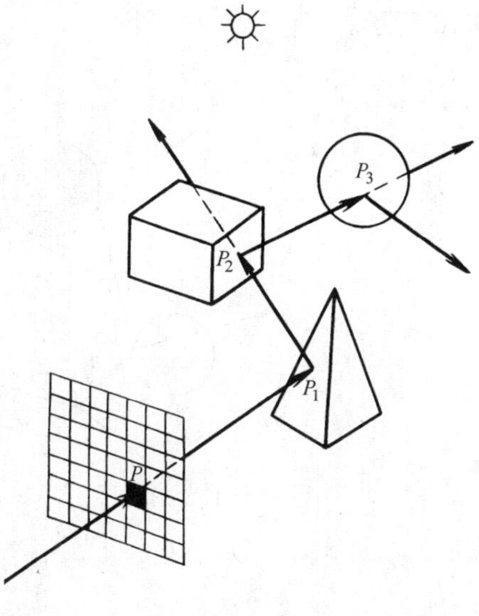

图 9-16 光线跟踪

$$I = I_c + k_s I_s + k_t I_t \tag{9-11}$$

式中，I_c 为在光源直接照射下反射光亮度；I_s 为环境镜面反射光亮度；I_t 为环境透射光亮度。后两种光亮度是为了模拟场景中的光线照射到物体表面上所产生的镜面反射和透射。I_c 的计算用前面所讲的 Phong 光照模型，这里的关键是求 I_s 和 I_t。

如图 9-17 所示，求 I_s 和 I_t 的关键是求矢量 $\boldsymbol{R}$ 和 $\boldsymbol{P}$。

根据光学的有关定律和矢量运算，得

$$\begin{aligned}\boldsymbol{R} &= 2(\boldsymbol{N} + \boldsymbol{V}_1) - \boldsymbol{V}_1 = \boldsymbol{V}_1 + 2\boldsymbol{N} \\ \boldsymbol{P} &= k_f(\boldsymbol{N} + \boldsymbol{V}_1) - \boldsymbol{N}\end{aligned} \tag{9-12}$$

式中

$$V_1 = \frac{V}{|V \cdot N|}$$

$$k_f = \frac{1}{\sqrt{k_\eta^2 \, |V_1|^2 - |V_1 + N|^2}} \tag{9-13}$$

$$k_\eta = \frac{\eta_2}{\eta_1}$$

跟踪每一条光线，求与该光线相交的第一个物体表面的交点，这一点是可见点，按照简单光照模型计算其光亮度。由于光线在该点又产生了反射光和透射光（物体透明），按照上述讨论，计算反射光亮度和透射光亮度，这样就得到了该点处的光照亮度。再跟踪该点处的反射光线和透射光线，找到与它们相交的最近表面上的点，重复上面的过程。很明显，这是一个递归过程，每个物体表面的光线形成一个二叉树，如图9-18 所示。

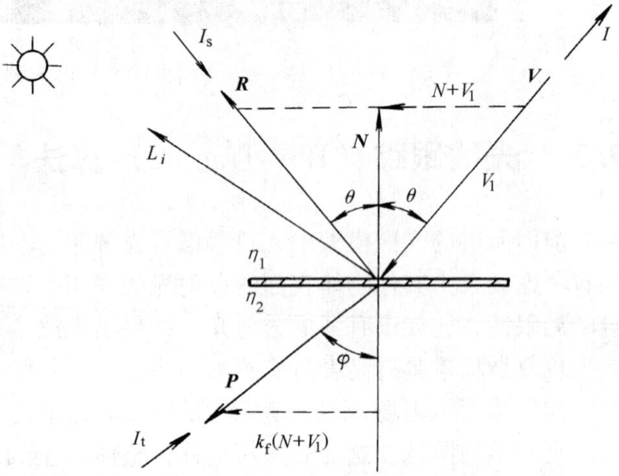

图 9-17 光的反射和透射

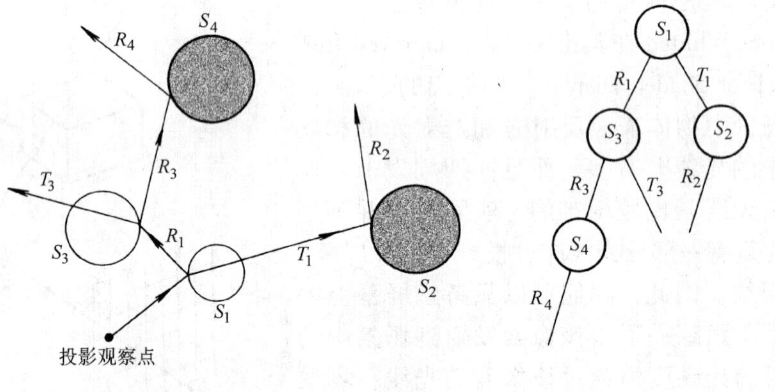

图 9-18 光线跟踪树

原则上光线的跟踪可以无限进行下去，但要进行计算就必须有终止条件。一般可以将被跟踪的光线与场景中物体表面不再相交作为终止条件。但考虑到光能的衰减，也可以将光亮度小于给定值作为算法终止的条件。

光线跟踪算法的伪代码可以表示为

for 对需要计算的每一个像素 p

{

确定通过视点 V 和像素 p 的光线

}

9.4　纹理（Texture）映射

利用光线跟踪算法虽然可以绘制具有高度真实感的物体表面，但对物体表面的细节（如花纹、图案等）描述却无法很好地表现出来，如彩图 9 所示。

物体表面细节通常可以分为颜色纹理（如瓷器上的各种非立体的图案、花纹等）和几何纹理（如橘子表皮的皱褶）。颜色纹理取决于物体表面的光学属性，而几何纹理则取决于物体表面的微观几何形状。由于物体表面的实际纹理相当复杂，无法用数学的方法进行描述，所以要表现物体表面的细节，通常采用的方法就是将表现物体表面细节的图像"贴"到物体表面，即所谓纹理映射。

1974 年，Catmull 最早提出在光滑表面上添加纹理。其核心思想是映射技术，也可以看做是从一个坐标系到另一个坐标系的变换，如图 9-19 所示。

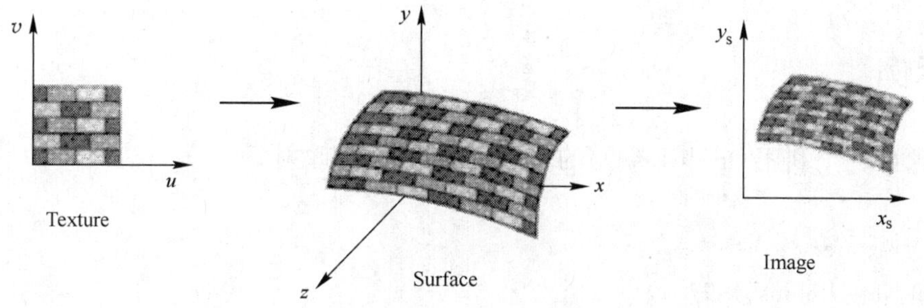

图 9-19　纹理空间到景物空间到图像空间的映射

将景物空间中的物体表面用参数方程表示

$$\begin{cases} x = x(\theta,\phi) \\ y = y(\theta,\phi) \\ z = z(\theta,\phi) \end{cases} \tag{9-14}$$

再构造映射函数

$$\begin{cases} \theta = f(u,v) \\ \phi = g(u,v) \end{cases} \tag{9-15}$$

便可以实现纹理空间和景物空间的变换。

环境映射或反射映射是 1976 年由 Blinn 和 Newell 首先提出的。他们假设环境是由距离遥远的景物和光源组成，待绘物体遮挡部分环境的情形可以忽略。实现时，环境被映射到一个大球的内侧面上，而待绘物体位于球心处。球面的参数方程是一个由经纬坐标决定的二维函数。这种技术可以提供光线跟踪的效果，所以在某些场合可以模拟光线跟踪算法，其效率要高很多，如彩图 10 所示。

上述方法无法表现诸如橘子皮和树皮等表面粗糙的纹理，1978 年，Blinn 提出了一种无需修改物体表面的几何模型，通过加入微小的扰动来改变物体表面的微观几何形状，从而引起法线方向的扰动，实现粗糙表面纹理的模拟，这种技术称为凹凸纹理映射，如图 9-20 所示。

图 9-20 凹凸映射

9.5 示例

下面给出一个利用 OpenGL 编写的 C 程序，实现纹理映射。

```
/*
    texture.c
    Nate Robins,1997
    Tool for teaching about OpenGL texture.

*/


#include <math.h>
#include <stdio.h>
#include <stdlib.h>
#include <stdarg.h>
#include <string.h>
#include <GL/glut.h>
#include"glm.h"
#pragma comment( linker, "/entry:\"mainCRTStartup\"" ) // set the entry point to be main
()

typedef struct_cell {
    int id;
    int x, y;
    float min, max;
    float value;
    float step;
```

```
        char * info;
        char * format;
} cell;
cell texcoords[2 * 4] = {
        { 1, 140, 370, -2.0, 2.0, 0.0, 0.01,
            "Specifies S value of 1st texture coordinate", "%.1f" },
        { 2, 190, 370, -2.0, 2.0, 0.0, 0.01,
        "Specifies T value of 1st texture coordinate", "%.1f" },
        { 3, 140, 400, -2.0, 2.0, 1.0, 0.01,
        "Specifies S value of 2nd texture coordinate", "%.1f" },
        { 4, 190, 400, -2.0, 2.0, 0.0, 0.01,
        "Specifies T value of 2nd texture coordinate", "%.1f" },
        { 5, 140, 430, -2.0, 2.0, 1.0, 0.01,
        "Specifies S value of 3rd texture coordinate", "%.1f" },
        { 6, 190, 430, -2.0, 2.0, 1.0, 0.01,
        "Specifies T value of 3rd texture coordinate", "%.1f" },
        { 7, 140, 460, -2.0, 2.0, 0.0, 0.01,
        "Specifies S value of 4th texture coordinate", "%.1f" },
        { 8, 190, 460, -2.0, 2.0, 1.0, 0.01,
        "Specifies T value of 4th texture coordinate", "%.1f" },
};
cell vertices[3 * 4] = {
        { 9, 350, 370, -2.0, 2.0, -1.0, 0.01,
            "Specifies X coordinate of 1st vertex", "%.1f" },
        { 10, 400, 370, -2.0, 2.0, -1.0, 0.01,
        "Specifies Y coordinate of 1st vertex", "%.1f" },
        { 11, 450, 370, -2.0, 2.0, 0.0, 0.01,
        "Specifies Z coordinate of 1st vertex", "%.1f" },
        { 12, 350, 400, -2.0, 2.0, 1.0, 0.01,
        "Specifies X coordinate of 2nd vertex", "%.1f" },
        { 13, 400, 400, -2.0, 2.0, -1.0, 0.01,
        "Specifies Y coordinate of 2nd vertex", "%.1f" },
        { 14, 450, 400, -2.0, 2.0, 0.0, 0.01,
        "Specifies Z coordinate of 2nd vertex", "%.1f" },
        { 15, 350, 430, -2.0, 2.0, 1.0, 0.01,
        "Specifies X coordinate of 3rd vertex", "%.1f" },
        { 16, 400, 430, -2.0, 2.0, 1.0, 0.01,
        "Specifies Y coordinate of 3rd vertex", "%.1f" },
        { 17, 450, 430, -2.0, 2.0, 0.0, 0.01,
```

```
    "Specifies Z coordinate of 3rd vertex", "%.1f" },
    { 18, 350, 460, -2.0, 2.0, -1.0, 0.01,
    "Specifies X coordinate of 4th vertex", "%.1f" },
    { 19, 400, 460, -2.0, 2.0, 1.0, 0.01,
    "Specifies Y coordinate of 4th vertex", "%.1f" },
    { 20, 450, 460, -2.0, 2.0, 0.0, 0.01,
    "Specifies Z coordinate of 4th vertex", "%.1f" },
};
GLenum minfilter = GL_NEAREST;
GLenum magfilter = GL_NEAREST;
GLenum env = GL_MODULATE;
GLenum wraps = GL_REPEAT;
GLenum wrapt = GL_REPEAT;
cell translation[3] = {
    { 21, 120, 90, -5.0, 5.0, 0.0, 0.01,
        "Specifies X coordinate of translation vector.", "%.2f" },
    { 22, 180, 90, -5.0, 5.0, 0.0, 0.01,
    "Specifies Y coordinate of translation vector.", "%.2f" },
    { 23, 240, 90, -5.0, 5.0, 0.0, 0.01,
    "Specifies Z coordinate of translation vector.", "%.2f" },
};
cell rotation[4] = {
    { 24, 120, 120, -360.0, 360.0, 0.0, 1.0,
        "Specifies angle of rotation, in degrees.", "%.1f" },
    { 25, 180, 120, -1.0, 1.0, 0.0, 0.01,
    "Specifies X coordinate of vector to rotate about.", "%.2f" },
    { 26, 240, 120, -1.0, 1.0, 0.0, 0.01,
    "Specifies Y coordinate of vector to rotate about.", "%.2f" },
    { 27, 300, 120, -1.0, 1.0, 1.0, 0.01,
    "Specifies Z coordinate of vector to rotate about.", "%.2f" },
};
cell scale[3] = {
    { 28, 120, 150, -5.0, 5.0, 1.0, 0.01,
        "Specifies scale factor along X axis.", "%.2f" },
    { 29, 180, 150, -5.0, 5.0, 1.0, 0.01,
    "Specifies scale factor along Y axis.", "%.2f" },
    { 30, 240, 150, -5.0, 5.0, 1.0, 0.01,
    "Specifies scale factor along Z axis.", "%.2f" },
};
```

```
cell pcolor[4] = {
    { 31, 120, 310, 0.0, 1.0, 0.6, 0.01,
        "Specifies red component of polygon color. ", "%.2f" },
    { 32, 180, 310, 0.0, 1.0, 0.6, 0.01,
    "Specifies green component of polygon color. ", "%.2f" },
    { 33, 240, 310, 0.0, 1.0, 0.6, 0.01,
    "Specifies blue component of polygon color. ", "%.2f" },
    { 34, 300, 310, 0.0, 1.0, 1.0, 0.01,
    "Specifies alpha component of polygon color. ", "%.2f" },
};
cell bcolor[4] = {
    { 39, 240, 30, 0.0, 1.0, 1.0, 0.01,
        "Specifies red component of texture border color. ", "%.2f" },
    { 40, 300, 30, 0.0, 1.0, 0.0, 0.01,
    "Specifies green component of texture border color. ", "%.2f" },
    { 41, 360, 30, 0.0, 1.0, 0.0, 0.01,
    "Specifies blue component of texture border color. ", "%.2f" },
    { 42, 420, 30, 0.0, 1.0, 1.0, 0.01,
    "Specifies alpha component of texture border color. ", "%.2f" },
};
cell ecolor[4] = {
    { 35, 240, 60, 0.0, 1.0, 0.0, 0.01,
        "Specifies red component of texture environment color. ", "%.2f" },
    { 36, 300, 60, 0.0, 1.0, 1.0, 0.01,
    "Specifies green component of texture environment color. ", "%.2f" },
    { 37, 360, 60, 0.0, 1.0, 0.0, 0.01,
    "Specifies blue component of texture environment color. ", "%.2f" },
    { 38, 420, 60, 0.0, 1.0, 1.0, 0.01,
    "Specifies alpha component of texture environment color. ", "%.2f" },
};
GLfloat eye[3] = { 0.0, 0.0, 3.0 };
GLfloat at[3] = { 0.0, 0.0, 0.0 };
GLfloat up[3] = { 0.0, 1.0, 0.0 };
void redisplay_all(void);
GLuint window, world, screen, command;
GLuint sub_width = 256, sub_height = 256;
GLint selection = 0;
GLfloat spin_x = 0.0;
GLfloat spin_y = 0.0;
```

```
int iheight, iwidth;
unsigned char * image = NULL;
int twidth, theight;
int stipple;
#if defined(GL_VERSION_1_1)
#define GL_REPLACE_EXT GL_REPLACE
#endif
GLvoid * font_style = GLUT_BITMAP_TIMES_ROMAN_10;
void setfont(char * name, int size)
{
   font_style = GLUT_BITMAP_HELVETICA_10;
   if (strcmp(name, "helvetica") = =0) {
      if (size = =12)
            font_style = GLUT_BITMAP_HELVETICA_12;
      else if (size = =18)
            font_style = GLUT_BITMAP_HELVETICA_18;
   } else if (strcmp(name, "times roman") = =0) {
      font_style = GLUT_BITMAP_TIMES_ROMAN_10;
      if (size = =24)
            font_style = GLUT_BITMAP_TIMES_ROMAN_24;
   } else if (strcmp(name, "8x13") = =0) {
            font_style = GLUT_BITMAP_8_BY_13;
   } else if (strcmp(name, "9x15") = =0) {
            font_style = GLUT_BITMAP_9_BY_15;
   }
}
void drawstr(GLuint x, GLuint y, char * format, ...)
{
      va_list args;
      char buffer[255], *s;
      va_start(args, format);
      vsprintf(buffer, format, args);
      va_end(args);
      glRasterPos2i(x, y);
      for (s = buffer; *s; s+ +)
            glutBitmapCharacter(font_style, *s);
}
void cell_draw(cell * cell)
{
```

```
    glColor3ub(0, 255, 128);
    if(selection == cell->id){
        glColor3ub(255, 255, 0);
        drawstr(10, 525, cell->info);
        glColor3ub(255, 0, 0);
    }
    drawstr(cell->x, cell->y, cell->format, cell->value);
}
int cell_hit(cell * cell, int x, int y)
{
    if (x > cell->x && x < cell->x + 50 &&
        y > cell->y - 20 && y < cell->y + 10)
        return cell->id;
    return 0;
}
void cell_update(cell * cell, int update)
{
    if(selection != cell->id)
        return;
        cell->value += update * cell->step;
        if (cell->value < cell->min)
        cell->value = cell->min;
    else if(cell->value > cell->max)
        cell->value = cell->max;
    }
void cell_vector(float * dst, cell * cell, int num)
{
    while(--num >= 0)
        dst[num] = cell[num].value;
}
void drawaxes(void)
{
    glColor3ub(255, 0, 0);
    glBegin(GL_LINE_STRIP);
    glVertex3f(0.0, 0.0, 0.0);
    glVertex3f(1.0, 0.0, 0.0);
    glVertex3f(0.75, 0.25, 0.0);
    glVertex3f(0.75, -0.25, 0.0);
    glVertex3f(1.0, 0.0, 0.0);
```

```
    glVertex3f(0.75, 0.0, 0.25);
    glVertex3f(0.75, 0.0, -0.25);
    glVertex3f(1.0, 0.0, 0.0);
    glEnd();
    glBegin(GL_LINE_STRIP);
    glVertex3f(0.0, 0.0, 0.0);
    glVertex3f(0.0, 1.0, 0.0);
    glVertex3f(0.0, 0.75, 0.25);
    glVertex3f(0.0, 0.75, -0.25);
    glVertex3f(0.0, 1.0, 0.0);
    glVertex3f(0.25, 0.75, 0.0);
    glVertex3f(-0.25, 0.75, 0.0);
    glVertex3f(0.0, 1.0, 0.0);
    glEnd( );
    glBegin(GL_LINE_STRIP);
    glVertex3f(0.0, 0.0, 0.0);
    glVertex3f(0.0, 0.0, 1.0);
    glVertex3f(0.25, 0.0, 0.75);
    glVertex3f(-0.25, 0.0, 0.75);
    glVertex3f(0.0, 0.0, 1.0);
    glVertex3f(0.0, 0.25, 0.75);
    glVertex3f(0.0, -0.25, 0.75);
    glVertex3f(0.0, 0.0, 1.0);
    glEnd( );
    glColor3ub(255, 255, 0);
    glRasterPos3f(1.1, 0.0, 0.0);
    glutBitmapCharacter(GLUT_BITMAP_HELVETICA_12, 'x');
    glRasterPos3f(0.0, 1.1, 0.0);
    glutBitmapCharacter(GLUT_BITMAP_HELVETICA_12, 'y');
    glRasterPos3f(0.0, 0.0, 1.1);
    glutBitmapCharacter(GLUT_BITMAP_HELVETICA_12, 'z');
}
void texenv(void)
{
    GLfloat env_color[4], border_color[4];
    cell_vector(env_color, ecolor, 4);
    cell_vector(border_color, bcolor, 4);
    glTexParameteri(GL_TEXTURE_2D, GL_TEXTURE_MIN_FILTER, minfilter);
    glTexParameteri(GL_TEXTURE_2D, GL_TEXTURE_MAG_FILTER, magfilter);
```

```
        glTexParameteri(GL_ TEXTURE_2D, GL_ TEXTURE_WRAP_S, wraps);
        glTexParameteri(GL_ TEXTURE_2D, GL_ TEXTURE_WRAP_T, wrapt);
        glTexEnvi(GL_ TEXTURE_ENV, GL_ TEXTURE_ENV_MODE, env);
        glTexEnvfv(GL_ TEXTURE_ENV, GL_ TEXTURE_ENV_COLOR, env_color);
glTexParameterfv(GL_ TEXTURE_2D, GL_ TEXTURE_BORDER_COLOR, border_color);
    }
    void texture(void)
    {
        texenv();
gluBuild2DMipmaps(GL_ TEXTURE_2D, 3, iwidth, iheight, GL_ RGB, GL_UNSIGNED_
BYTE, image);
    }
    void main_reshape(int width, int height)
    {
        glViewport(0, 0, width, height);
        glMatrixMode(GL_ PROJECTION);
        glLoadIdentity();
        gluOrtho2D(0, width, height, 0);
        glMatrixMode(GL_MODELVIEW);
        glLoadIdentity();
        #define GAP 25      /* gap between subwindows */
        sub_width = (width-GAP * 3)/3;
        sub_height = (height-GAP * 3)/2;
        glutSetWindow(screen);
        glutPositionWindow(GAP, GAP);
        glutReshapeWindow(sub_width, sub_height);
        glutSetWindow(world);
        glutPositionWindow(GAP, GAP + sub_height + GAP);
        glutReshapeWindow(sub_width, sub_height);
        glutSetWindow(command);
        glutPositionWindow(GAP + sub_width + GAP, GAP);
        glutReshapeWindow(sub_width * 2, sub_height * 2 + GAP);
    }
    void main_display(void)
    {
        glClearColor(0.8, 0.8, 0.8, 0.0);
        glClear(GL_COLOR_BUFFER_BIT | GL_DEPTH_BUFFER_BIT);
        glColor3ub(0, 0, 0);
        setfont("helvetica", 12);
```

```
    drawstr(GAP, GAP-5, "Screen - space view");
    drawstr(GAP + sub_width + GAP, GAP-5, "Command manipulation window");
    drawstr(GAP, GAP + sub_height + GAP-5, "Texture-space view");
    glutSwapBuffers();
}
void world_reshape(int width, int height)
{
    twidth = width;
    theight = height;
glTexParameteri(GL_TEXTURE_2D, GL_TEXTURE_MIN_FILTER, GL_NEAREST);
glTexParameteri(GL_TEXTURE_2D, GL_TEXTURE_MAG_FILTER, GL_NEAREST);
    glTexParameteri(GL_TEXTURE_2D, GL_TEXTURE_WRAP_S, wraps);
    glTexParameteri(GL_TEXTURE_2D, GL_TEXTURE_WRAP_T, wrapt);
    glTexEnvi(GL_TEXTURE_ENV, GL_TEXTURE_ENV_MODE, GL_DECAL);
    glViewport(0, 0, width, height);
    glMatrixMode(GL_PROJECTION);
    glLoadIdentity();
    glOrtho(0, width, 0, height, -1, 1);
    glMatrixMode(GL_MODELVIEW);
    glLoadIdentity();
    glClearColor(0.0, 0.0, 0.0, 1.0);
    glDisable(GL_DEPTH_TEST);
    glEnable(GL_LIGHT0);
}
void world_display(void)
{
    glMatrixMode(GL_PROJECTION);
    glLoadIdentity();
    glOrtho(0, twidth, 0, theight, -1, 1);
    glMatrixMode(GL_MODELVIEW);
    glLoadIdentity();
    glClear(GL_COLOR_BUFFER_BIT | GL_DEPTH_BUFFER_BIT);
    glColor3ub(255, 255, 255);
    glEnable(GL_TEXTURE_2D);
    glEnable(GL_LIGHTING);
    glBegin(GL_POLYGON);
    glTexCoord2f(-0.5, -0.5);
    glVertex2i(0, 0);
    glTexCoord2f(1.5, -0.5);
```

```
glVertex2i(twidth, 0);
glTexCoord2f(1.5, 1.5);
glVertex2i(twidth, theight);
glTexCoord2f(-0.5, 1.5);
glVertex2i(0, theight);
glEnd();
glBegin(GL_POLYGON);
glTexCoord2f(-0.5, -0.5);
glVertex2i(-1, -1);
glTexCoord2f(1.5, -0.5);
glVertex2i(1, -1);
glTexCoord2f(1.5, 1.5);
glVertex2i(1, 1);
glTexCoord2f(-0.5, 1.5);
glVertex2i(-1, 1);
glEnd();
glDisable(GL_TEXTURE_2D);
glDisable(GL_LIGHTING);
glScalef(twidth/2, theight/2, 1.0);
glTranslatef(0.5, 0.5, 0.0);
glTranslatef(translation[0].value, translation[1].value,
    translation[2].value);
glRotatef(rotation[0].value, rotation[1].value,
    rotation[2].value, rotation[3].value);
glScalef(scale[0].value, scale[1].value, scale[2].value);
/* axes */
glPushMatrix();
glTranslatef(-0.001, -0.001, 0.0);
glColor3ub(0, 255, 128);
glBegin(GL_LINE_STRIP);
glVertex2f(0.1, 0.5);
glVertex2f(0.0, 0.6);
glVertex2f(-0.1, 0.5);
glEnd();
glBegin(GL_LINE_STRIP);
glVertex2f(0.5, 0.1);
glVertex2f(0.6, 0.0);
glVertex2f(0.5, -0.1);
glEnd();
```

```
    glBegin(GL_LINE_STRIP);
    glVertex2f(0.6, 0.0);
    glVertex2f(0.0, 0.0);
    glVertex2f(0.0, 0.6);
    glEnd();
    glColor3ub(255, 255, 0);
    glRasterPos2f(0.6, -0.1);
    glutBitmapCharacter(GLUT_BITMAP_HELVETICA_12, 's');
    glRasterPos2f(-0.1, 0.6);
    glutBitmapCharacter(GLUT_BITMAP_HELVETICA_12, 't');
    glPopMatrix();
    glEnable(GL_LINE_STIPPLE);
    glLineStipple(1, (GLushort)stipple);
    glColor3ub(255, 0, 0);
    glBegin(GL_LINE_LOOP);
    glVertex2f(texcoords[0].value, texcoords[1].value);
    glVertex2f(texcoords[2].value, texcoords[3].value);
    glVertex2f(texcoords[4].value, texcoords[5].value);
    glVertex2f(texcoords[6].value, texcoords[7].value);
    glEnd();
    glLineStipple(1, (GLushort)(stipple^0xffff));
    glColor3ub(255, 255, 255);
    glBegin(GL_LINE_LOOP);
    glVertex2f(texcoords[0].value, texcoords[1].value);
    glVertex2f(texcoords[2].value, texcoords[3].value);
    glVertex2f(texcoords[4].value, texcoords[5].value);
    glVertex2f(texcoords[6].value, texcoords[7].value);
    glEnd();
    glDisable(GL_LINE_STIPPLE);
    glutSwapBuffers();
}
void world_menu(int value)
{
    char * name = 0;
    switch(value){
    case'f':
        name = "data/fishermen.ppm";
        break;
    case'o':
```

```
            name = "data/opengl.ppm";
            break;
        case'c':
            name = "data/checker.ppm";
            break;
        case'm':
            name = "data/marble.ppm";
            break;
        case't':
            name = "data/train.ppm";
            break;
    }
    if (name) {
        free(image);
        image = glmReadPPM(name, &iwidth, &iheight);
        if (! image)
            image = glmReadPPM("data/fishermen.ppm", &iwidth, &iheight);
    }
    glutSetWindow(screen);
    texture();
    glutSetWindow(world);
    texture();
    redisplay_all();
}
void screen_reshape(int width, int height)
{
    glViewport(0, 0, width, height);
    glMatrixMode(GL_PROJECTION);
    glLoadIdentity();
    gluPerspective(60.0, (GLfloat)width/height, 0.5, 8.0);
    glMatrixMode(GL_MODELVIEW);
    glLoadIdentity();
    gluLookAt(eye[0], eye[1], eye[2], at[0], at[1], at[2], up[0], up[1],up[2]);
    glClearColor(0.2, 0.2, 0.2, 1.0);
    glEnable(GL_COLOR_MATERIAL);
    glEnable(GL_DEPTH_TEST);
    glEnable(GL_LIGHTING);
    glEnable(GL_LIGHT0);
    glEnable(GL_TEXTURE_2D);
```

```
    glMatrixMode(GL_TEXTURE);
    glLoadIdentity();
    glTranslatef(translation[0].value, translation[1].value, translation[2].value);
    glRotatef(rotation[0].value, rotation[1].value,
        rotation[2].value, rotation[3].value);
    glScalef(scale[0].value, scale[1].value, scale[2].value);
    glMatrixMode(GL_MODELVIEW);
}
void screen_display(void)
{
    glClear(GL_COLOR_BUFFER_BIT | GL_DEPTH_BUFFER_BIT);
    glPushMatrix();
    glRotatef(spin_y, 1.0, 0.0, 0.0);
    glRotatef(spin_x, 0.0, 1.0, 0.0);
    glColor4f(pcolor[0].value, pcolor[1].value, pcolor[2].value, pcolor[3].value);
    glBegin(GL_POLYGON);
    glNormal3f(0.0, 0.0, 1.0);
    glTexCoord2f(texcoords[0].value, texcoords[1].value);
    glVertex3f(vertices[0].value, vertices[1].value, vertices[2].value);
    glTexCoord2f(texcoords[2].value, texcoords[3].value);
    glVertex3f(vertices[3].value, vertices[4].value, vertices[5].value);
    glTexCoord2f(texcoords[4].value, texcoords[5].value);
    glVertex3f(vertices[6].value, vertices[7].value, vertices[8].value);
    glTexCoord2f(texcoords[6].value, texcoords[7].value);
    glVertex3f(vertices[9].value, vertices[10].value, vertices[11].value);
    glEnd();
    glPopMatrix();
    glutSwapBuffers();
}
int old_x, old_y;
void screen_mouse(int button, int state, int x, int y)
{
    old_x = x;
    old_y = y;
    redisplay_all();
}
void screen_motion(int x, int y)
{
    spin_x = x-old_x;
```

```
    spin_y = y-old_y;
    redisplay_all();
}
void command_reshape(int width, int height)
{
    glViewport(0, 0, width, height);
    glMatrixMode(GL_PROJECTION);
    glLoadIdentity();
    gluOrtho2D(0, width, height, 0);
    glMatrixMode(GL_MODELVIEW);
    glLoadIdentity();
    glClearColor(0.0, 0.0, 0.0, 0.0);
    glDisable(GL_DEPTH_TEST);
}
void polygon_display(void)
{
    setfont("helvetica", 12);
    drawstr(10, pcolor[0].y - 50, "glEnable(GL_TEXTURE_2D);");
    drawstr(10, pcolor[0].y - 30, "gluBuild2DMipmaps(GL_TEXTURE_2D, 3, w, h, "
        "GL_RGB, GL_UNSIGNED_BYTE, image);");
    setfont("helvetica", 18);
    drawstr(10, pcolor[0].y, "glColor4f(");
    drawstr(pcolor[0].x +50, pcolor[0].y, ",");
    drawstr(pcolor[1].x +50, pcolor[1].y, ",");
    drawstr(pcolor[2].x +50, pcolor[2].y, ",");
    drawstr(pcolor[3].x +50, pcolor[2].y, ");");
    drawstr(10, texcoords[0].y - 30, "glBegin(GL_POLYGON);");
    drawstr(10, texcoords[0].y, "glTexCoord2f(");
    drawstr(texcoords[0].x +40, texcoords[0].y, ",");
    drawstr(texcoords[1].x +40, texcoords[1].y, ");");
    drawstr(250, vertices[0].y, "glVertex3f(");
    drawstr(vertices[0].x +40, vertices[0].y, ",");
    drawstr(vertices[1].x +40, vertices[1].y, ",");
    drawstr(vertices[2].x +40, vertices[1].y, ");");
    drawstr(10, texcoords[2].y, "glTexCoord2f(");
    drawstr(texcoords[2].x +40, texcoords[2].y, ",");
    drawstr(texcoords[3].x +40, texcoords[3].y, ");");
    drawstr(250, vertices[3].y, "glVertex3f(");
    drawstr(vertices[3].x +40, vertices[3].y, ",");
```

```
drawstr(vertices[4].x+40, vertices[4].y, ",");
drawstr(vertices[5].x+40, vertices[5].y, ");");
drawstr(10, texcoords[4].y, "glTexCoord2f(");
drawstr(texcoords[4].x+40, texcoords[4].y, ",");
drawstr(texcoords[5].x+40, texcoords[5].y, ");");
drawstr(250, vertices[6].y, "glVertex3f(");
drawstr(vertices[6].x+40, vertices[6].y, ",");
drawstr(vertices[7].x+40, vertices[7].y, ",");
drawstr(vertices[8].x+40, vertices[8].y, ");");
drawstr(10, texcoords[6].y, "glTexCoord2f(");
drawstr(texcoords[6].x+40, texcoords[6].y, ",");
drawstr(texcoords[7].x+40, texcoords[7].y, ");");
drawstr(250, vertices[9].y, "glVertex3f(");
drawstr(vertices[9].x+40, vertices[9].y, ",");
drawstr(vertices[10].x+40, vertices[10].y, ",");
drawstr(vertices[11].x+40, vertices[11].y, ");");
drawstr(10, vertices[11].y+30, "glEnd();");
cell_draw(&texcoords[0]);
cell_draw(&texcoords[1]);
cell_draw(&texcoords[2]);
cell_draw(&texcoords[3]);
cell_draw(&texcoords[4]);
cell_draw(&texcoords[5]);
cell_draw(&texcoords[6]);
cell_draw(&texcoords[7]);
cell_draw(&vertices[0]);
cell_draw(&vertices[1]);
cell_draw(&vertices[2]);
cell_draw(&vertices[3]);
cell_draw(&vertices[4]);
cell_draw(&vertices[5]);
cell_draw(&vertices[6]);
cell_draw(&vertices[7]);
cell_draw(&vertices[8]);
cell_draw(&vertices[9]);
cell_draw(&vertices[10]);
cell_draw(&vertices[11]);
cell_draw(&pcolor[0]);
cell_draw(&pcolor[1]);
```

```
    cell_draw(&pcolor[2]);
    cell_draw(&pcolor[3]);
    glColor3ub(255, 255, 255);
}
void matrix_display(void)
{
    glClear(GL_COLOR_BUFFER_BIT | GL_DEPTH_BUFFER_BIT);
    glColor3ub(255, 255, 255);
    polygon_display();
    setfont("helvetica", 18);
    drawstr(10, translation[0].y - 30, "glMatrixMode(GL_TEXTURE);");
    drawstr(10, translation[0].y, "glTranslatef(");
    drawstr(170, translation[0].y, ",");
    drawstr(230, translation[0].y, ",");
    drawstr(290, translation[0].y, ");");
    drawstr(30, rotation[0].y, "glRotatef(");
    drawstr(170, rotation[0].y, ",");
    drawstr(230, rotation[0].y, ",");
    drawstr(290, rotation[0].y, ",");
    drawstr(350, rotation[0].y, ");");
    drawstr(38, scale[0].y, "glScalef(");
    drawstr(170, scale[0].y, ",");
    drawstr(230, scale[0].y, ",");
    drawstr(290, scale[0].y, ");");
    drawstr(10, scale[0].y + 30, "glMatrixMode(GL_MODELVIEW);");
    cell_draw(&translation[0]);
    cell_draw(&translation[1]);
    cell_draw(&translation[2]);
    cell_draw(&rotation[0]);
    cell_draw(&rotation[1]);
    cell_draw(&rotation[2]);
    cell_draw(&rotation[3]);
    cell_draw(&scale[0]);
    cell_draw(&scale[1]);
    cell_draw(&scale[2]);
    if (! selection) {
        glColor3ub(255, 255, 0);
        drawstr(10, 525,
            "Click on the arguments and move the mouse to modify values.");
```

```
        }
        glutSwapBuffers();
    }
    void parameters_display(void)
    {
        float pos[4];
        glClear(GL_COLOR_BUFFER_BIT | GL_DEPTH_BUFFER_BIT);
        glColor3ub(255, 255, 255);
        polygon_display();
        setfont("helvetica", 18);
        drawstr(10, bcolor[0].y, "GLfloat border_color[ ] = { ");
        drawstr(bcolor[0].x +40, bcolor[0].y, ",");
        drawstr(bcolor[1].x +40, bcolor[0].y, ",");
        drawstr(bcolor[2].x +40, bcolor[0].y, ",");
        drawstr(bcolor[3].x +40, bcolor[0].y, "};");
        drawstr(10, ecolor[0].y, "GLfloat env_color[ ] = { ");
        drawstr(ecolor[0].x +40, ecolor[0].y, ",");
        drawstr(ecolor[1].x +40, ecolor[0].y, ",");
        drawstr(ecolor[2].x +40, ecolor[0].y, ",");
        drawstr(ecolor[3].x +40, ecolor[0].y, "};");
        setfont("helvetica", 12);
        drawstr(10, 90, "glTexParameterfv(GL_TEXTURE_2D,
        GL_TEXTURE_BORDER_COLOR," " border_color);");
        drawstr(10, 110, "glTexEnvfv(GL_TEXTURE_ENV,
        GL_TEXTURE_ENV_COLOR, " "env_color);");
        drawstr(10, 140, "glTexParameteri(GL_TEXTURE_2D,
        GL_TEXTURE_MIN_FILTER,");
        drawstr(10, 160, "glTexParameteri(GL_TEXTURE_2D,
        GL_TEXTURE_MAG_FILTER,");
        drawstr(10, 180, "glTexParameteri(GL_TEXTURE_2D,
        GL_TEXTURE_WRAP_S,");
        drawstr(10, 200, "glTexParameteri(GL_TEXTURE_2D,
        GL_TEXTURE_WRAP_T,");
        drawstr(10, 220, "glTexEnvi(GL_TEXTURE_ENV,
        GL_TEXTURE_ENV_MODE,");
        glColor3ub(0, 255, 128);
        if(minfilter = = GL_LINEAR_MIPMAP_LINEAR) {
            drawstr(380, 140,"GL_LINEAR_MIPMAP_LINEAR");
        } else if(minfilter = = GL_LINEAR_MIPMAP_NEAREST) {
```

```
        drawstr(380, 140, "GL_LINEAR_MIPMAP_NEAREST");
    } else if(minfilter == GL_NEAREST_MIPMAP_LINEAR) {
        drawstr(380, 140, "GL_NEAREST_MIPMAP_LINEAR");
    } else if(minfilter == GL_NEAREST_MIPMAP_NEAREST) {
        drawstr(380, 140, "GL_NEAREST_MIPMAP_NEAREST");
    } else if(minfilter == GL_LINEAR) {
        drawstr(380, 140, "GL_LINEAR");
    } else {
        drawstr(380, 140, "GL_NEAREST");
    }
    glColor3ub(255, 255, 255);
    glGetFloatv(GL_CURRENT_RASTER_POSITION, pos);
    drawstr(pos[0]+2, glutGet(GLUT_WINDOW_HEIGHT)-pos[1]-1, ");");
    glColor3ub(0, 255, 128);
    if(magfilter == GL_LINEAR) {
        drawstr(390, 160, "GL_LINEAR");
    } else {
        drawstr(390, 160, "GL_NEAREST");
    }
    glColor3ub(255, 255, 255);
    glGetFloatv(GL_CURRENT_RASTER_POSITION, pos);
    drawstr(pos[0]+2, glutGet(GLUT_WINDOW_HEIGHT)-pos[1]-1, ");");
    glColor3ub(0, 255, 128);
    if(wraps == GL_REPEAT) {
        drawstr(360, 180, "GL_REPEAT");
    } else {
        drawstr(360, 180, "GL_CLAMP");
    }
    glColor3ub(255, 255, 255);
    glGetFloatv(GL_CURRENT_RASTER_POSITION, pos);
    drawstr(pos[0]+2, glutGet(GLUT_WINDOW_HEIGHT)-pos[1]-1, ");");
    glColor3ub(0, 255, 128);
    if(wrapt == GL_REPEAT) {
        drawstr(360, 200, "GL_REPEAT");
    } else {
        drawstr(360, 200, "GL_CLAMP");
    }
    glColor3ub(255, 255, 255);
    glGetFloatv(GL_CURRENT_RASTER_POSITION, pos);
```

```
    drawstr(pos[0]+2, glutGet(GLUT_WINDOW_HEIGHT)-pos[1]-1, ");");
    glColor3ub(0, 255, 128);
    if(env == GL_MODULATE) {
        drawstr(360, 220, "GL_MODULATE");
    } else if(env == GL_DECAL) {
        drawstr(360, 220, "GL_DECAL");
    } else if(env == GL_BLEND) {
        drawstr(360, 220, "GL_BLEND");
    } else {
        drawstr(360, 220, "GL_REPLACE");
    }
    glColor3ub(255, 255, 255);
    glGetFloatv(GL_CURRENT_RASTER_POSITION, pos);
    drawstr(pos[0]+2, glutGet(GLUT_WINDOW_HEIGHT)-pos[1]-1, ");");
    setfont("helvetica", 18);
    cell_draw(&bcolor[0]);
    cell_draw(&bcolor[1]);
    cell_draw(&bcolor[2]);
    cell_draw(&bcolor[3]);
    cell_draw(&ecolor[0]);
    cell_draw(&ecolor[1]);
    cell_draw(&ecolor[2]);
    cell_draw(&ecolor[3]);
    if(! selection) {
        glColor3ub(255, 255, 0);
        drawstr(10, 525,
            "Click on the arguments and move the mouse to modify values.");
    }
    glutSwapBuffers();
}
void polygon_mouse(int x, int y)
{
/* mouse should only hit_ one_ of the cells, so adding up all
    the hits just propagates a single hit. */
    selection += cell_hit(&texcoords[0], x, y);
    selection += cell_hit(&texcoords[1], x, y);
    selection += cell_hit(&texcoords[2], x, y);
    selection += cell_hit(&texcoords[3], x, y);
    selection += cell_hit(&texcoords[4], x, y);
```

```
    selection += cell_hit(&texcoords[5], x, y);
    selection += cell_hit(&texcoords[6], x, y);
    selection += cell_hit(&texcoords[7], x, y);
    selection += cell_hit(&vertices[0], x, y);
    selection += cell_hit(&vertices[1], x, y);
    selection += cell_hit(&vertices[2], x, y);
    selection += cell_hit(&vertices[3], x, y);
    selection += cell_hit(&vertices[4], x, y);
    selection += cell_hit(&vertices[5], x, y);
    selection += cell_hit(&vertices[6], x, y);
    selection += cell_hit(&vertices[7], x, y);
    selection += cell_hit(&vertices[8], x, y);
    selection += cell_hit(&vertices[9], x, y);
    selection += cell_hit(&vertices[10], x, y);
    selection += cell_hit(&vertices[11], x, y);
    selection += cell_hit(&pcolor[0], x, y);
    selection += cell_hit(&pcolor[1], x, y);
    selection += cell_hit(&pcolor[2], x, y);
    selection += cell_hit(&pcolor[3], x, y);
}
void matrix_mouse(int button, int state, int x, int y)
{
    selection = 0;
    if(state == GLUT_DOWN) {
        polygon_mouse(x, y);
        /* mouse should only hit_ one_ of the cells, so adding up all
        the hits just propagates a single hit. */
        selection += cell_hit(&translation[0], x, y);
        selection += cell_hit(&translation[1], x, y);
        selection += cell_hit(&translation[2], x, y);
        selection += cell_hit(&rotation[0], x, y);
        selection += cell_hit(&rotation[1], x, y);
        selection += cell_hit(&rotation[2], x, y);
        selection += cell_hit(&rotation[3], x, y);
        selection += cell_hit(&scale[0], x, y);
        selection += cell_hit(&scale[1], x, y);
        selection += cell_hit(&scale[2], x, y);
    }
    old_y = y;
```

```
    redisplay_all();
}
void parameters_mouse(int button, int state, int x, int y)
{
    selection = 0;
    if (state == GLUT_DOWN) {
        polygon_mouse(x, y);
        selection += cell_hit(&bcolor[0], x, y);
        selection += cell_hit(&bcolor[1], x, y);
        selection += cell_hit(&bcolor[2], x, y);
        selection += cell_hit(&bcolor[3], x, y);
        selection += cell_hit(&ecolor[0], x, y);
        selection += cell_hit(&ecolor[1], x, y);
        selection += cell_hit(&ecolor[2], x, y);
        selection += cell_hit(&ecolor[3], x, y);
        if(! selection) {
            if(y < 145 && y > 125) {
                if(minfilter == GL_NEAREST)
                    minfilter = GL_LINEAR;
                else if (minfilter == GL_LINEAR)
                    minfilter = GL_NEAREST_MIPMAP_NEAREST;
                else if(minfilter == GL_NEAREST_MIPMAP_NEAREST)
                    minfilter = GL_NEAREST_MIPMAP_LINEAR;
                else if (minfilter == GL_NEAREST_MIPMAP_LINEAR)
                    minfilter = GL_LINEAR_MIPMAP_NEAREST;
                else if (minfilter == GL_LINEAR_MIPMAP_NEAREST)
                    minfilter = GL_LINEAR_MIPMAP_LINEAR;
                else
                    minfilter = GL_NEAREST;
            } else if(y < 165 && y > 145) {
                if(magfilter == GL_NEAREST)
                    magfilter = GL_LINEAR;
                else
                    magfilter = GL_NEAREST;
            } else if(y < 185 && y > 165) {
                if(wraps == GL_REPEAT)
                    wraps = GL_CLAMP;
                else
                    wraps = GL_REPEAT;
```

```
            } else if(y < 205 && y > 185) {
                if(wrapt == GL_REPEAT)
                    wrapt = GL_CLAMP;
                else
                    wrapt = GL_REPEAT;
            } else if(y < 225 && y > 205) {
                if(env == GL_REPLACE_EXT)
                    env = GL_DECAL;
                else if(env == GL_DECAL)
                    env = GL_BLEND;
                else if(env == GL_BLEND)
                    env = GL_MODULATE;
                else
                    env = GL_REPLACE_EXT;
            }
        }
    }
    glutSetWindow(screen);
    texenv();
    glutSetWindow(world);
    texenv();
    old_y = y;
    redisplay_all();
}
void command_motion(int x, int y)
{
    cell_update(&translation[0], old_y-y);
    cell_update(&translation[1], old_y-y);
    cell_update(&translation[2], old_y-y);
    cell_update(&rotation[0], old_y-y);
    cell_update(&rotation[1], old_y-y);
    cell_update(&rotation[2], old_y-y);
    cell_update(&rotation[3], old_y-y);
    cell_update(&scale[0], old_y-y);
    cell_update(&scale[1], old_y-y);
    cell_update(&scale[2], old_y-y);
    cell_update(&texcoords[0], old_y-y);
    cell_update(&texcoords[1], old_y-y);
    cell_update(&texcoords[2], old_y-y);
```

```
    cell_update(&texcoords[3], old_y-y);
    cell_update(&texcoords[4], old_y-y);
    cell_update(&texcoords[5], old_y-y);
    cell_update(&texcoords[6], old_y-y);
    cell_update(&texcoords[7], old_y-y);
    cell_update(&vertices[0], old_y-y);
    cell_update(&vertices[1], old_y-y);
    cell_update(&vertices[2], old_y-y);
    cell_update(&vertices[3], old_y-y);
    cell_update(&vertices[4], old_y-y);
    cell_update(&vertices[5], old_y-y);
    cell_update(&vertices[6], old_y-y);
    cell_update(&vertices[7], old_y-y);
    cell_update(&vertices[8], old_y-y);
    cell_update(&vertices[9], old_y-y);
    cell_update(&vertices[10], old_y-y);
    cell_update(&vertices[11], old_y-y);
    cell_update(&pcolor[0], old_y-y);
    cell_update(&pcolor[1], old_y-y);
    cell_update(&pcolor[2], old_y-y);
    cell_update(&pcolor[3], old_y-y);
    cell_update(&bcolor[0], old_y-y);
    cell_update(&bcolor[1], old_y-y);
    cell_update(&bcolor[2], old_y-y);
    cell_update(&bcolor[3], old_y-y);
    cell_update(&ecolor[0], old_y-y);
    cell_update(&ecolor[1], old_y-y);
    cell_update(&ecolor[2], old_y-y);
    cell_update(&ecolor[3], old_y-y);
    glutSetWindow(screen);
    texenv();
    glutSetWindow(world);
    texenv();
    old_y = y;
    redisplay_all();
}
void timer(int value)
{
    stipple = 0x00ff << value;
```

```
    if(value >8)
        stipple + =0x00ff > > (8-(value-8));
    value + +;
    if(value > =16)
        value =0;
    glutSetWindow(world);
    glutPostRedisplay();
    glutTimerFunc(100, timer, value);
}
void redisplay_all(void)
{
    glutSetWindow(command);
    glutPostRedisplay();
    glutSetWindow(world);
    world_reshape(sub_width, sub_height);
    glutPostRedisplay();
    glutSetWindow(screen);
    screen_reshape(sub_width, sub_height);
    glutPostRedisplay();
}
void main_keyboard(unsigned char key, int x, int y)
{
    switch(key) {
    case'm':
        glutSetWindow(command);
        glutMouseFunc(matrix_mouse);
        glutDisplayFunc(matrix_display);
        break;
    case'p':
        glutSetWindow(command);
        glutMouseFunc(parameters_mouse);
        glutDisplayFunc(parameters_display);
        break;
    case'r':
        translation[0]. value =0.0;
        translation[1]. value =0.0;
        translation[2]. value =0.0;
        rotation[0]. value =0.0;
        rotation[1]. value =0.0;
```

```
rotation[2].value = 0.0;
rotation[3].value = 1.0;
scale[0].value = 1.0;
scale[1].value = 1.0;
scale[2].value = 1.0;
texcoords[0].value = 0.0;
texcoords[1].value = 0.0;
texcoords[2].value = 1.0;
texcoords[3].value = 0.0;
texcoords[4].value = 1.0;
texcoords[5].value = 1.0;
texcoords[6].value = 0.0;
texcoords[7].value = 1.0;
vertices[0].value = -1.0;
vertices[1].value = -1.0;
vertices[2].value = 0.0;
vertices[3].value = 1.0;
vertices[4].value = -1.0;
vertices[5].value = 0.0;
vertices[6].value = 1.0;
vertices[7].value = 1.0;
vertices[8].value = 0.0;
vertices[9].value = -1.0;
vertices[10].value = 1.0;
vertices[11].value = 0.0;
pcolor[0].value = 0.6;
pcolor[1].value = 0.6;
pcolor[2].value = 0.6;
pcolor[3].value = 0.6;
bcolor[0].value = 1.0;
bcolor[1].value = 0.0;
bcolor[2].value = 0.0;
bcolor[3].value = 1.0;
ecolor[0].value = 0.0;
ecolor[1].value = 1.0;
ecolor[2].value = 0.0;
ecolor[3].value = 1.0;
minfilter = GL_NEAREST;
magfilter = GL_NEAREST;
```

```
            env = GL_MODULATE;
            wraps = GL_REPEAT;
            wrapt = GL_REPEAT;
            break;
        case 27:
            exit(0);
        }
        glutSetWindow(screen);
        texenv();
        redisplay_all();
    }
    void command_menu(int value)
    {
        main_keyboard((unsigned char)value, 0, 0);
    }
    int main(int argc, char ** argv)
    {
        image = glmReadPPM("data/fishermen.ppm", &iwidth, &iheight);
        if(! image)
            exit(0);
        glutInitDisplayMode(GLUT_RGB | GLUT_DEPTH | GLUT_DOUBLE);
        glutInitWindowSize((512 + GAP * 3) * 3/2, 512 + GAP * 3);
        glutInitWindowPosition(50, 50);
        glutInit(&argc, argv);
        window = glutCreateWindow("Texture");
        glutReshapeFunc(main_reshape);
        glutDisplayFunc(main_display);
        glutKeyboardFunc(main_keyboard);
        world = glutCreateSubWindow(window, GAP, GAP, 256, 256);
        glutReshapeFunc(world_reshape);
        glutDisplayFunc(world_display);
        glutKeyboardFunc(main_keyboard);
        glutCreateMenu(world_menu);
        glutAddMenuEntry("Textures", 0);
        glutAddMenuEntry("", 0);
        glutAddMenuEntry("Fishermen", 'f');
        glutAddMenuEntry("OpenGL Logo", 'o');
        glutAddMenuEntry("Checker", 'c');
        glutAddMenuEntry("Marble", 'm');
```

```
    glutAddMenuEntry("Train", 't');
    glutAttachMenu(GLUT_RIGHT_BUTTON);
    texture();
    screen = glutCreateSubWindow(window, GAP + 256 + GAP, GAP, 256, 256);
    glutReshapeFunc(screen_reshape);
    glutDisplayFunc(screen_display);
    glutKeyboardFunc(main_keyboard);
    glutMotionFunc(screen_motion);
    glutMouseFunc(screen_mouse);
    texture();
    command = glutCreateSubWindow(window, GAP + 256 + GAP, GAP + 256 + GAP, 256,
            256);
    glutReshapeFunc(command_reshape);
    glutMotionFunc(command_motion);
    glutDisplayFunc(parameters_display);
    glutMouseFunc(parameters_mouse);
    glutKeyboardFunc(main_keyboard);
    glutCreateMenu(command_menu);
    glutAddMenuEntry("Texture", 0);
    glutAddMenuEntry("", 0);
    glutAddMenuEntry("Matrix", 'm');
    glutAddMenuEntry("Environment/Parameters", 'p');
    glutAddMenuEntry("Reset parameters (r)", 'r');
    glutAddMenuEntry("", 0);
    glutAddMenuEntry("Quit", 27);
    glutAttachMenu(GLUT_RIGHT_BUTTON);
    redisplay_all();
    glutTimerFunc(500, timer, 0);
    glutMainLoop();
    return 0;
}
```

习　题

1. 比较 Gouraud 方法和 Phong 方法的优缺点。
2. 编写程序，实现简单光照模型。使用一个点光源和恒定的环境光照明，物体采用简单的凸多面体。
3. 利用 OpenGL 实现 4 行 4 列共 16 球面的 Phong 光照模型，每个球面采用不同的会聚系数。

附　　录

附录 A　C 语言图形函数

计算机图形学是一门实践性很强的课程。通过程序设计来完成图形的绘制，对深刻理解课程的内容和相关概念非常重要。考虑到大学 C 语言课程中一般都没有讲授绘图函数，本章就在 Turbo C 环境下绘图进行了较详细的介绍。

Trubo C 2.0 提供了十分丰富的图形函数，其函数库 graphics. lib 中大约包含 70 多个图形函数，函数原形都在头文件 gaphics. h 中列出。图形软件包中还包含有一组图形设备驱动程序 *. BGI 和一组矢量字体文件 *. CHR。由于图形函数使用是 far 指针，因此，在 Ting 内存模式中不能使用。安装 Turbo C 时，调入 Option 菜单选择 Compiler 后再键入 mode ，选择 Large 或 Huge 即可。为了使图形函数正常工作，还需要在每个使用图形函数的模块中都加上包含预处理：#include < graphics. h > 。

读者利用 Turbo C 图形函数库中所提供的以下八类函数，掌握它们的用法，就可以很方便地、得心应手地编写图形应用程序进行计算机图形设计，并可进一步开发图形工具获得良好的效果。

A.1　图形系统控制函数

在微型机 IBM PC 上，文字模式是非常容易使用的，只要简单地将 ASCII 码存储在 ROM（有时是 RAM）中的固定位置，在屏幕相应光标处按键调用，就可以显示信息。文字模式屏幕被简单地划分成 80 列 25 行或 40 列 25 行。

图形模式就不一样了，图形来自对像素的控制能力，根据显示器和视频（显示）卡的类型，屏幕上有 320×200 ~ 1024×768 个像素和 2 ~ 256 种色彩，即可以控制的像素有 64000 ~ 786432 个。在 IBM PC 上，编写图形程序最困难的方面是要在数种显示器模式中，选择相匹配的图形驱动程序和模式。Trubo C 中可以自动地检测和初始化，可利用最佳图形模式，从而简化了上述困难过程，并且如果遵从几条简单规则，那么所写的图形程序，可以在下面列出的多种图形模式下正确运行。

图形程序的第一步是初始化图形驱动程序，设置图形模式。图形系统控制函数主要完成对图形的状态的控制功能，通过下面的函数介绍说明它们的用法。

1. initgrah( ) 初始化图形系统，装入图形驱动程序

格式：void far initgaph(int far * driver，int far * mode，char far * path)；

说明：该函数的功能是通过从磁盘上装入一个相应图形驱动程序来初始化图形系统，并将系统设置为该图形模式。其中参数 driver 是指向一个整型值，用来指定要装入的图形驱动程序，如果未装入内存，图形函数不能工作，见表 A-1。

表中，DETECT（即 0 值）表示由系统自动检测图形驱动器的最高分辨率，并装入相应的图形驱动程序。

参数 mode 是指向一个整型值，用来设置图形显示模式，它必须是表 A-2 中所示的图形

模式之一。

表 A-1 图形驱动程序

符号常量（图形驱动程序）	数值	符号常量（图形驱动程序）	数值
DETECT	0	IBM8541	6
CGA	1	HERCMMONO	7
MCGA	2	ATT400	8
EGA	3	VGA	9
EGA64	4	PC3270	10
EGMONO	5		

表 A-2 图形显示模式

graphdriver（图形驱动程序）	graphmode（图形显示模式）	模式值	颜色数	分辨率	页数
CGA	CGA0	0	4	320×200	1
	CGA1	1	4	320×200	1
	CGA2	2	4	320×200	1
	CGA3	3	4	320×200	1
	CGAHI	4	2	640×200	1
MCGA	MCGA0	0	4	320×200	1
	MCGA1	1	4	320×200	1
	MCGA2	2	4	320×200	1
	MCGA3	3	4	320×200	1
	MCGAMED	4	2	640×200	1
	MCGAAHI	5	2	640×200	1
EGA	EGALO	0	16	640×200	4
	EGAHI	1	16	640×350	2
EGA64	EGA64LO	0	16	640×200	1
	EGA64HI	1	16	640×350	1
EGAMIN	EGAMINHI	0	2	640×350	1（2）
HERC	HERCMINHI	0	2	720×348	2
ATT400	ATT400C0	0	4	320×200	1
	ATT400C1	1	4	320×200	1
	ATT400C2	2	4	320×200	1
	ATT400C3	3	4	320×200	1
	ATT400MED	4	2	640×200	1
	ATT400HI	5	2	640×400	1
VGA	VGALO	0	16	640×200	2
	VGAMED	1	16	640×350	2
	VGAHI	2	16	640×480	1

（续）

graphdriver（图形驱动程序）	graphmode（图形显示模式）	模式值	颜色数	分辨率	页数
PC3270	PC3270HI	0	2	720×350	1
IBM8541	IBM8541LO	0	256	640×480	2
	IBM8541HI	1	256	1024×768	1

参数 path 是一个字符串，用来指明图形驱动程序所在的路径。如果没给出路径，就指当前工作路径，即表示空字符串“”。通常，Turbo C 安装在 C 盘的 TC 目录中时，该路径可表示为：“C：\\ TC”。

注意：前述两个参数实际上是整形指针，调用时应加上地址运算符“&”。

2. detectgraph（）图形适配器硬件测试

格式：void far detectgraph（int far ＊driver，int far ＊mode）；

说明：该函数检测图形适配器，当存在的情况下，确定其类型，返回适合于适配器的图形驱动器代码存入参数 driver 中，选择图形适配器所能支持的最高分辨率模式，其代码存入参数 mode 中。当无图形驱动器，检测失败参数 driver 则为 -2，且 graphresult（）也返回参数 -2。

示例：

```
#include <graphics.h>
main()
{
  int graphdriver = DETECT, graphmode;
  detectgraph(&graphdriver, &graphmode);
  if((graphdriver == EGA)||(graphdriver == EGA64))
    {graphdriver = EGA;
      graphmode = EGAHI; }
  initgraph(&graphdriver, &graphmode, "c:\\tc");
  if(graphresult()! =0)exit(1);
  line(0,0,getmaxx(),getmaxy());
  getch();
  closegraph();
}
```

3. graphdefault()恢复图形系统为初始状态

格式：void far graphdefault(void)；

说明：该函数将图形系统恢复到初始状态，即将视区显示整个屏幕，光标当前位置 CP 移到（0，0），调色板颜色、背景颜色、画线颜色、填充模式、字体和对齐方式都要返回到原始值。

4. getgraphmode()返回当前图形模式

格式：int far getgraphmode(void)；

说明：该函数返回当前图形模式，返回值将是表 A-2 中模式值之一。

5. setgraphmode( )设置新的图形模式且清屏

格式：void far setgraphmode(int mode) ;

说明：该函数用于设置当前图形模式。

6. restorecrtmode( )恢复图形系统初始化前的文字（文本）模式

格式：void far restorecrtmode(void) ;

说明：该函数用于使屏幕回到初始化前文本模式，但它不关闭图形系统，即驱动程序和字库仍在内存中，它与 setgraphmode( )函数一起可以实现屏幕文本模式和图形模式之间的切换。

示例：

```
#include < stdio. h >
#include < graphics. h >
main( )
{
  int driver = DETECT, mode, error;
  int x,y;
  x = 50;y = 100;
  initgraph( &driver,&mode,"c:\\tc") ;
  error = graphresult( ) ;
  if( error! =0)
    {
    printf("graphics error:% \n",grapherrormsg( error) ) ;
    printf("press any key to halt") ;
    getch( ) ;exit(1) ;
    }
  line(0,0,x,y) ;x = getmaxx( )/2;y = getmaxy( )/2;
  settextjustify(1,1) ;
  outtextxy(x,y,"Press any key to exit graphics mode!") ;
  getch( ) ;
  restorecrtmode( ) ;
  printf("now in text mode! \n") ;
  printf("Press any key to return graphics mode!") ;
  getch( ) ;
  setgraphmode( getgraphmode( ) ) ;
  line(0,0,x,y) ;
  getch( ) ;
  closegraph( ) ;
  }
```

7. graphresult( )返回上次图形操作的错误代码

格式：void far graphresult(void) ;

说明：该函数返回最近发生错误的代码（-18～0）。

表 A-3 图形错误代码及其错误信息

错误代码（graphresult（））	错误信息（grapherrormsg（））	错误代码（graphresult（））	错误信息（grapherrormsg（））
0	没有错误	-9	内存不够加载字体文件
-1	没有安装．BGI 图形文件	-10	非法图形模式
-2	没有图形驱动器	-11	图形错误
-3	未找到．BGI 文件	-12	图形 I/O 错误
-4	无效驱动程序	-13	无效字体文件
-5	内存不够加载驱动程序	-14	无效字体号
-6	扫描填充超出内存	-15	无效图形驱动器号
-7	区域填充超出内存	-18	无效版本号
-8	没有字体文件（．CHR）		

8. getmaxx( )和 getmaxy( )返回屏幕 x 轴和 y 轴的最大坐标值

格式：int far getmaxx(void)；

int far getmaxy(void)；

说明：该函数返回当前图形驱动程序和模式下，屏幕 x 轴和 y 轴的最大坐标值。

例如：在 CGA 低分辨率 320×200 模式下，像素尺寸就比较大，水平方向仅有 320 个像素，垂直方向仅有 200 个像素；而在 CGA 高分辨率 640×200 模式下，HECULES 720×348 和 VGA 640×480 模式，它们的像素尺寸小到水平方向可排列 640 个或 720 个像素，垂直方向可排列 348～480 个像素。显然每屏映像中包含的像素越多，图形显示质量越高。

9. closegraph( )退出图形系统

格式：void far closegraph(void)；

说明：该函数使图形状态回到初始化以前文本模式，并且释放图形系统分配的存储区。

A.2 视区和屏幕操作函数

通常将图形显示器屏幕用以绘图的、可见的有限区域称为视区或视口（Viewport），在视区之外绘图是不可见的，只有视区边界之内的像素点才能被显示。图形视区可通过使用 setviewport( )函数来设置或改变，它有两种作用：一种是将绘图区域限制在显示器屏幕的某个部分；另一种将视区转换到原视区的左上角，便于图形操作。可使用图形函数 getviewsetting( )了解视区的信息情况。要清除视区中的内容可使用函数 clearviewport( )，它使用当前的背景色涂抹整个屏幕。有的图形适配器有 1～4 个屏幕页缓冲区。使用函数 setactivepage ( ) 指定活动页，则其后整个图形输出将存放在此页缓冲区中。由于显示器屏幕一般只有一个，可使用函数 setvisualpage( )指定为可见页，即将指定页缓冲区的内容在屏幕上显示，使此页成为可见页。

Turbo C 中在任何时候都存储一个内部坐标称为当前位置即当前指针 CP，所指内容可以使用整型函数 getx( )和 gety( )，返回 CP 的位置。在初始化一个图形模式后，CP 等于（0，0)，可以使用函数 getmaxx( )和 getmaxy( )，得到视区内最大的 x 值和 y 值。要清除视区，并将 CP 复位到（0，0)，可使用函数 cleardevice( )。

下面介绍上述的一些视区和屏幕操作函数，并说明它们的用法。

1. cleardevice(void)清除图形屏幕

格式：void far cleardevice(void)；

说明：该函数清除整个图形屏幕。将当前位置 CP（相当于文本模式中光标）移动到屏幕左上角（0，0）位置。

2. clearviewport()清除当前图形视区（窗口）

格式：void far clearviewport(void)；

说明：该函数清除当前图形窗口（仅限于屏幕的确定区域），并把当前位置 CP 移动屏幕左上角（0，0）位置，执行该函数后当前窗口不再存在。

3. setviewport()设置当前图形窗口

格式：void far setviewport(int x1，int y1，int x2，int y2，int clip)；

说明：该函数建立一个新的图形窗口。窗口大小由（x_1，y_1）和（x_2，y_2）分别表示窗口（视区）左上角和右上角的坐标位置（$0\leqslant x_1<x_2$，$0\leqslant y_1<y_2$）。当前位置 CP 移到窗口的（0，0）位置，其中参数 clip 为 1 则超出窗口的图形自动裁剪掉，clip 为 0，不采取裁剪，图形将扩展到当前的窗口之外。值得注意的是，视区建立后，所有的图形都是相对于当前视区的，即视区的左上角点的坐标为（0，0），而与图形在屏幕上的位置无关。

若将视区中心设置为（0，0）坐标，可以关闭区域限制，将参数 clip 设置为 0，将视区移动使得（0，0）为视区中心，这样就使用正负坐标值来绘制图形，如图 A-1 所示。把视区分成 4 个小区域，将视区中心取为

xcenter = getmaxx()/2

ycenter = getmaxy()/2

则 setviewport(xcenter，ycenter，getmaxx()，getmaxy()，clip)。

由于 clip 为 0，关闭区域限制，其他 3 个小区域是可见的，尽管视区设置在显示器的右下角区域，但是使用正、负坐标值就可定位在屏幕的其他 3 个小区域的任意点。（0，0）在屏幕中心，如取 clip 为 1 时，则上述视区设置将使绘图限制在右下角区域中。

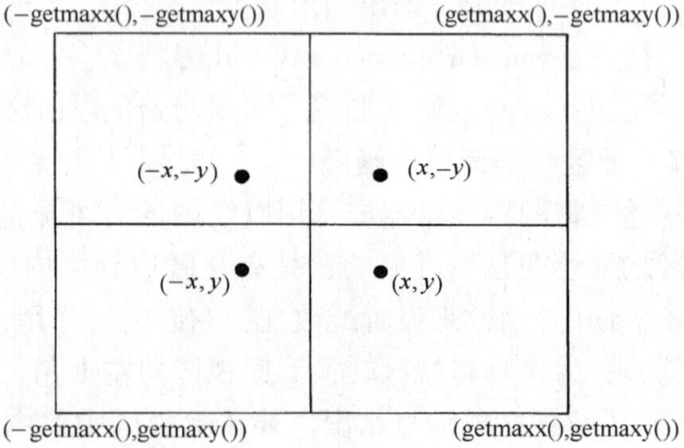

图 A-1　屏幕中心为（0，0）的视区坐标

4. getx()和 gety()返回当前位置 CP 的 x 和 y 坐标位置

格式：int far getx(void)；

　　　int far gety(void)；

说明：该函数返回当前位置 CP 的 x 和 y 坐标位置，此坐标值是相对于视区的。

5. moveto()将当前位置 CP 移到指定位置

格式：void far moveto(int x，int y)；

说明：该函数将当前位置 CP 移到（x，y）所指定的绝对坐标位置。

6. moverel()将当前位置 CP 移到一个相对位置

格式：void far moverel(int dx，int dy)；

说明：该函数将当前位置 CP 移动到（$x+dx$，$y+dy$）坐标的新位置。

比如：moveto(1，2)；将 CP 移到（1，2）处，而 moverel(10，10)；则将 CP 移到（11，12）处。

7. getviewsettings( ) 返回当前视区设置的信息

格式：void far getviewsettings(struct viewporttype far ＊ viewport)；

说明：该函数返回当前图形视区的参数结构；将它存放到由 viewport 指向 viewporttype 结构中，该结构在 graphics. h 定义如下：

```
struct viewporttype
{
int x1, y1, x2, y2;
int clip;
}
```

其中，（x_1，y_1）和（x_2，y_2）是当前视区左上角和右下角的绝对坐标值；clip 表示当前视区边界是（非0）否（0）裁剪有效。

8. setactivepage( )设置图形的活动页

格式：void far setactivepage(int page)；

说明：该函数指定参数 page 为接受图形输出的活动页。默认值屏幕显示第 0 页，当前图形输出活动页不一定是当前屏幕显示页。在图形模式中，只有 EGA 和 VGA 支持多图形页，而图形显示卡也不是所有的模式都支持多图形页。

9. setvisualpage( )设置可见图形页

格式：void far setvisualpage(int page)；

说明：该函数显示参数 page 所指定的可见图形页，此页内容在屏幕上显示，默认时屏幕显示第 0 页。

示例：

```
#include <graphics.h>
main()
{
  int driver,mode;
  driver = VGA;mod = VGAHI;
  initgraph(&driver,&mode,"c:\\tc");
  cleardevice();
  setbkcolor(0);setcolor(3);
  setactivepage(1);                    /*设置图形输出活动页为第1页*/
  line(0,0,getmaxx(),getmaxy());
  setactivepage(0);                    /*设置图形输出活动页为第0页*/
  line(getmaxx()/2,getmaxy()/2,0,getmaxy());
  getch();
  setvisualpage(1);                    /*设置可见图形页为第1页*/
  getch();
```

```
    setvisualpage(0);                    /*设置可见图形页为0页*/
    getch();
    closegraph();
    }
```

程序执行先在屏幕第1页和第0页画线，然后函数 setvisualpage( )进行页面变换显示。

A.3 直线类绘图函数

绘图函数是图形系统的核心内容，也是编写绘图程序的基础。Turbo C 的图形函数提供了大量的基本绘图函数，有利于图形设计。

A.3.1 直线绘图函数

1. line( )通过两点画一条直线

格式：void far line(int x1, int y1, int x2, int y2);

说明：该函数使用了当前设置的颜色、线型和线宽，从起点坐标（x_1，y_1）到终点坐标（x_1，y_2）画一条直线。该函数不改变当前位置 CP。

2. lineto( )从当前位置 CP 到指定位置画一条直线

格式：void far lineto(int x, int y);

说明：该函数使用当前设置颜色、线型和线宽，从当前位置 CP 到（x，y）指定点画一条直线。

比如：moveto(100, 100); lineto(200, 200);

等价于：line(100, 100, 200, 200); moveto(200, 200);

3. linerel( )从当前位置 CP 到相对点（dx，dy）画一条直线

格式：void far linerel(int dx, int dy);

说明：该函数使用当前设置颜色、线型和线宽，从当前位置 CP 到相对点（dx，dy），即移动到（x+dx，y+dy）坐标位置。

A.3.2 线型函数

绘图时需要用到不同的线型和线宽，以便于得到清晰醒目的图形显示。图形函数提供设置线型、线宽以及用户自定义线模式函数。下面分别介绍它们的用法。

1. setlinestyle( )设置当前线型、线模式和线宽

格式：void far setlinestyle(int linestyle, unsigned upattern, int thickness);

说明：该函数为所有画线函数设置线型和线宽，该设置和 linesettingstype 结构有关。它在 graphics. h 中定义如下：

```
sturct linesettingstype
  {
    int linestyle;
    unsigned upattern;
    int thickness;
  }
```

其中，线型参数 linestyle 存放绘线线型，其值与线型名如表 A-4 所示。

线宽参数 thickness 表示所画线的宽度，其值与线型名如表 A-5 所示。

表 A-4 中前 4 种线型的线模式 upattern 取 0，如果线型名为 USERBIT-LINE（值为4）表

示用户自定义线型，这时 upattern 可以使用 16 位字自定线图样，若取 upattern = 0 × FFFF，二进制为 1111111111111111 模式中每个“1”代表点亮屏幕上的一个点，即自定义实线。如取 upattern = 0 × 9999，表示 1001100110011001 模式中每个“0”代表不可见（关闭不画点），即每隔两个像素点画交替显示的虚线。由此可见，用户可随意自定义线型。

线宽参数 thickness 取值除表 A-5 中 1、3 外，可选择为 2，但取大于 3 的值会导致出错。

表 A-4 线型名与值

linestyle	取值	说明
SOLID_ LINE	0	实线
DOTTED_ LINE	1	虚线
CENTER_ LINE	2	中心线
DASHEDLIEN	3	破折线
USERBIT_ LINE	4	用户自定义线型

表 A-5 线宽名与值

thickness	取值	说明
NORM_ WIDTH	1	一个像素的宽度
THICK_ WIDTH	3	三个像素的宽度

2. getlinesettings( )返回当前线型、线模式和线宽信息

格式：void far getlinesettings(struct linesettings type far ＊lineinfo)；

说明：该函数将当前线型、线模式和线宽的信息填写到由 lineinfo 所指向的结构 linesettingstype 中。参见上一条函数 setlinestyle( )的说明。

示例：

```
#include < graphics. h >
main( )
{
   int gd = DETECT, gm;
   struct linesettingstype oldstyle;
   initgraph( &gd, &gm,"c: \\ tc");
   if( graphresult( ) ! =0) exit(1);
   line(0, 0, 100, 0);
   getlinesettings( &oldstyle);          /* 保留原线型、线模式、线宽 */
   setlinestyle(1, 0, 3);                /* 设置新线型、线模式、线宽 */
   line(0, 10, 100, 10);
   setlinestyle( oldstyle. linestyle, oldstyle. upattern, oldstyle. thickness);
   line(0, 20, 100, 20);                 /* 原线型画线 */
   getch( );
   closegraph( );
}
```

程序运行结果如图 A-2 所示。

3. setwritemode( )图形模式下设置画线输出模式

格式：void far setwritemode(int mode)；

说明：该函数的参数 mode 只取两个常量值 0 和 1。当 mode = 0 时，对 COPY - PUT 画线采用重画方式，即所画之处原有的信息被重写了，不考虑原位置像素值的影响。当 mode = 1 时，对应 XOR-PUT 画线时将画线信息与原对应像素进行异或（XOR）操作，画出的线是 XOR 结果，把要画的图形和屏幕上原有图形叠加在一起。因此，第二次重复画同一图形时，将擦除该图形，它被广泛应用在动画制作的绘图中。

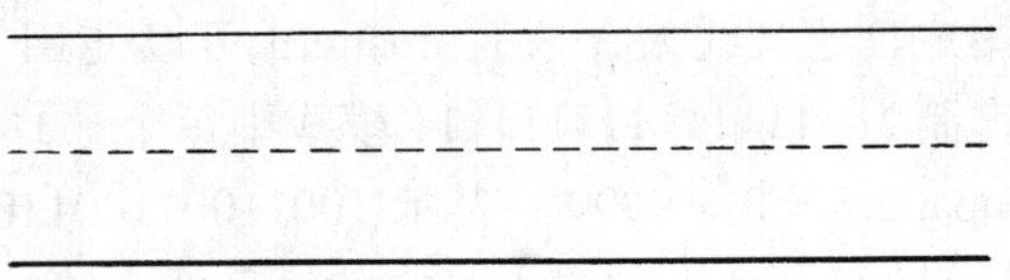

图 A-2 不同线型画线

A. 3. 3 长方形和多边形的绘图函数

1. rectangle( )画一个长方形

格式：void far rectangle(int x1，int y1，int x2，int y2)；

说明：该函数使用当前线型、线宽和画线颜色画一个长方形。该长方形的左上角坐标为（x_1，y_1），右下角坐标为（x_2，y_2）。

2. drawpoly( )画多边形轮廓线

格式：void far drawpoly(int numpoints，int far ＊polypoints)；

说明：该函数使用当前线型、线宽和画线颜色，画一个顶点数为 numpoints 参数表示的多边形。参数＊polypoints 指向一个共有 numpoints ×2 个整数数组序列。每一对整数给出一个顶点坐标（x，y）。为了画封闭多边形，函数 drawpoly( )中坐标点的数目应该是多边形顶点数加 1，即让最后一个顶点和第一个点重合，使第 n 对坐标和第 0 对坐标应相等。

A. 4 填充函数

计算机绘图中常常需要对各种封闭区域及图形进行有选择地填充。Turbo C 图形库提供了丰富的图形填充函数。下面分别介绍它们的用法。

1. setfillstyle( )设置填充模式和颜色

格式：void far setfillstyle(int pattern，int color)；

说明：该函数为各种图形函数设置填充模式和颜色。其中，参数 pattern 表示选择的填充模式。graphics. h 中定义了 fillpattern 类型给出了 12 种预先定义模式名及取值，见表 A-6。默认模式为 SOLID-FILL 用前景实色填充，参数 color 表示填充色彩默认颜色是调色板中最大颜色值。

如果选用最后一种 USER-FILL 模式及用户自定义模式填充，则应当先调用函数 setfill-pattern( )，用户设计好模式后，就成为当前模式，便可进行图形或封闭区域的填充了。

表 A-6 填充模式

Pattern	取值	填充效果
EMPTY_FILL	0	以背景色填充
SOLID_FILL	1	以前景实色填充
LINE_FILL	2	用线（－）填充
LTSLASH	3	细斜线（///）填充
SLASH_FILL	4	粗斜线（///）填充
BKSLASH	5	粗反斜线（\\\）填充

（续）

Pattern	取值	填充效果
LTBKSLASH_FILL	6	细反斜线（\\\）填充
HATCH_FILL	7	网线填充
XHATCH_FILL	8	交叉线填充
INTERLEAVE_FILL	9	以间隔线填充
WIDE_DOT_FILL	10	以宽间隔线填充
CLOSE_DOT_FILL	11	以密集点填充
USER_FILL	12	用户自定填充

2. setfillpattern()选择用户定义的填充模式

格式：void far setfillpattern(char *upattern, int color);

说明：该函数用于用户设计一个 8×8 微小矩形模式填充。参数 upattern 指向由 fillpatterntype 类型定义的 8 个二进制位，字节中的“1”位，相应显示一个像素，而“0”位则不显示。

例如下面的模式表示 50% 的灰度级。

十六进制	二进制	字节序
0xAA	10101010	1
0x55	01010101	2
0xAA	10101010	3
0x55	01010101	4
0xAA	10101010	5
0x55	01010101	6
0xAA	10101010	7
0x55	01010101	8

示例：

```
#include <graphics. h>
main()
{
  int gd = DETECT, gm;
  char gray50[8] = {0xAA,0x55,0xAA,0x55,0xAA,0x55,0xAA,0x55};
  initgraph(&gd,&gm,"c:\\tc");
  if(graphresult()! =0)exit(1);
  setfillpattern(gray50,15);
  bar(0,0,100,100);
  getch();
  closegraph();
}
```

程序运行结果按自定义 50% 灰度（gray50）模式，填充矩形图。

3. getfillpattern()返回上次调用 setfillpattern()时设计的填充模式

格式：void far getfillpattern(char far *upattern);

说明：该函数返回上次用户设计的填充模式。参数 *upattern 是一个指向 8 个字节长的模式数组连续存放在内存区域的指针。如果没有用户设计的填充模式，则返回全为 0xFF 值的数组。

4. getfillsetting( )返回当前填充模式和颜色

格式：void far getfillsetting(struct fillsettingstype far ＊fillinfo) ;

说明：该函数将当前填充模式和填充颜色信息存入由参数＊fillinfo 指向的 fillsettingstype 结构中。该函数在 graphics. h 中定义如下：

```
sturct fillsettingstype
 {
  int pattern;
  int color;
 }
```

5. bar( )画矩形（条形图）

格式：void far bar(int x1, int y1, int x2, int y2) ;

说明：该函数画矩形，并使用当前模式和颜色填充图形。其中（x_1，y_1）和（x_2，y_2）分别表示矩形左上角和右下角的坐标位置。

6. bar3d( )画三维长方体条形图

格式：void far bar3d(int x1, int y1, int x2, int y2, int depth, int topflag) ;

说明：该函数使用当前填充模式和色彩画三维长方体条形图，其中（x_1，y_1）和（x_2，y_2）表示三维长方体的左上角和右下角坐标位置，depth 为长方体的深度像素值，通常取条形宽度的25％。参数 topflag 不取0 是表示三维长方体设置有顶面；取0 表示不设置顶面，便于长方体叠加在一起。

7. fillpoly( )画多边形并填充

格式：void far fillpoly(int numpoints, int far ＊polypoints) ;

说明：该函数使用当前填充模式和色彩填充一个顶点数为参数 numpoints 表示的多边形。参数＊polypoints 指向一个共有 numpoints ×2 个整数数组序列，每一个整数给出一个顶点坐标（x，y）。

示例：

```
#include < graphics. h >
main( )
{
int gd = DETECT, gm;
int polygon[6] = {50, 100, 100, 100, 150, 150} ;
initgraph( &gd, &gm,"c: \\ tc") ;
   if( graphresult( ) ! =0) exit(1) ;
   fillpoly(3, polygon) ;
   getch( ) ;
   closegraph( ) ;
}
```

8. floodfill( )填充一个封闭（有界）区域

格式：void far floodfill(int x，int y，int border)；

说明：该函数使用当前填充模式和色彩填充一个封闭区域。若（x，y）点在区域内部，则填充区域内部；若（x，y）点在区域之外，则外部区域将被填充。

A.5 圆弧类绘图函数

Turbo C 图形库提供 circle()、ellipse()、sector()和 pieslice()等十分丰富的圆弧类绘图函数。下面分别介绍这些绘图函数的用法。

1. circle()画圆

格式：void far circle(int x，int y，int radius)；

说明：该函数用（x，y）坐标点为圆心，以 radius 为半径，使用当前色彩画一个完整的圆。

2. arc()画圆弧

格式：void far arc(int x，int y，int stangle，int endangle，int radius)；

说明：该函数使用当前色彩，用（x，y）坐标点为中心，以 radius 为半径，从起始角 stangle 到终止角 endangle 画圆弧。起始角和终止角的单位是度。0°和 360°位于象限右边，90°位于顶部，180°位于左边，270°位于底部，如图 A-3 所示。

3. ellipse()画椭圆弧

格式：void far ellipse(int x，int y，int stangle，int endangle，int xradius，int yradius)；

说明：该函数使用当前色彩，以 xradius 和 yradius 表示的水平和垂直半径，绕（x，y）点，从起始角 stangle 到终止角 endangle 画椭圆弧。若取起始角为 0°，终止角为 360°，则画一完整椭圆。

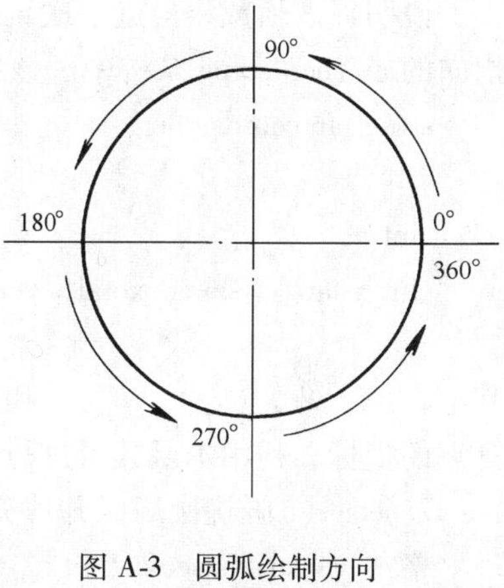

图 A-3 圆弧绘制方向

4. getaspectratio()返回显示器屏幕的纵横比

格式：void far getaspectratio(int far ＊xasp，int far ＊yasp)；

说明：该函数用来获取显示器屏幕的纵横比，用以控制 x 纵横因子（＊xasp）和 y 纵横因子（＊yasp），NTSC（美国国家电视标准代码）标准纵横比是4∶3，约等于 1.333，而 EGA640 × 350 模式下纵横比 $\text{aspectratio} = \frac{\text{xasp}}{\text{yasp}} = \frac{7750}{10000} = 0.775$，VGA 模式下 aspectratio 接近于 1.0000，即像素是方的。在画圆或正方形等图形时，为使之更正确，要使用纵横比进行补偿，通常用高度乘以纵横比率来补偿它们的差额，否则画一个圆将会显示成椭圆。

示例：

```
#include <graphics.h>
main()
{
  int gd = DETECT, gm;
  int xasp, yasp;
  int xside, yside;
  initgraph(&gd, &gm,"c:\\tc");
```

```
    if(graphresult()! =0) exit(1);
    getaspectratio(&xasp, &yasp);
    xside =20;
    yside =(int)((xasp/yasp) * xside);
    rectangle(0, 0, xside, yside);
    getch();
    closegraph();}
```

程序运行结果经补偿纵横比以后，画出一个正确的正方形。

5. fillellipse()画椭圆并填充

格式：void far fillellipse(int x, int y, intxradius, int yradius);

说明：该函数使用当前模式和色彩填充椭圆。该椭圆是以（x, y）坐标点为中心，xradius 为水平和垂直方向的长短轴为半径的椭圆。为补偿纵横比，需加以调节 yradius 的值。

6. getarccoords()返回最近一次画弧时相关点的坐标值。

格式：void far getarccoods(struct arccoordstype far * arccoords);

说明：该函数将最近一次调用 arc()函数画弧时相关点的坐标值，存入以 * arccoords 所指向的 arccoordstype 结构中。该结构在 graphics. h 中定义如下：

```
struct arccoordstype
{
 int x, y;
 int xstart, ystart, xend, yend;
}
```

其中，（x, y），（x_{start}, y_{start}）和（x_{end}, y_{end}）分别表示所画弧的中心点、起始位置和终止位置点的坐标。利用本函数可进行画弦、半径或其他与圆弧点相连的直线等。

7. sector()画椭圆扇区并填充

格式：void far sector(int x, int y, int stangle, int endangle, int xradius, int yradius);

说明：该函数以（x, y）坐标点为中心，以 xradius 和 yradius 为水平和垂直方向的长短轴半径，从起始角 stangle 到终止角 endangle 画椭圆扇区图。扇区轮廓线用当前颜色，并按当前模式和色彩填充扇区。若取起始角为0°，终止角为360°，则将画出全椭圆。

8. pieslice()画扇形图并填充

格式：void far pieslice(int x, int y, int stangle, int endangle, int radius);

说明：该函数以（x, y）坐标点为中心，从起始角 stangle 到终止角 endangle，用半径 radius 画扇形图，并以当前模式和色彩填充扇形。若起始角为0°，终止角为360°，则将画一个完整的圆饼图。

示例：

```
#include <graphics.h>
main()
{
  int gd = DETECT,gm;
  initgraph(&gd,&gm,"c:\\tc");
```

```
        if(graphresult()! =0)exit(1);
        pieslice(100,100,0,270,50);
        getch();
        closegraph();
    }
```

A.6　颜色控制函数

不同的图形模式可以在屏幕上显示不同数量的颜色。CGA 驱动器在 320×200 像素图形模式下，包括背景色可以显示 0~3 四种颜色（C0，C1，C2，C3）。EGA 和 VGA 图形驱动器则具有 0~15，可显示 16 种颜色。若使用 VGA256. BGI 则可显示 256 种颜色，在单色显示方式则为一种颜色。

下面介绍几个颜色控制函数，并说明它们的用法。

1. setcolor()利用调色板设置当前绘图颜色或称前景色

格式：void far setcolor(int color)；

说明：该函数在当前调色板中按参数 color 确定的像素值设置绘图颜色。表 A-7 说明 CGA 中调色板号、像素值和绘图颜色之间的关系。

表 A-7　CGA 中调色板和绘图颜色

调色板号	像素值			
	0	1	2	3
0	背景色	CGA_LIGHTGREEN	CGA_LIGHTRED	CGA_YELLOW
1	背景色	CGA_LIGHTCYAN	CGA_LIGHTMA_CENTA	CGA_WHITE
2	背景色	CGA_GREEN	CGA_RED	CGA_BROWN
3	背景色	CGA_CYAN	CGA_MAGENTA	CGA_LIGHTGRAY

选择调色板号为 2，设置 setcolor(0)，这时背景色通常为黑色。设置 setcolor(1)，则指前景色为 CGA-GREEN（绿色）；设置 setcolor(2)，则指前景色为 CGA-RED(红色)。大多数 EGA/VGA 驱动器都可采用 CGA 或 EGA/VGA 颜色名或颜色值，我们在函数 setpalette()中再详述。

2. setbkcolor()设置当前背景色

格式：void far setbkcolor(int color)；

说明：该函数将当前背景色设置成 color 所指定的颜色值。参数 color 可以用颜色名或数值（0~15）表示，它们的对应关系在 graphics. h 中已定义。

如果新设置的背景色与原来屏幕的绘图颜色相同，尽管图形信息不会丢失，但都看不见图形，此时将背景色改选为比较浅淡，则看不见的图形就会重新清晰地显示出来。

3. getcolor()返回当前绘图颜色

格式：void far getcolor(void)；

说明：该函数对于使用低分辨率显示模式，则返回的是调色板号，并非颜色值，而高分辨率 EGA/VGA(0~15 种颜色)显示模式，则返回的是对应颜色值。

4. getmaxcolor()返回当前图形模式下最大颜色值。

格式：int far getmaxcolor(void)；

说明：该函数返回当前图形模式下最大颜色值，在 EGA/VGA 模式下返回 15，表示可设置的颜色值在 0 ~ 15 之间有效。在 CGA4 色模式下返回 0 ~ 3 有效。在 CGA 高分辨率或 Hercules 单色显示器上返回 1，只支持 0 和 1 的黑、白两种颜色。

5. getbkcolor( )返回当前背景颜色

格式：int far getbkcolor(void)；

说明：该函数返回当前背景颜色，背景颜色最多在 0 ~ 15 个值。通常设置成调色板颜色号为 0，getbkcolor( )函数返回 0，即表示黑色，如表 A-8 所示。

表 A-8 背景颜色和像素值

值	颜色名	值	颜色名
0	BLACK	8	DARKGRAY
1	BLUE	9	LIGHTBLUE
2	GREEN	10	LIGHTGREEN
3	CYAN	11	LIHTCYAN
4	RED	12	LIGHTRED
5	MAGENTA	13	LIGHTMAGENTA
6	BROWN	14	YELLOW
7	LIGHTGRAY	15	WHITE

6. setpalette( )改变调色板的颜色

格式：void far setpalette(int oldcolor，int newcolor)；

说明：该函数将当前调色板的颜色（oldcolor）改为参数 newcolor 表示的颜色，例如，setpalette(0，11）将使 0 号颜色即黑色背景色，改变为 11 号颜色即淡清色（LIGHTCYAN）。对 CGA 只能改变它的背景颜色，而对 EGA/VGA 可使用 setpalette( ) 函数改变所有色彩值，即重新设置。表 A-9 中表示 graphics. h 中已定义的颜色名和像素颜色值的关系。

表 A-9 颜色名和像素颜色值

CGA 颜色名	值	EGA/VGA 颜色名	值
BLACK	0	EGA_BLACK	0
BLUE	1	EGA_BLUE	1
GREEN	2	EGA_GREEN	2
CYAN	3	EGA_CYAN	3
RED	4	EGA_RED	4
MAGENTA	5	EGA_MAGENTA	5
BROWN	6	EGA_BROWN	20
LIGHTGRAY	7	EGA_LIGHTGRAY	7
DARKGRAY	8	EGA_DARKGRAY	56
LIGHTBLUE	9	EGA_LIGHTBLUE	57
LIGHTGREEN	10	EGA_LIGHTGREEN	58
LIHTCYAN	11	EGA_LIHTCYAN	59
LIGHTRED	12	EGA_LIGHTRED	60
LIGHTMAGENTA	13	EGA_LIGHTMAGENTA	61
YELLOW	14	EGA_YELLOW	6
WHITE	15	EGA_WHITE	63

7. getpalette( )返回当前调色板的颜色值

格式：void far getpalette(stuct palettetype far ＊palette)；

说明：该函数将当前调色板颜色数目和颜色值，存入由＊palette 指向的 palettetype 结构中。该结构在 graphics. h 中定义如下：

```
#define MAXCOLORS 15
struct palettetype
{
  unsigned char size;
  singed char color [MAXCOLORS + 1];
}
```

其中，size 为存放当前调色板颜色数目；color 为包含所给颜色数目的实际颜色值的数组，这些颜色值见表 A-9。

A.7　像素和位映像操作函数

图形应用程序中像素绘图相当重要，有些图形只能靠操作单个像素才能画出。如果没有画像素的功能，就无法操作直线和多边形等函数，而且，通过大规模使用像素功能，整个图形就可复制、存储、重写、擦除或与屏幕上原有图形进行叠加等位映像操作。下面分别介绍这些操作函数的用法。

1. putpixel( )在显示屏幕指定点处显示一个像素

格式 h：void far putpixel(int x，int y，int color)；

说明：该函数将参数 color 指定的颜色在坐标位置（x，y）处显示一个像素点。

2. getpixel( )返回（x，y）所指定的像素颜色值

格式：int far getpixel(int x，int y)；

说明：该函数返回坐标位置（x，y）处的颜色值。

示例：

```
#include <graphics. h>
main( )
{
int gd = DETECT, gm, x, y, xmax, ymax, color;
initgraph(&gd, &gm,"c: \\ tc");
xmax = getmaxx( );
xmax = getmaxy( );
while( ! kbhit( ))
  {
    x = random(xmax);
    y = random(ymax);
    color = random(getmaxcolor( ));
    if(getpixel(x, y)! =0)
      putpixel(x, y, 0);
    else
```

```
        putpixel(x, y, color);
    }
    closegraph();
}
```

程序在屏幕上随机地各处显示各种颜色的像素点，通过涂上背景黑色删除这个像素点。程序运行结果在屏幕显示满天星似的像素点，当按下任意键时关闭图形模式停止显示。

3. imagesize()确定保存屏幕上长方形区域像素所占用的字节数

格式：unsigned far imagesize(int x1, int y1, int x2, int y2);

说明：该函数确定从屏幕左上角（x_1, y_1）到右下角（x_2, y_2）的长方形区域中，保存像素所需占用内存区域的字节数。如果所占用的内存区域大于或等于64千字节-1个字节，则函数将返回-1（0xFFFF）。

4. getimage()把指定区域的位映像图存放到内存

格式：void far getimage(int x1, int y1, int y2, void far *bitmap);

说明：该函数将屏幕上由（x_1, y_1）和（x_2, y_2）指定的长方形区域内像素所占用字节数，存放到内存中，参数*bitmap指向内存中存放位图的区域，该区域的前两个字节用于存放长方形的高和宽，其余部分存放位映像图的信息内容。

5. putimage()把保存的位映像图在屏幕指定的位置显示输出

格式：void far putimage(int x, int y, void far *bitmap, int op);

说明：该函数将保存在内存的位映像图重新显示在屏幕上，指定（x, y）为图形左上角的位置显示输出。其中参数*bitmap指向保存位映像图的内存区域，可以通过内存分配函数malloc()获得，分配的大小则由函数imagesize()获得。参数op值决定图形以何种操作方式输出到屏幕上。graphics.h中定义了op的操作名和数值的关系，见表A-10。

表A-10 操作名与数值

操作名	值	说明
COPY_PUT	0	复制操作
XOR_PUT	1	异或操作
OR_PUT	2	或操作
AND_PUT	3	与操作
NOT_PUT	4	取反操作

通常把保存的位映像图显示在屏幕上，使用COPY_PUT操作名，它对应二进制操作MOV指令，发送每个字节的像素，把它显示到以（x, y）为左上角的长方形屏幕区域上。如取NOT_PUT操作名，它对应取反NOT指令，先把内存中每位取反，经过发送处理后，在屏幕上以反像显示。如取XOR_PUT，对应异或（XOR）指令，当保存的位映像和屏幕上原有图形作异或运算时，屏幕显示两个图形的合成。若两个相同的图形作异或运算，则将有效地擦除该图形。这种操作方式对设计动画非常有用，同样适合色彩处理。

示例：

```
#include <graphics.h>
main()
```

```
{
    int gd = DETECT, gm;
    char *p;
    nitgraph(&gd, &gm,"c: \\ tc");
    if(graphresult()! =0)exit(1);
    rectangle(0, 0, getmaxx(), getmaxy());
    p = malloc(imagesize(10, 20, 30, 40));
    getimage(10, 20, 30, 40, p);
    getch();
    cleardevice();
    putimage(100, 100, p, 0);
    getch();
    closegraph();
}
```

程序运行结果首先在屏幕上显示长方形窗口，其次由 imagesize()函数确定的区域（10，20，30）图形的字节数，把它存放到 getimage()函数 P 指向的内存区域中。这个内存区域由函数 malloc()开辟。清屏后，调用 putimage()函数在（100，100）处重新显示内存区域中保存的位映像。

A.8　图形文本函数

在图形模式中，图形文本与字符中显示很不相同，字符屏幕位置表示法（25 行 ×80 列）不再适用于图形模式中显示文本。图形库提供了一个 8×8 位点阵字形，它的字符形状以固定位模式存储，这和微型机 IBM PC ROM 中存储的字模相似。图形库还提供几种矢量字形，它由线段组成，看起来很像前面画的多边形，使用矢量字形的好处便于放大字符。点阵字形则随着字符放大字形中的每一位（一个像素）在各个方向放大，凹凸边也随着放大，字符笔画的粗细也随着放大。点阵字形的优点是显示迅速，因此，用户根据速度和质量可自由地选择字形。矢量字形存放在后缀为．CHR 的系统磁盘上，每次只有一个文件保存在内存中，当用户选择矢量字形时，相应后缀为．CHR 的文件必须从磁盘中装入。下面分别介绍几个图形文本函数以及它们的用法。

1．settextstyle()设置图形文本的字形、显示方向和字符大小

格式：void far settextstyle(int font, int direction, int charsize);

说明：该函数中参数 font 和 direction 表示设置图形文本的字形和显示方向。grahics．h 中定义的几种标准字形名、取值和磁盘文件名见表 A-11。

表 A-11　图形文本字形名、取值和磁盘文件

字形名	值	说明	磁盘文件
DEFAULT_FONT	0	88 点阵字形	无
TRIPLEX_FONT	1	矢量三倍字形	triplex_font．chr
SMALL_FONT	2	矢量小字形	smallfont．chr
SANSSERIF_FONT	3	矢量字形	sansserif_font．chr
GOTHIC_FONT	4	哥特矢量黑体字形	gothic_font．chr

函数中 charsize 表示字符放大因子，如参数 charsize 取 2 时，则 8×8 点阵字形显示在 16×16 像素矩阵上。最大的放大因子可取 10。当调用 settextstyle( ) 函数时，它要求寻找相应字形的（. chr）文件，因此，必须将（. chr）文件存放在（. bgi）驱动程序文件同一目录的磁盘上。函数中参数 direction，当指 HORIZ－DIR（水平方向）则从左到右，或 VERT－DIR（垂直方向）则从下向上，见表 A-12。

表 A-12　图形文本方向

文本方向名	值	说　明
HORIZ_DIR	0	从左到右
VERT_DIR	1	从下向上

2. settextjustify( ) 调整文本排齐位置

格式：void far settextjustify(int horiz, int vert)；

说明：该函数按参数 horiz 表示水平方向，参数 vert 表示垂直方向调整文本与当前位置 CP 的排齐输出方式。graphics. h 中定义了排齐方式、排齐名与取值见表 A-13。

表 A-13　排列方式、排齐名与取值

方式	排列名	值	操　作
Horiz	LEFTTEXT	0	从左到右
	CENTER_TEXT	1	从中间开始排列
	RIGHT_TEXT	2	从右开始排列
Vert	BOTTOM_TEXT	0	以底部线开始排列
	CENTER_TEXT	1	以中间线开始排列
	TOP_TEXT	2	以顶部线开始排列

示例：

```
#include <graphics. h>
#include <stdio. h>
main( )
{
  int driver = DETECT, mode, error;
  int x, y;
  initgraph(&driver, &mode,"c:\\ tc");
  if(graphresult( )! =0)exit(1);
  x = getmaxx( );
  y = getmaxy( );
  settextstyle(DEFAULT_FONT, HORIZ_DIR, 2);
  settextjustify(LEFT_TEXT, BOTTOM_TEXT);
  outtextxy(x, y,"horiz_left");
  settextjustify(RIGHT_TEXT, BOTTOM_TEXT);
  outtextxy(x, y,"horiz_right");
  settextstyle(DEFAULT_FONT, VERT_DIR, 1);
```

```
settextjustify(RIGHT_TEXT, BOTTOM_TEXT);
outtextxy(x, y,"vert_bottom_right");
settextjustify(LEFT_TEXT, TOP_TEXT);
outtextxy(x, y,"vert_top_left");
getch();
closegraph();
}
```

3. setusercharsize()设置用户自定义矢量字形的字符高度和宽度

格式：void far setusercharsize(int mx, int dx, int my, int dy);

说明：该函数设定与正常字形宽度相乘的比例因子为 mx/dx，设定与正常字形高度相乘的比例因子为 my/dy。如果显示高度比例为 3（24 个像素点），宽度是高度的 2 倍（48 个像素点）的字符，则调用本函数设置函数 mx 为 6，dx 为 1，my 为 3，dy 为 1 即可，但必须首先调用函数 settextstyle()，且将参数 charsize 设置为 0，才有效。

4. outtext()在图形视区当前位置 cp 处显示字符串

格式：void far outtext(char far *textstring);

说明：该函数在已设置的字形、显示方向和字符大小，以及水平和垂直方向位置排齐要求下，在当前位置 CP 处显示文本字符串。该函数只能在图形模式下有效。

示例：

```
#include <graphics.h>
main()
{
 int gd = DETECT, gm;
 initgraph(&gd, &gm,"c:\\tc");
 if(graphresult()! =0)exit(1);
 settextstyle(1, 0, 4);
 outtext("Norm");
 setusercharsize(3, 1, 1, 1);
 outtext("Wide");
 getch();
 closegraph();
}
```

5. outtextxy()在图形视区（x，y）坐标点处显示字符串

格式：void far outtextxy(int x, int y, char far *textstring);

说明：该函数在已设置的字形、显示方向和字符大小，以及水平和垂直方向位置排齐要求下，在指定的（x，y）坐标位置处显示文本字符串，本函数只能在图形模式下有效。

6. textheight()给出字符串的像素高度

格式：void far textheight(char far *textstring);

说明：该函数给出参数 *textstring 所指向的字符串高度，以像素为单位。本函数在计算视区高度，设计标题大小，以及布置在图形和方框中的适当位置起到有效作用。

7. textwidth()给出字符串的像素宽度

格式：int far textwidth(char far *textstring);

说明：该函数给出参数 textstring 所指向的字符串宽度，以像素为单位。该函数计算视区宽度，设计标题长度，使它放在方框的合适位置是有效的。

8. gettexttings()返回当前图形文本字形的信息

格式：void far gettexttings(struct texttingstype far *info);

说明：该函数返回由 settextstyle()函数和 settextjustify()函数设置的当前字形、显示方向、字形大小以及水平和垂直位置排齐等文本字形的信息。全部信息存放在参数 *info 所指向的结构中，textsettingstype 结构定义如下：

```
struct textsettingstype
{
    int font;
    int direction;
    int charsize;
    int horiz;
    int vert;
}
```

其中文本字形和显示方向，见表 A-11 和表 A-12。

A.9 综合绘图示例

1. 绘小汽车

下面给出用 line()和 circle()函数，以及其他函数绘小汽车的 C 程序。

```
#include <graphics.h>
main()
{
int cars[23][2] = {{174,68},{286,68},{180,72},{230,72},{280,72},{100,90},
                   {150,90},{160,90},{230,90},{300,90},{306,90},{374,98},
                   {100,113},{130,113},{144,108},{160,108},{170,113},{230,
                   113},{320,113},{334,108},{350,108},{360,113},{380,113}};
int al[25] = {3,8,7,2,4,9,8,17,16,15,14,13,12,5,6,0,1,10,11,22,21,20,19,18,
          17};
  int gd = DETECT,gm;
  int i,k0,k1;
  initgraph(&gd,&gm,"c:\\tc");
  setaspectratio(5,9);
  for(i=0;i<=23;i++)
  {
    k0 = al[i];
    k1 = al[i+1];
    line(cars[k0][0],cars[k0][1],cars[k1][0],cars[k1][1]);
```

```
    circle(152,117,12);
    circle(342,117,12);
    putpixel(152,117,1);
    putpixel(342,117,1);
}}
```

2.绘人头像

```
#include <conio.h>
#include <stdio.h>
#include <graphics.h>
main()
{
int a_manl[20][2] = {{172,87},{180,83},{188,84},{180,95},{170,97},{174,
                    102},{182,102},{196,89},{192,78},{178,79},{164,86},
                    {172,60},{104,54},{100,50},{170,46},{210,65},{190,
                    110},{122,129},{140,140},{196,121}};
int al[22] = {0,1,2,3,4,5,6,7,8,9,0,10,11,12,13,14,15,16,17,18,19,16};
int b_man2[8][2] = {{104,54},{94,69},{94,73},{102,77},{92,85},{96,115},
                   {124,117},{170,109}};
int bl[8] = {0,1,2,3,4,5,6,7};
int c_man3[12][2] = {{94,69},{108,73},{92,92},{114,95},{116,89},{104,90},
                    {100,95},{96,99},{100,100},{122,100},{120,103},{100,
                    104}};
int cl[14] = {0,1,2,6,7,9,10,11,8,7,6,3,4,5};
int d_man4[9][2] = {{114,117},{98,135},{124,135},{110,132},{114,139},{120,
                   139},{130,135},{96,153},{120,156}};
int dl[11] = {0,1,2,3,4,5,6,5,8,7,4};
int i,k0,k1;
int gd = DETECT,gm;
initgraph(&gd,&gm,"c:\\tc");
setaspectratio(5,9);
for(i = 0;i <= 20;i ++)
{
  k0 = al[i];
  k1 = al[i + 1];
  line(a_manl[k0][0],a_manl[k0][1],a_manl[k1][0],a_manl[k1][1]);
}
for(i = 0;i <= 6;i ++)
{
  k0 = bl[i];
```

```
   k1 = bl[i+1];
   line(b_man2[k0][0],b_man2[k0][1],b_man2[k1][0],b_man2[k1][1]);
  }
  for(i=0;i<=12;i++)
  {
   k0 = cl[i];
   k1 = cl[i+1];
   line(c_man3[k0][0],c_man3[k0][1],c_man3[k1][0],c_man3[k1][1]);
  }
  for(i=0;i<=9;i++)
  {
    k0 = dl[i];
    k1 = dl[i+1];
    line(d_man4[k0][0],d_man4[k0][1],d_man4[k1][0],d_man4[k1][1]);
  }
  line(128,75,150,78);
  line(150,78,130,81);
  line(130,81,128,75);
  line(114,117,124,128);
  line(153,70,120,73);
  putpixel(98,77,0);
  putpixel(136,117,0);
  getch();
  closegraph();
}
```

习 题

1. 试编写绘制小飞机程序,已知小飞机由 7 组线段组成,每组线段的端点数为 12,3,6,6,3,4,7。端点坐标分别为:(395,127, 410,130,432,105,430,100,413,90,400,75,365,77,345,90,285,95,270,70,260,70,260,97),(269,106,285,120,352,125),(360,110,338,168,345,175,370,175,378,168,400,115),(403,80,398,45,395,40,370,40,365,45,367,76),(273,75,278,75,280,85),(265,90,253,110,265,110,275,100),(430,103,435,103,430,65,440,65,430,140,440,140,435,103)。

2. 试编写绘制小帆船的的程序,已知端点坐标为:(250,165,290,165,250,97,250,173,270,183,258,199,215,179,210,157,250,174)。

3. 已知五角星的端点坐标为:(15,55,105,150,220,90,90,90,195,150),试编程绘图。

附录 B　OpenGL 编程

B.1　OpenGL 概述

OpenGL 是一个针对图形硬件的软件接口。它是由 SGI 公司根据自己的三维图形库 GL 开发设计的一个通用共享的开放式三维图形标准，最初工作在 SGI 的图形工作站。由于该系统独立于操作系统和计算机硬件，加之系统功能强大、使用方便，许多大公司如 IBM、Microsoft、HP、SUN 等都将 OpenGL 作为其图形处理的标准，久而久之使其自然成为了业界的事实标准。

B.2　OpenGL 操作

OpenGL 提供的操作有：

- 绘制物体（Drawing Object）
- 变换（Transformer）
- 着色（Rendering）
- 光照（Lighting）
- 反走样（Antialiasing）
- 混合（Blending）
- 雾（Fog）
- 位图和图像操作（Bitmap & Image）
- 纹理映射（Textue Map）
- 交互操作和动画（Interactive & Animation）

B.3　OpenGL 编程方法

运行 VC 建立一个基于 Console Application 的空项目文件，创建 C++源文件，并添加库文件 opengl32.lib、glu32.lib 和 glaux.lib，即可以编译运行了。

下面用一个简单的例子来说明 OpenGL 的程序结构。

```
#include <window.h>
#include <gl/gl.h>
#include <gl/glu.h>
#include <gl/glaux.h>
void myinit(void);
void CALLBACK myreshape(Glsizei w, Glsizei h);
void CALLBACK display(void);
void myinint(void)
{
 glClearColor(0.0, 0.0, 0.0, 0.0);
  }
void CALLBACK display(void)
{
 glClear(GL_COLOR_BUFFER_BIT);
```

```
 glColor4f(0. 2, 0. 6, 1. 0, 1. 0);
 glRotatef(60. 0, 1. 0, 1. 0, 1. 0);
 auxWireCube(1. 0)
 glFlush( );
}
void CALLBACK myreshape(GLsizei w, Glsizei h)
{
 glViewport(0, 0, w, h);
}
void main(void)
{
 auxInitDisplayMode(AUX_SINGLE | AUX_RGBA);
 auxInitPosition(0, 0, 400, 400);
 auxInitWindow("sample");
 myinit( );
 auxReshapeFunc(myreshape);
 auxMainLoop(display);
}
```

该程序运行后，在窗口中显示一个立方体。

有关 OpenGL 编程的细节，请看参考文献［9］和参考文献［15］。

参 考 文 献

[1] David F Rogers. Procedural Elements for Computer Graphics[M]. 2nd ed. New York: McGraw-Hill, 1998.
[2] Donald Hearn, M Pauline Baker. Computer Graphics[M]. 2nd ed. London: Pearson Education, 1997.
[3] 孙家广，等. 计算机图形学[M]. 3 版. 北京：清华大学出版社，1998.
[4] 唐荣锡，汪嘉业. 计算机图形学教程(修订版)[M]. 北京：科学出版社，2000.
[5] 金延赞. 计算机图形学[M]. 杭州：浙江大学出版社，1988.
[6] 潘云鹤，童若锋，唐敏. 计算机图形学——原理、方法及应用[M]. 3 版. 北京：高等教育出版社，2011.
[7] 陈元琰，张晓竞. 计算机图形学实用技术[M]. 北京：科学出版社，2000.
[8] James D Foley. Computer Graphics Principles and Practice[M]. London: Pearson Education, 2002.
[9] Dave Shreiner. OpenGL. 参考手册[M]. 3 版. 北京：机械工业出版社，2001.
[10] Harvey M Deitel. C++大学教程[M]. 邱仲潘，等译. 2 版. 北京：电子工业出版社，2001.
[11] 谢培均，李逊林. 计算机绘图技术基础[M]. 成都：电子科技大学出版社，1999.
[12] 唐泽圣，周嘉玉. 计算机图形学基础[M]. 北京：清华大学出版社，2002.
[13] 刘勇奎. 计算机图形学的基础算法[M]. 2 版. 北京：科学出版社，2007.
[14] 蔡士杰，张福炎. 三维图形系统 PHIGS 的原理与技术[M]. 南京：南京大学出版社，1991.
[15] 白燕斌，史惠康. OpenGL 三维图形库编程指南[M]. 北京：机械工业出版社，1998.
[16] 孙家广，胡事民. 计算机图形学基础教程[M]. 2 版. 北京：清华大学出版社，2009.
[17] 徐长青，许志闻，等. 计算机图形学[M]. 2 版. 北京：机械工业出版社，2010.